战略性新兴领域"十四五"高等教育系列教材

U0379708

功能材料合成与制备

主　编　游才印　刘和光

参　编　雷　黎　刘东杰　万玉慧

　　　　贾纪强　任　洋　吕洁丽

　　　　朱孝培　杨　变

机械工业出版社

本书内容共分为 10 章：第 1 章介绍了超导材料的基本原理和主要应用，以及典型超导材料的合成与制备；第 2 章介绍了磁性材料的相关理论和典型磁性功能材料的合成与制备；第 3 章介绍了电磁波功能材料，包括电磁波功能材料的工作原理、吸波材料和电磁屏蔽材料的合成与制备；第 4 章介绍了高分子功能材料的应用与合成制备；第 5 章介绍了电介质陶瓷的性能、合成与制备；第 6 章介绍了半导体材料及其合成与制备；第 7 章介绍了电致变色材料的应用和合成与制备；第 8 章介绍了储氢材料的合成与制备；第 9 章介绍了形状记忆材料的分类、合成与制备；第 10 章介绍了其他功能材料的合成与制备。

本书可作为普通高等院校材料专业及相关专业本科生和研究生的教学用书，也可作为从事功能材料生产和研发的工程技术人员和科研人员的参考书。

图书在版编目（CIP）数据

功能材料合成与制备 / 游才印，刘和光主编.
北京：机械工业出版社，2024. 11. --（战略性新兴领域"十四五"高等教育系列教材）. -- ISBN 978-7-111
-77158-6

Ⅰ. TB34

中国国家版本馆 CIP 数据核字第 20241T6R46 号

机械工业出版社（北京市百万庄大街 22 号　邮政编码 100037）

策划编辑：赵亚敏	责任编辑：赵亚敏　周海越	
责任校对：樊钟英　梁　静	封面设计：张　静	
责任印制：常天培		

固安县铭成印刷有限公司印刷
2024 年 12 月第 1 版第 1 次印刷
184mm×260mm · 14 印张 · 345 千字
标准书号：ISBN 978-7-111-77158-6
定价：55.00 元

电话服务　　　　　　　　网络服务
客服电话：010-88361066　　机　工　官　网：www.cmpbook.com
　　　　　010-88379833　　机　工　官　博：weibo.com/cmp1952
　　　　　010-68326294　　金　书　网：www.golden-book.com
封底无防伪标均为盗版　机工教育服务网：www.cmpedu.com

前　言

材料是社会发展和人类文明的基石，也是国民经济建设、国防建设和人民生活的物质基础。功能材料是具有特定声、光、电、热、磁等性质的材料的总称。随着科技的飞速发展，功能材料在社会生活各个领域的应用越来越广泛。功能材料以其独特的物理、化学、电磁等性质，在现代工业、信息技术、生物医药等领域发挥着不可或缺的作用。

早期的功能材料合成与制备技术可以追溯到人类对自然材料的认识和利用。从古代的冶炼技术到中世纪的炼金术，人们不断探索和尝试通过不同的方法合成和制备具有特定功能的材料。然而，由于当时科技水平的限制，这些技术大多停留在试验阶段，并未形成系统的理论体系。随着工业革命的到来，科学技术得到了飞速的发展，功能材料合成与制备技术也迎来了重要突破。科学家们开始运用化学、物理等学科的原理和方法，对功能材料的合成与制备进行了深入的研究。在这一时期，许多新的合成方法和制备技术被发明和应用，如溶液法、气相法、固相法等。这些技术的发展不仅为功能材料的制备提供了更多的可能性，也为后续的研究和应用奠定了坚实的基础。进入 21 世纪后，随着科技的不断进步和人们对功能材料性能要求的提高，功能材料合成与制备技术得到了进一步的发展。在这一时期，纳米技术、生物技术、信息技术等新兴领域的出现为功能材料的合成与制备带来了新的挑战和机遇。这些技术的发展不仅推动了功能材料合成与制备技术的进步，也为相关领域的研究和应用开辟了新的道路。

本书主要围绕功能材料的合成与制备技术展开，系统介绍各种功能材料的制备方法、原理和应用，旨在全面介绍功能材料的合成与制备技术，为相关领域的科研工作者、工程师和技术人员提供一本实用的参考书籍。本书内容丰富、结构清晰，既注重理论知识的阐述，又强调实践应用的指导。同时，编者在编写过程中还融入了最新的科研成果和技术进展，使读者能够全面了解和掌握功能材料合成与制备的前沿技术。本书可作为普通高等院校本科材料类、电子信息类等与功能材料制造密切相关专业的教材，也可作为独立学院、高等职业院校和成人高等学校等同类专业教材，还可供功能材料相关领域的企业、研究机构的工程师和技术人员参考。

全书共分为 10 章，分别介绍了超导材料、磁性材料、电磁波功能材料、高分子功能材料、电介质陶瓷、半导体材料、电致变色材料、储氢材料、形状记忆材料、其他功能材料的合成与制备。第 1 章由雷黎教授编写；第 2、3 章由游才印教授和刘和光副教授编写；第 4 章由刘东杰副教授编写；第 5 章由万玉慧博士编写；第 6 章由贾纪强副教授编写；第 7 章由任洋副教授编写；第 8 章由吕洁丽副教授编写；第 9 章由朱孝培副教授编写；第 10 章由杨变博士编写。

由于编者学识和水平有限，书中难免存在错误和不妥之处，恳请读者批评指正。

编　者

目　录

第 1 章
超导材料

1.1 超导材料概述

　　所谓超导材料，一般是指同时具有零电阻效应和迈斯纳效应（即完全抗磁性）的一类特殊功能材料。其中，超导输电缆就是利用超导材料的零电阻特性，极大地降低了因焦耳热产生的电能损耗、节约了宝贵能源；而超导磁悬浮列车则是利用超导材料的抗磁性，消除了车轮与轨道之间的摩擦力，显著提升了列车的运行速度和乘坐舒适性。此外，利用大型超导强磁体建造的磁约束等离子体可控核聚变装置（即"人造太阳"），有望彻底解决人类社会可持续发展所面临的能源危机。因此，超导材料一经发现就受到了各国研究者的广泛青睐，寻找具有更高临界转变温度的超导体（甚至是室温超导体）成了人们竞相追逐的目标。

　　从荷兰物理学家卡莫林·昂内斯（Kamerlingh Onnes）发现第一个元素超导体——汞（Hg）至今，人们对超导材料的探索研究主要经历了两个阶段，即低温超导材料研发阶段（1911—1986 年）和高温超导材料研发阶段（1986 年至今）。

　　1911 年，昂内斯发现了超导转变温度 $T_c = 4.2K$ 的汞（Hg）超导体；随后，1913—1930 年人们又发现了 $T_c = 7.2K$ 的铅（Pb）超导体以及 T_c 最高的金属铌（Nb）超导体（$T_c = 9.2K$）；1940—1960 年发现了铌三锡（Nb_3Sn，$T_c = 18K$）、铌三铝（Nb_3Al）等化合物超导体；1960—1970 年又发现了铌钛（NbTi，$T_c = 9.5K$）、铌锆（NbZr）等合金超导体；此外，1971 年发现了 $PbMo_6S_6$ 超导体，1973 年发现了铌三锗（Nb_3Ge，$T_c = 23.2K$）超导体，这是迄今为止已发现的 T_c 最高的合金超导体，国际电工委员会将 T_c 低于 25K 的超导体统称为低温超导体；1979 年人们发现了重费米子超导体，1980 年还发现了 $(TMTSF)_2PF_6$ 有机超导体。根据巴丁（J. Bardeen）、库珀（L. N. Cooper）和施里弗（J. R. Schrieffer）三人于 1957 年提出的超导 BCS 理论，人们得出了常规超导体的 T_c 不会超过 40K——"麦克米兰极限温度"的结论。

　　然而，1986 年瑞士苏黎世 IBM 实验室的缪勒（K. A. Müller）和柏诺兹（J. Bednorz）发现了 $T_c = 35K$ 的镧钡铜氧 $[(La, Ba)_2CuO_4]$ 陶瓷超导材料，随后不久，美籍华人朱经武和中科院赵忠贤等人几乎同时发现了 T_c 高达 90K 的钇钡铜氧（$YBa_2Cu_3O_{7-\delta}$）超导体，直接

2

突破了麦克米兰极限，更是冲破了液氮温度（77K）大关，取得了超导科学史上的重大突破，也为超导材料的实际应用揭开了新的篇章。因此，人们也将在液氮温区具有超导电性的材料称为高温超导材料。1988 年，日本学者 Maeda 等人发现了 T_c 高达 110K 的铋锶钙铜氧（Bi-Sr-Ca-Cu-O）氧化物超导体。随后，科学家还陆续发现 Tl-Ba-Ca-Cu-O 化合物超导材料的 T_c 高达 125K，Hg-Ba-Ca-Cu-O 化合物超导材料的 T_c 更高达 130K。如果将 Hg 系超导材料置于高压条件下，其 T_c 将达到难以置信的 164K。进入 21 世纪后，人们又相继发现了一些新的超导材料，如：2001 年日本研究者 Akimitsu 等发现的 T_c 为 39K 的金属化合物 MgB_2 超导体；2008 年日本研究者 Hosono 等发现了 T_c 为 26K 的铁基氟氧化合物（LaFeAsOF）超导体，随后中国科学家通过化学掺杂将铁基超导体的 T_c 提高到了 55K。最近，中国科学家又发现了高压（14~43.5GPa）下 T_c 约为 80K 的镍基（$La_3Ni_2O_7$）超导体。很显然，人们一直都在为寻找具有更高 T_c 的超导材料而努力。虽然近些年掀起了几次所谓的发现"室温超导"材料的风波，但从某种程度上也说明了人们对真正的室温超导材料的渴望。

1.2 超导材料的应用

超导材料所具有的零电阻效应、迈斯纳效应以及量子隧道效应等奇异的物理性质，使其在能源、交通、医疗、通信、国防以及大科学仪器装置等领域均具有十分重要的应用价值，可广泛应用于超导输电、磁悬浮列车、核磁共振成像、太赫兹器件、超导计算机以及超导磁控核聚变实验装置等方面，对人类社会的发展产生深远影响。

一般地，根据超导材料在应用过程中承载电流的差异，将超导材料的应用分为强电应用和弱电应用两大类。其中，超导强电应用主要是实现超大电流传输、超强磁场等颠覆性技术；而超导弱电应用（即超导电子学应用）则是基于约瑟夫森效应实现极弱磁场探测、太赫兹通信以及超导量子计算等方面的应用。

1.2.1 超导强电应用

超导强电应用技术可实现常规技术无法实现的超强磁场、超大容量输电储能等应用。近年来，我国面向强电应用的多种超导材料研发与产业化均取得了较大突破，促进了超导强电应用技术的快速发展，已在电力能源、生物医学、交通运输以及大科学装置等多个重点领域开始实现示范应用，并取得了一批有国际影响力的应用研究成果。同时，以常规材料无法替代和节能减排为核心的新型超导应用技术需求也不断涌现，未来发展能耗低、环境友好的超导材料及应用技术将对我国国民经济、人民生命健康和社会高质量发展具有重要的战略意义。

1.2.2 超导弱电应用

超导弱电应用技术可实现常规技术无法实现的超导数字电路、超导弱磁探测、超导单光子探测、超导微波器件等超导材料特有的应用场景。超导数字电路采用约瑟夫森结（Josephson Junction）作为电路元件，与传统半导体电路相比具有体积小、功耗低、噪声小等优点。从最初以超导计算机为应用牵引的研究，发展出射频信号处理、超导量子计算控制读出电路等更广泛的应用，成为后摩尔时代微电子领域的前沿阵地之一。超导探测器是基于超导材料陡峭的超导转变或是超导隧道效应来实现高灵敏探测，可以探测磁场、电磁波及各种宇宙辐射，具有接近量子极限的超高灵敏度，将在地球物理、天体物理、量子信息、材料科学、计量科学及生物医学等众多前沿领域发挥越来越重要的作用。超导微波技术应用是利用超导体在通过微波信号时，其微波表面电阻非常小的特点。极小的微波表面电阻不仅使超导滤波器具有非常小的插入损耗，而且可以设计制作相对带宽极小、阶数极高的高质量滤波器，显著提升滤波器对微波信号的选择性，在未来信号处理、雷达探测、卫星通信等领域具有广阔的应用前景。

1.3 低温超导材料的合成与制备

如前所述，低温超导材料通常是指 T_c 低于 25K 的超导材料，即在液氦温度条件下工作的超导材料。目前已发现且具有实用价值的低温超导材料有金属铌（Nb, $T_c = 9.2K$）及其化合物氮化铌（NbN, $T_c = 15K$）、铌钛合金（NbTi, $T_c = 9.5K$）以及 A15 类金属间化合物铌三锡（Nb$_3$Sn, $T_c = 18K$）、铌三铝（Nb$_3$Al, $T_c = 18.9K$）等。本节将重点介绍后三类低温超导材料的结构性能和制备工艺，并列举一些超导公司在这些实用化超导线材的研发和产业化方面所取得的成就。

1.3.1 NbTi 超导线材

NbTi 合金是一种典型的由过渡族元素组成的二元合金，其有 4 种常见相：β-Nb 相、α-Ti 相、α′ 和 α″ 马氏体相以及 ω 相。实用化的 NbTi 超导合金成分大多选择在 β 相区，即合金中的 Ti 含量保持在 45%~50%（质量百分比）之间，原因是这种成分的 NbTi 合金具有较为优异的冷热塑性加工性能，一般采用冷加工和热处理交替的加工方式即可获得性能优良的NbTi 超导材料。

NbTi 超导线材的制备一般包括合金铸锭制备、合金棒材加工、多芯线材组合与加工、多芯超导线材热处理等基本工艺过程。典型的 NbTi 多芯超导线材的制备工艺流程如图 1-1 所示。

1.3.2 Nb$_3$Sn 超导线材

Nb$_3$Sn 是一种典型的 A15 类金属间化合物，其 T_c 和临界电流密度均优于 NbTi 合金，但化合物材料本身脆性大、塑性差，导致 Nb$_3$Sn 超导线材的加工制备工艺远比 NbTi 超导线材复杂得多。人们先后发展了多种制备 Nb$_3$Sn 超导线材的方法，目前最常用的两种方法是青铜法（Bronze Process）和内锡法（Internal-Sn Process）。

青铜法制备 NbTi 超导线材的工艺流程如图 1-2 所示。该法一般是先在高锡青铜棒材基体上钻 19 个、37 个圆孔或六角形孔，然后将 Nb 棒插入后形成复合体。随后将组装后的复合体挤压、拉拔形成一定尺寸的六方形细棒材（简称亚组元），再将上百支亚组元和阻隔层

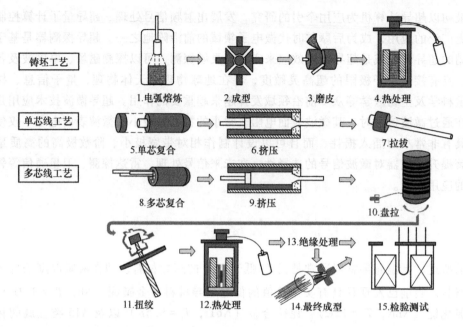

图 1-1　典型的 NbTi 多芯超导线材的制备工艺流程

（Ta 或 Nb）进行复合后装入稳定体铜管中，然后再次进行多道次挤压、拉拔（拉拔过程中必须进行多次中间退火），最终获得多芯 Nb$_3$Sn 成品线材。

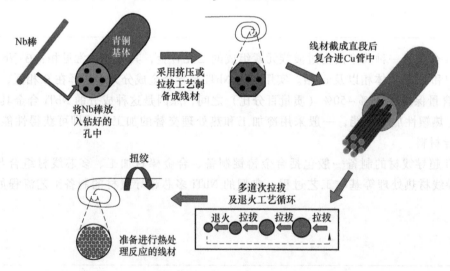

图 1-2　青铜法制备 NbTi 超导线材的工艺流程

内锡法制备 NbTi 超导线材的工艺流程如图 1-3 所示。该法是先将 Sn 棒插入经热挤压后的 Cu/Nb 多芯复合管中，通过拉拔工艺获得一次线材。因为与其他材料相比，Sn 的熔化温度和硬度均非常低，因此 Sn 棒大多在挤出后装入，以避免在热挤出过程中使 Sn 发生变形。然后将一次线材剪短和阻隔层一起集束装入稳定体 Cu 管中形成复合坯料，最后对复合胚料进行多道次拉拔及热处理后即获得 Nb$_3$Sn 多芯成品线材。

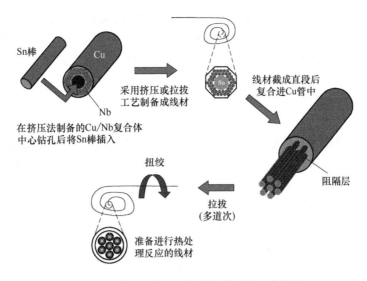

图 1-3　内锡法制备 NbTi 超导线材的工艺流程

1.3.3　Nb_3Al 超导线材

Nb_3Al 也是一种 A15 类金属间化合物超导材料，与 Nb_3Sn 相比具有更高的 T_c、更高的上临界磁场和更优异的应力-应变容许特性。根据 Nb-Al 二元合金相图，实现理想 Nb/Al 化学计量比是制备高性能 Nb_3Al 超导材料的必要条件。获得 Nb_3Al 相的途径有两种：一是直接通过低温 Nb/Al 原子扩散反应形成 Nb_3Al 相；二是先利用高温淬火或机械合金化获得过饱和固溶体 Nb（Al）ss，然后经过热处理将 Nb（Al）ss 转变为 Nb_3Al 相。因此，Nb_3Al 超导线材制备过程主要分为 Nb_3Al 前驱线材的制备工艺和后续实现相转变的热处理工艺。其中，Nb_3Al 前驱线材的常用制备方法包括套管（Rod-In-Tube，RIT）法、卷绕（Jelly-Roll，JR）法、包覆切片挤压（Clad-Chip-Extrusion，CCE）法和粉末装管（Powder-In-Tube，PIT）法 4 种。本小节重点介绍工艺流程相对简单的 PIT 法。

PIT 法的一般工艺流程是先将氢化脱氢后的 Nb 粉（粒径小于 $40\mu m$）和 Al 粉（粒径小于 $9\mu m$）混合均匀，然后装入 Cu 管或 Nb 管中进行拉拔或轧制得到六方截面的单芯线材，再将多根单芯线材进行组装并装入 Cu 包套中经过热挤压、拉拔或轧制获得所需直径的 Nb_3Al 前驱体线材，随后在适当温度下进行热处理即可得到高品质的 A15 型 Nb_3Al 超导线材。PIT 法制备 Nb_3Al 超导线材的工艺流程如图 1-4 所示。

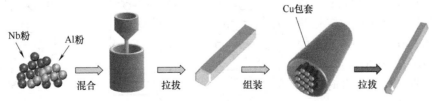

图 1-4　PIT 法制备 Nb_3Al 超导线材的工艺流程

目前，德国布鲁克（Bruker）公司、英国诺尔达（Luvata）公司、日本超导公司（JAS-

TEC）、美国阿勒格尼公司（ATI），以及中国的西部超导公司均实现了高质量 NbTi、NbSn 等低温超导长线的产业化。其中，西部超导公司是目前国内唯一的 NbTi 超导线材商业化生产企业，并顺利完成了我国承担的国际热核聚变实验堆（ITER）项目所需超导线材的供货任务。

1.4 高温超导材料的合成与制备

如前所述，高温超导材料通常是指 T_c 高于 77K 的超导材料，即在液氮温度条件下工作的超导材料。目前已发现且具有实用价值的高温超导材料主要有钇（Y）系铜氧化物超导体 REBCO（REBa$_2$Cu$_3$O$_7$，RE=Y、La、Nd、Sm、Gd 等稀土元素，$T_c \approx 90$K）和铋（Bi）系铜氧化物超导体 BSCCO（Bi$_2$Sr$_2$Ca$_{n-1}$Cu$_n$O$_{2n+4+y}$，n = 1、2、3，T_c = 10～110K），铊（Tl）系铜氧化物超导体 TBCCO（Tl$_2$Ba$_2$Ca$_{n-1}$Cu$_n$O$_{2n+4+y}$，n = 1、2、3、4，T_c = 90～125K）和汞（Hg）系铜氧化物超导体 HBCCO（HgBa$_2$Ca$_{n-1}$Cu$_n$O$_{2n+4+y}$，n = 1、2、3，T_c = 97～164K）虽具有更高的 T_c，但因含有有毒元素导致其应用受到很大的限制。因此，本节将重点介绍铋（Bi）系和钇（Y）系铜氧化物超导体的结构、性能和制备工艺，并列举一些超导公司在这些实用化超导线带材的研发、设计和产业化方面所取得的成就。

1.4.1 高温超导线带材

1. Bi 系高温超导线带材

Bi 系铜氧化物超导体 Bi$_2$Sr$_2$Ca$_{n-1}$Cu$_n$O$_{2n+4+y}$ 中最典型的是 n = 1～3 的 3 种化合物，即 Bi$_2$Sr$_2$Cu$_1$O$_{6+y}$（Bi-2201）、Bi$_2$Sr$_2$CaCu$_2$O$_{8+y}$（Bi-2212）、Bi$_2$Sr$_2$Ca$_2$Cu$_3$O$_{10+y}$（Bi-2223），它们的晶体结构如图 1-5 所示，三者均属于正交晶系。其中，Bi-2212 的晶体结构可以看作是在 Bi-2201 中插入一层 Ca 和一层 CuO$_2$ 形成的；而 Bi-2223 的结构可以看作是在 Bi-2212 中再插入一层 Ca 和一层 CuO$_2$ 而形成的。它们的晶体结构相似，导致 Bi 系超导体制备过程中容易产生 Bi-2201、Bi-2212 和 Bi-2223 三相共生现象。

目前已实现商业化应用的 Bi 系铜氧化物超导体有 Bi-2223 和 Bi-2212，它们均可通过 PIT 法制备成高温超导线（带）材，也被称为第一代高温超导线（带）材。其中，Bi-2223 带材的制备过程为：首先合成含有一定化学计量比的 Bi、Sr、Ca、Cu 元素的氧化物（Bi$_2$O$_3$、SrCO$_3$、CaCO$_3$、CuO）作为前驱粉末，有时还添加一定量的含 Pb 相（Ca$_2$PbO$_4$）以促进 Bi-2223 相的形成；然后将前驱粉末装入 Ag 管或银合金

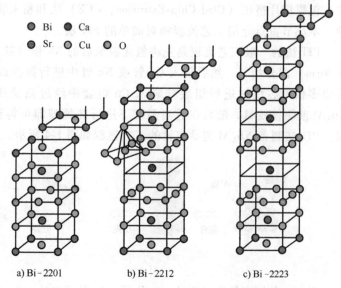

● Bi	● Ca	
● Sr	● Cu	○ O

a) Bi-2201　　　b) Bi-2212　　　c) Bi-2223

图 1-5 Bi-2201、Bi-2212 和 Bi-2223 超导体的晶体结构示意图

管中，拉拔至一定长度、直径为 1~2mm 的圆形线材或六角形线材；随后将这些长细线材切割成较短的线材，并将其按照多芯导体设计集束在一起再次装入银管或银合金管中；再经过多次拉拔加工获得多芯线材，最后经冷轧加工后形成多芯带材，典型带材横截面积为 0.2mm×4mm。将轧制好的带材在约 7.5% 的 O$_2$ 气氛中加热到 830~850℃ 进行高温热处理约 200h，即得到所需的 Bi-2223 超导带材。通常，为了进一步提高带材致密度，提高 Bi-2223 超导相含量，会对 Bi-2223 超导带材再进行一次轧制和热处理（PIT 法制备 Bi-2223 超导带材的典型工艺流程见图 1-6），甚至进行高压热处理，将带材致密度提高至接近 100%，进而极大地改善晶粒连接性，显著提高 Bi-2223 超导带材的载流性能。

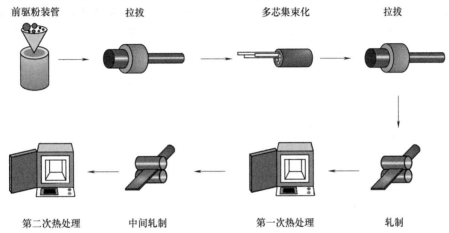

前驱粉装管　　　　拉拔　　　　　　多芯集束化　　　　拉拔

第二次热处理　　中间轧制　　　　第一次热处理　　　轧制

图 1-6　PIT 法制备 Bi-2223 超导带材的典型工艺流程

Bi-2212 是目前唯一可制备成各向同性超导圆形线材的铜氧化物高温超导材料，并且与其他超导材料（MgB$_2$、Nb$_3$Sn、Nb$_3$Ti）相比，Bi-2212 具有更为优异的低温高场性能，其临界电流密度和临界磁场都很高。相比于 Bi-2223 带材，Bi-2212 超导线材的制备过程要简单一些，不同之处仅在于热处理流程，即一般仅须采用一次适合于 Bi-2212 成相的部分熔融热处理即可。Bi-2212 线材的制备过程为：首先将 Bi-2212 超导前驱粉末装入 Ag 管中，经过多次拉拔形成具有一定长度的单芯圆线；若要制备多芯超导线，需要将单芯线进行二次组装，即将单芯线切割到一定长度，然后按照多芯导体设计集束在一起并装入银管或银合金管中，之后再经过多次拉拔获得多芯圆线；最后进行适当的熔融热处理即可得到 Bi-2212 超导线材（PIT 法制备 Bi-2212 超导线材的典型工艺流程见图 1-7）。如果将多芯圆线进行平辊轧制，即可获得具有一定尺寸的多芯带材。

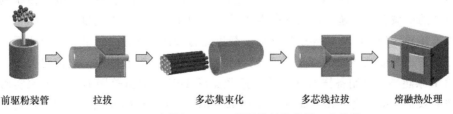

前驱粉装管　　　　拉拔　　　　　多芯集束化　　　　多芯线拉拔　　　　熔融热处理

图 1-7　PIT 法制备 Bi-2212 超导线材的典型工艺流程

2. Y 系高温超导带材

Y 系高温超导体是一种典型的缺陷型钙钛矿结构的金属氧化物，其晶体结构可看作是由

3 个缺氧钙钛矿 ABO_3 型结构堆叠而成的。以 $YBa_2Cu_3O_{7-\delta}$（YBCO）为例，其晶胞中各原子层的堆叠次序为 $CuO\text{-}BaO\text{-}CuO_2\text{-}Y\text{-}CuO_2\text{-}BaO\text{-}CuO$，可认为是由一个导电层 $CuO_2\text{-}Y\text{-}CuO_2$ 和两个载流子库层 $BaO\text{-}CuO\text{-}BaO$ 沿晶胞 c 轴有序堆垛而成的三明治结构（见图 1-8）。由于 Y 和 Ba 离子半径较大，占据了 ABO_3 晶格的 A 位，而半径较小的 Cu 离子则占据了 B 位。Cu 离子有两种不同的占位方式：一种是 Cu 离子与 4 个近邻氧离子形成平面四边形；另一种是 Cu 离子与近邻的 5 个氧离子形成金字塔形的多面体。上下两层为 CuO 链，中间两层为 CuO_2 面，即超导面。Y 原子平面棱边缺氧，并且上下两层 a 轴的氧原子会空缺或者占位率很低，导致 YBCO 中的氧原子只有 $7-\delta$ 个，所以其分子式为 $YBa_2Cu_3O_{7-\delta}$。YBCO 化合物具有正交相（$\delta \geq 0.5$）和四方相（$\delta < 0.5$）两种晶体结构。YBCO 正交相结构的空间群为 Pmmm，晶格常数为 $a = 0.382nm$，$b = 0.389nm$，$c = 1.168nm$，其处于正常态时具有正的电阻温度系数 $\rho(T)$，即电阻随着温度的下降而下降，具有金属导电行为。

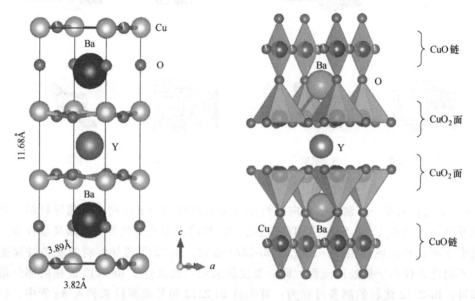

图 1-8 YBCO 晶体结构和 CuO_2 面、CuO 链位置示意图

YBCO 超导体特殊的晶体结构导致其超导性质表现出较强的各向异性，其各向异性比（λ_c / λ_{ab}）达到了 5~8，即超导电流主要沿着 ab 面传输，而沿 c 方向的电流较弱，所以只有沿 c 轴择优取向生长的 YBCO 晶体才能在导电层 CuO_2 面上实现很好的载流性能。因此，Y 系超导体与 Bi 系超导体有所不同，其并不能采用传统的 PIT 法来制备。虽然传统的 PIT 法可通过特殊的机械变形在超导体内部产生较强的织构和高比例的低角度晶界，但依然不能解决晶界弱连接导致的 YBCO 超导线带材临界载流能力较低的问题。因此，研究人员一直在努力寻找可制备出高载流性能的 Y 系高温超导带材的方法。截至目前，人们已经开发出了 3 种典型的 Y 系超导带材制备技术（其技术途径见图 1-9），即由美国 ORNL 国家实验室发明的轧制辅助双轴织构衬底（Rolling Assisted Biaxially Texture Substrate，RABiTS）技术、日本 Fujikura 公司提出的离子束辅助沉积（Ion Beam Assisted Deposition，IBAD）技术以及德国 THEVA 公司坚持使用的倾斜衬底沉积（Inclined Substrate Deposition，ISD）技术，利用这 3 种技术均可制备出具有高载流能力的实用化 Y 系高温超导带材，即第二代高温超导带材或涂层导体（Coated Conductor）。然而，无论采用 RABiTS 技术、IBAD 技术还是 ISD 技术，制备出的涂层导体均具有类似的结构，即都包含 5 个部分：金属基带、缓冲层、YBCO 超导层、Ag 保护层以及 Cu 稳定层。其中，金属基带是涂层导体的载体，起到支撑保护、提供织构生长模板的作用；缓冲层主要承担传递织构和化学阻隔两大任务；YBCO 超导层是整个涂层导体的核心，直接决定了涂层导体载流性能的优劣；Ag 保护层主要是隔绝空气、防止超导层性能退化；Cu 稳定层是为了防止超导体失超时电路仍可正常工作，避免安全事故发生。

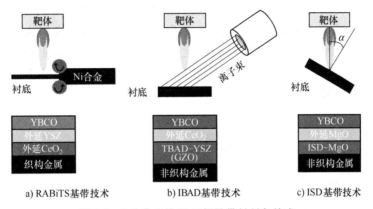

图 1-9 3 种典型的 Y 系超导带材制备技术

（1）RABiTS 基带技术 RABiTS 的技术方案是在轧制辅助双轴织构的金属基带上依次外延生长具有双轴织构的缓冲层（包括种子层、隔离层和帽子层）和 REBCO 超导层。轧制辅助双轴织构金属基带的制备工艺流程如图 1-10 所示，即首先将宽幅多晶金属带材经冷轧加工成厚度约为 $100\mu m$、具有较大变形织构的扁带材，然后将其切割成宽度为 1cm 的窄带材并对其进行适当的再结晶热处理后即可得到具有强立方织构（001）<100>的金属基带。目前，人们已经发展了多种 RABiTS 基带，如纯 Ni、Ni-Cr 合金、Ni-W 合金以及 Cu 基合金等易于通过轧制形成强立方织构（001）<100>的金属基带，有利于织构化缓冲层和超导层的生长。对于 RABiTS 技术路线，常用的缓冲层结构是 $CeO_2/YSZ/CeO_2$ 或 $Y_2O_3/YSZ/CeO_2$。美国超导公司和德国 EVICO 公司已经实现了百米至千米量级 Ni-5at%W 基带的商业化生产。

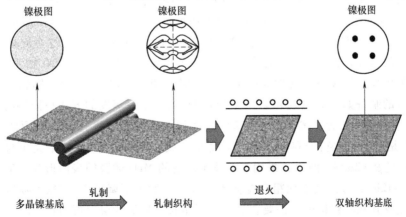

图 1-10 轧制辅助双轴织构金属基带的制备工艺流程

（2）IBAD 基带技术　IBAD 的技术方案是利用离子束轰击蒸发靶材并在无织构的金属基带上沉积金属氧化物薄膜，同时利用另一辅助的离子束以一定角度轰击沉积的薄膜使其晶粒沿特定取向生长而形成具有双轴织构的种子层，再在其上外延生长其他缓冲层（如隔离层、帽子层）和 REBCO 超导层。离子束辅助沉积双轴织构金属基带的制备工艺流程如图 1-11 所示，IBAD 系统配置双离子源，其中一个离子源（即溅射源）负责轰击目标靶材（YSZ）并提供沉积原子，而另一个离子源则负责以特定角度轰击正在沉积的 YSZ 薄膜，使其沿特定取向生长即形成双轴织构的 YSZ 种子层薄膜，为后续缓冲层和超导层的沉积提供良好的生长模板。目前，IBAD 技术所使用的无织构金属基带通常为不锈钢或哈氏合金（Hastelloy C-276），并已经在这些金属基带上制备出了具有高度立方织构的 YSZ、$Gd_2Zr_2O_7$（GZO）、MgO 等多类种子层薄膜，而且在其上外延生长出了高质量的 YBCO 涂层导体。美国 SuperPower 公司、日本 Fujikura 公司、欧洲 EHTS 公司、中国上海超导公司已经可以生产百米级以上的基于 IBAD 技术的高质量织构化金属带材。

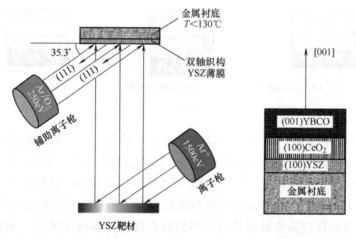

图 1-11　离子束辅助沉积法制备双轴织构金属基带的制备工艺流程

（3）ISD 基带技术　ISD 的技术方案与 IBAD 技术类似，也是在无织构的金属基带上沉积一层具有强立方织构的种子层薄膜。ISD 的原理是在保持金属基带表面法向与沉积原子束流的入射方向成一定夹角 α 的条件下，利用某种物理气相沉积（Physical Vapor Deposition, PVD）方法 ［如脉冲激光沉积（Pulsed Laser Deposition, PLD）法、磁控溅射（Magnetron Sputtering, MS）法或电子束蒸发法等］在倾斜的基带上沉积薄膜，通过不同取向晶粒俘获入射原子能力的差异，实现沿某一特定方向的择优生长，最终得到具有双轴织构的种子层，再在其上外延生长其他缓冲层（如隔离层、帽子层）和 REBCO 超导层。倾斜衬底沉积双轴织构金属基带的制备如图 1-12 所示。图 1-12a 中使用电子束蒸发的方法在倾斜的金属衬底上沉积 MgO 薄膜，从图中标注的 MgO（002）晶面的方向判断，垂直基底表面的晶向既不是<001>，也不是<111>，它的<001>晶向与基底法向成一定的夹角 β，这个夹角与基底倾斜角 α 的近似关系是 $\beta \approx 2\alpha/3$。所以，采用 ISD 技术制备的 MgO 薄膜的表面形貌一般呈现瓦片状分布（见图 1-12b），导致其表面粗糙度会比较大。一般为了降低 ISD-MgO 薄膜的表面粗糙度，进一步改善其双轴织构度，需要在其上外延生长其他缓冲层后再制备 YBCO 薄膜，这是 ISD 基带技术的劣势所在，限制了 ISD 技术的发展。目前，国际上使用 ISD 基带技术制备

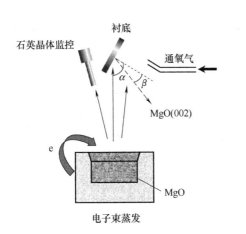

a) 制备工艺流程

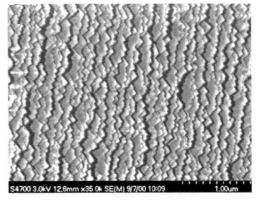

b) MgO薄膜表面形貌

图 1-12 倾斜衬底沉积法制备双轴织构金属基带的工艺流程及显微形貌

REBCO涂层导体的企业只有德国的THEVA公司。

（4）缓冲层制备技术 如前所述，REBCO涂层导体的缓冲层的作用主要有两个：一个是传递衬底织构或在衬底上形成织构，为超导层的沉积提供外延生长模板；另一个是作为阻挡层阻隔金属衬底与超导层之间的化学反应和元素扩散。根据其具体作用，国际上已经形成了一套经典的缓冲层架构，即由种子层、阻隔层和帽子层组成的多层氧化物复合缓冲层结构。其中，种子层又称籽晶层，作为第一层缓冲层直接生长在金属基带上，必须要与金属基带具有良好的晶格匹配和热膨胀系数匹配特性，常用的种子层材料有 CeO_2、Y_2O_3、$La_2Zr_2O_7$、$LaMnO_3$ 等；阻隔层用于阻挡基底中 Ni 等金属原子与超导层原子的相互扩散，常用的阻隔层材料有 YSZ、Re_2O_3 和 $LaMnO_3$ 等；帽子层也称作模板层，负责将金属基带或其他缓冲层的织构传递到超导层中，常用的帽子层材料有 CeO_2、Y_2O_3、$LaMnO_3$ 等。表 1-1 列出了 REBCO 涂层导体常用的缓冲层材料的晶格常数和制备方法，以及其与 Ni 金属基带和 YBCO 的晶格失配度。这些缓冲层材料可以根据需要采用物理沉积方法（如 MS 法、PLD 法、电子束蒸发法、IBAD 法等），或化学沉积方法如化学溶液沉积（Chemical Solution Deposition，CSD）法、溶胶-凝胶（Sol-Gel）法、金属有机物化学气相沉积（Metal Organic Chemical Vapor Deposition，MOCVD）法等，以及自氧化外延（Self Oxidation Epitaxy，SOE）法来制备。

表 1-1 REBCO 涂层导体常用的缓冲层材料相关参数

材料	晶格常数 a/Å	赝立方晶格常数 $a/\sqrt{2}$ 或 $a/2\sqrt{2}$/Å	晶格失配度（%） Ni	晶格失配度（%） YBCO	氧扩散系数 （800℃）/（cm^2/s）	制备方法
Y_2O_3	10.60	3.75	6.22	-1.89	6×10^{-10}	电子束
Gd_2O_3	10.81	3.82	8.17	0.07	7×10^{-10}	CSD
Yb_2O_3	10.43	3.69	4.61	-3.50	—	溅射
Eu_2O_3	10.87	3.84	8.64	0.54	—	CSD
$LaMnO_3$	3.88	—	9.70	1.60	8×10^{-15}	溅射
$LaAlO_3$	5.36	3.79	7.35	-0.75	—	CSD

（续）

材料	晶格常数 a/Å	赝立方晶格常数 $a/\sqrt{2}$ 或 $a/2\sqrt{2}$/Å	晶格失配度（%）		氧扩散系数 （800℃）/（cm²/s）	制备方法
			Ni	YBCO		
SrTiO₃	3.95	—	10.26	2.16	6×10^{-11}	CSD
SrRuO₃	5.57	3.94	11.17	3.08	—	溅射
MgO	4.21	—	17.74	9.67	8×10^{-22}	PLD
BaZrO₃	4.19	—	17.34	9.27	—	CSD,PLD
YSZ	5.14	3.63	3.07	-5.03	2×10^{-8}	PLD
CeO₂	5.41	3.83	8.22	0.12	6×10^{-9}	PLD,CSD
La₂Zr₂O₇	10.79	3.81	7.90	-020	—	CSD
Gd₂Zr₂O7	5.26	3.72	5.47	-2.64	—	CSD
NiO	4.18	—	16.96	8.89	—	SOE
Ni	3.52	—	—	—	—	
YBCO	a = 3.82 b = 3.89 c = 11.68	—	—	—	—	

（5）超导层制备技术 超导层是 REBCO 涂层导体的核心层，负责导体中电流的传输，其微观结构和宏观性能的优劣会直接影响涂层导体的实际应用。如前所述，无论是 RABiTS、IBAD 还是 ISD 技术方案，REBCO 超导层都是在具有双轴织构的缓冲层上进行外延生长的。所以，超导层也可以根据需要采用物理沉积方法（如 MS 法、PLD 法等），化学沉积方法如金属有机物沉积（Metal Organic Deposition，MOD）法、喷雾热解法、Sol-Gel 法、MOCVD 法、CVD 法等，反应共蒸发（Reaction Co-Evaporation，RCE）法，以及液相外延（Liquid Phase Epitaxy，LPE）法来制备。其中，由于 LPE 法通常需要较高的生长温度，喷雾热解法制备的薄膜表面粗糙度、致密度均偏小，MS 沉积薄膜的速率较低，所以这几种方法不适合进行大规模生产应用。目前，已被国际上各大涂层导体生产厂商证实可投入工业化生产的超导层制备方法主要有 PLD 法、MOCVD 法和 MOD 法。

1）PLD 法。国际上最先利用 PLD 法制备 YBCO 薄膜的是美国贝尔实验室的研究人员，他们利用高能激光束将含有 Y、Ba、Cu 的复合氧化物靶材蒸发，并将靶材的化学计量比成功复制到了沉积的薄膜中，实现了高质量 YBCO 薄膜的外延生长。这不仅为采用 PLD 法制备多元复杂氧化物的研究起到较大的推动作用，而且为基于 PLD-REBCO 超导层技术的高性能涂层导体的制备奠定了坚实基础。

PLD 是一种利用高能激光束对目标材料靶材进行轰击，并将轰击出来的物质原子以特定化学计量比沉积在衬底上，通过原位或后处理实现形核生长得到目标薄膜材料的一种薄膜制备技术。图 1-13a 所示为 PLD 法薄膜制备装置结构示意图。整个装置由激光系统（脉冲激光器、光反射镜、会聚透镜、激光窗口等）、沉积系统（真空腔室、衬底加热器、靶材及旋转机构等）、辅助系统（控温装置、气氛流量控制装置、生长监控装置、冷却系统等）三大部分组成。脉冲激光器置于真空腔室外，靶材和衬底置于真空室内，发射出的脉冲激光束通过真空腔室上的窗口照射靶材并激发出靶材中的原子形成等离子体羽辉，羽辉遇到靶材后沉积形成所需薄膜。PLD 法的优点是工艺可重复性好，操作简单，化学计量比较为精确，尤其是可避免沉积过程中对衬底和已形成的缓冲层薄膜的损害，可在较低温度下沉积高质量薄膜。当然 PLD 法也存在一些缺点，比如原子层堆叠的沉积机制导致薄膜生长速率较慢，高真空系统使得规模化制备的成本较高。

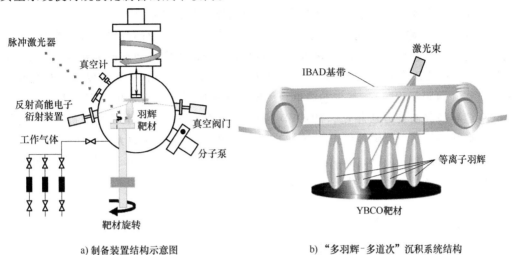

a) 制备装置结构示意图　　　　　　　　b) "多羽辉-多道次" 沉积系统结构

图 1-13　PLD 法制备 REBCO 超导层的装置和沉积系统结构示意图

为了实现大规模产业化生产，人们研制出了可连续在长金属基带上沉积 REBCO 超导层的动态 PLD 制膜系统。图 1-13b 给出了 "多羽辉-多道次" PLD 系统的结构示意图。该系统是在大空间的 PLD 真空腔室内装有卷对卷（Reel-to-Reel）金属基带传送装置，可在沉积薄膜的同时通过它匀速移动基带，从而实现在涂层导体长带上均匀连续沉积 REBCO 超导层的目的。此外，激光装置在沉积过程中可以连续扫描 YBCO 靶材并产生多个离散的等离子体羽辉，通过多羽辉-多道次的沉积工艺扩大沉积面积、有效提高制备效率。图中所示的激光系统采用 4 个羽辉，每个羽辉的脉冲频率为 40Hz，激光脉冲能量为 500~600mJ；YBCO 薄膜沉积过程中的氧分压为 200mTorr（1Torr=133.32Pa），沉积温度为 750~850℃。在 YBCO 薄膜沉积过程中，基带传送速率可根据需要进行调节，一般在 2~50m/h 范围变化。目前，日本 Fujikura、德国 Bruker、中国上海超导等涂层导体生产厂商均采用工业级动态 PLD 真空沉积系统制备 REBCO 超导层，已能生产出千米长高性能的 REBCO 涂层导体产品。表 1-2 所示为国内外主要涂层导体生产商采用的技术路线、带材结构和载流性能对比。

表 1-2　国内外主要涂层导体生产商采用的技术路线、带材结构和载流性能对比

公司	技术路线	基带	缓冲层	长度/m	$I_c/(\text{A/cm}\cdot\text{w})$ (77K,自场)
美国超导	RABiTS/MOD-Y123	NiW	$Y_2O_3/YSZ/CeO_2$	570	460
日本 Fujikura	IBAD/PLD-Gd123	Hastelloy	$Al_2O_3/Y_2O_3/MgO/CeO_2$	1050	580
日本 SWCC	IBAD/MOD-Y(Gd)123	Hastelloy	$Gd_2Zr_2O_7/CeO_2$	500	≈300
德国 THEVA	ISD/RCE-Dy(Gd)123	Hastelloy	MgO	>100	550
上海超导	IBAD/PLD-Y123	Hastelloy	$Al_2O_3/Y_2O_3/MgO/CeO_2$	1000	≈300
上海上创超导	IBAD/MOD-RE123	Stainless Steel	$Al_2O_3/Y_2O_3/MgO/LaMnO_3$	500~1000	≈300
苏州新材料	IBAD/MOCVD-RE123	Hastelloy	$Al_2O_3/Y_2O_3/MgO/LaMnO_3$	1000	>300

2）MOCVD 法。MOCVD 法是利用载气将含有目标薄膜材料成分的金属有机化合物（有机源前驱体）的气体分子运送到反应室进行热分解反应，在加热的衬底上沉积形成所需物相化合物薄膜的一种技术。

Berry 等人首次采用 MOCVD 法在 MgO 衬底上制备 YBCO 超导薄膜，其工艺流程如下：首先将配制好的金属有机源前驱体通过蒸发系统加热汽化，然后利用载气（Ar）和反应气体（O_2、N_2O 等）输送经喷雾器进入反应腔，在加热的衬底表面同反应气体发生化学反应，生成所需的 YBCO 超导薄膜。图 1-14 是装有卷对卷系统的可实现动态连续制备 REBCO 涂层导体长带的 MOCVD 装置示意图。该系统包含有机源进液单元、有机源蒸发室、有机源输送管道反应室（薄膜沉积腔）、基带卷绕单元、尾气处理单元和真空泵单元等几大部分。与其他 YBCO 超导薄膜制备方法相比，MOCVD 法具有薄膜成分可调、生长速率高、均匀性好、可在不同形状的衬底上镀膜等优点，有利于实现 REBCO 涂层导体的大批量生产。但该方法也存在一些缺点，如 Y、Ba、Cu 等金属有机化合物不易合成，且 Ba 的金属有机源价格昂贵、利用率也不高，一定程度上限制了其推广使用。

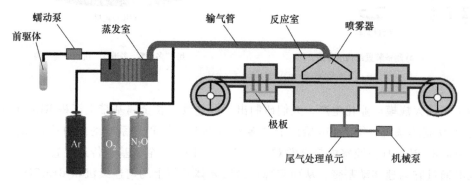

图 1-14　MOCVD 法制备 REBCO 涂层导体长带的装置结构示意图

3）MOD 法。MOD 法是将含有目标薄膜材料成分的金属有机前驱体液涂覆在衬底上，随后经过低温热分解和高温结晶热处理，在衬底上形成所需金属化合物薄膜的一种技术。该方法属于化学溶液沉积法的一种，其整个薄膜制备过程与 Sol-Gel 法类似。

美国 IBM Watson 研究中心的 Gupta 等人首次采用三氟醋酸盐（TFA）作为前驱物的 MOD 法制备了 YBCO 超导薄膜。该方法能有效避免对超导性能不利的 $BaCO_3$ 相的形成，能稳定地制备出高性能 YBCO 薄膜，被普遍称为 TFA-MOD 方法。MOD 法制备 YBCO 超导薄膜主要包含前驱液的合成、前驱膜的涂敷、低温热分解过程、高温晶化过程 4 个步骤。每个步骤对最终 YBCO 薄膜的超导性能都有很大影响，必须合理调控每个步骤的参数，以获得高性能的 YBCO 超导薄膜。目前，MOD 法已被成功应用于 REBCO 涂层导体的工业化生产，美国超导公司最先开发出了 RABiTS/MOD-Y123 涂层导体技术路线，我国上海上创超导也已经建立了国内首条 IBAD/MOD-RE123 生产线，可生产出超导性能优异的长度 500m 甚至上千米的 REBCO 涂层导体。

1.4.2　高温超导薄膜与微细加工

高温超导薄膜既可以作为超导带材的载流层实现超导强电应用，也可以将其制作成特定的形状或器件实现超导弱电应用。本小节将以 Bi 系、Y 系高温超导薄膜为例，简单介绍它们的制备方法和微细图形化技术，以及它们在高温超导器件中的潜在应用。

1. Bi 系高温超导薄膜

如前所述，铜氧化物高温超导体具有类似的晶体结构。它们都属于钙钛矿结构的衍生物，都存在一个或多个 CuO_2 导电层和被 CuO_2 导电层隔开的电荷载流子库层（即导电层正好被两个载流子库层夹在中间，形成了类三明治式的堆叠结构）。一般地，CuO_2 平面之间的超导耦合要比 CuO_2 平面内的耦合弱得多，而两个相邻 CuO_2 导电层之间的超导耦合（即约瑟夫森耦合）还要更弱。对于 Bi 系高温超导体来说，其晶体结构中两相邻 CuO_2 导电层的距离约为 1.2nm，而其沿 c 轴方向的超导相干长度 ξ_c 仅为 0.1nm，所以 Bi 系高温超导体内部自然形成了超导区-绝缘区-超导区，即类似 SIS 型约瑟夫森隧道结的结构特征。因此，Bi 系高温超导体成为具有本征约瑟夫森效应的超导体。本征约瑟夫森效应是由德国科学家 Kleiner 首先在 Bi-2212 超导单晶中发现的，不久后，Ozyuzer 等人在 Bi-2212 本征约瑟夫森结阵列中观察到功率达到 $0.5\mu W$ 的相干太赫兹辐射。我国南京大学王华兵教授的研究组也利用 Bi-2212 单晶成功制备了尺寸为 $330\mu m \times 50\mu m \times 1\mu m$ 的平台结构，并从中观察到了稳定的太赫兹辐射。以上这些研究结果无疑为制作高功率太赫兹信号源提供了十分重要的实验依据。

获得高质量的 Bi 系高温超导薄膜是制作高温超导电子器件的基础和前提条件。由于 Bi-2201 临界转变温度较低、Bi-2223 结构不稳定，所以 Bi 系高温薄膜的研究主要集中在 Bi-2212 薄膜的制备上。目前，人们已经采用 PLD 法、MOCVD 法和 Sol-Gel 法等多种方法成功制备出了高度 c 轴外延生长的 Bi-2212 薄膜。虽然前两种方法制备的薄膜质量较高，但是改良后的 Sol-Gel 法制备的 Bi-2212 薄膜的质量也可与前两者相媲美。东北大学的研究组对传统的 PechiniSol-Gel 法进行改良，采用乙二醇作为交联剂，促使乙二胺四乙酸（EDTA）金属络合物与乙二醇之间发生酯化反应，形成高强度的三维立体网络结构，将 Bi、Sr、Ca、Cu 4 种金属离子均匀弥散地分布在网络结构中，再通过适当热处理获得了高质量的 Bi-2212 外延薄膜。西安理工大学的研究组采用丙烯酸（AA）作为有机络合剂，将 Bi、Sr、Ca、Cu 4 种金属离子分别络合形成大分子三维网络结构，AA 络合剂的添加同时赋予了溶胶紫外感光特性，经适当热处理后得到了超导性能良好的 Bi-2212 外延薄膜。

由于单个约瑟夫森结的临界电流一般为几毫安量级以下，所以必须将 Bi 系高温超导体制作成几微米甚至亚微米尺度的微小样品才能观测到明显的约瑟夫森效应。因此，通常需要借助光刻技术对 Bi 系高温超导体进行微细加工以满足超导器件的制作要求。传统的半导体光刻过程如图 1-15a 所示，整个光刻过程包含光刻胶涂覆、紫外掩模曝光、图形显影、化学刻蚀和光刻胶移除 5 个步骤。化学刻蚀阶段通常会使用强酸（如盐酸、硝酸等）对已制备好的 Bi-2212 薄膜进行化学腐蚀，使薄膜超导性能发生退化。西安理工大学赵高扬等人利用 AA 作为络合剂合成出了 Bi/AA、Cu/AA 的感光金属螯合物，首先利用含有这种感光螯合物的溶胶制备出了 Bi-2212 凝胶薄膜的微细图形，然后经过适当的热处理获得了超导性能无损的 Bi-2212 晶态薄膜微细图形，其光刻过程如图 1-15b 所示。很显然，这种感光 Sol-Gel 光刻法要比传统光刻工艺更加简化，更重要的是前者是在 Bi-2212 凝胶阶段就形成了微细图形，只需对凝胶膜微细图形进行适当热处理即可得到晶态的 Bi-2212 薄膜，整个过程不涉及强腐蚀性的刻蚀液，对 Bi-2212 薄膜微细图形的超导性能几乎没有影响。

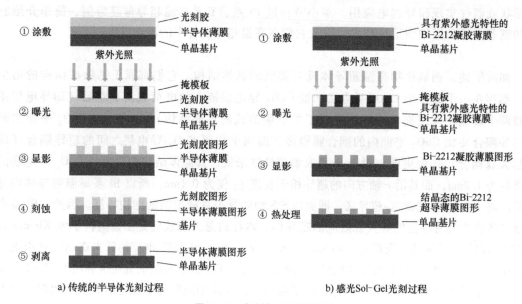

图 1-15　光刻加工工艺对比

2. Y 系高温超导薄膜

Y 系高温超导薄膜虽然不具备 Bi 系高温超导薄膜的本征约瑟夫森效应，但其仍然可以通过特殊的薄膜制备方法并借助光刻技术制作成超导异质外延结构、单个约瑟夫森结或多个约瑟夫森结构成的阵列，从而满足相应的超导弱电应用要求。当然，高质量 Y 系高温超导薄膜的制备依然是 Y 系高温超导器件走向实际应用的基础。

与 Bi 系高温超导薄膜一样，人们已经采用 PLD 法、MS 法、MOCVD 法和 Sol-Gel 法等多种方法成功制备出了高度 c 轴外延生长的 Y 系高温超导薄膜。其中采用 PLD 法和 MOCVD 法制备 Y 系超导薄膜的工艺流程可参见前述 REBCO 涂层导体超导层制备方法中的相关内容，这里仅介绍几种 Sol-Gel 法的典型案例。

Y 系超导薄膜的 Sol-Gel 制备法可分为 3 种，即传统含氟工艺（或称为全氟工艺）、低氟工艺和无氟工艺。其中，传统含氟工艺是首先由美国 IBM Watson 研究中心的 Gupta 等人提出，随后麻省理工学院 Smith 等人采用 Y、Ba、Cu 的三氟乙酸盐作为起始原料溶于甲醇中得到 YBCO 的前驱溶液，通过 CSD 技术（包含低温热解和高温晶化）得到了超导性能优异的 YBCO 薄膜。虽然这种含氟工艺有效避免了对超导性能不利的 $BaCO_3$ 相的生成，但 YBCO 成相过程中会释放大量腐蚀性的氟化氢（HF）气体，导致薄膜表面留下腐蚀孔洞，粗糙度增大，且薄膜晶化时间较长，制备效率低下。后来，Xu 等人、Chen 等人又先后提出了低氟工艺，即前驱溶胶中仅含有 Ba 的三氟乙酸盐，在抑制 $BaCO_3$ 相生成的同时极大地缩短了薄膜晶化时间，提高了制备效率。此外，人们还发展了多种无氟工艺，其中包括日本学者提出的环烷酸盐法、乙酰丙酮盐法，以及中国学者 Lei 等人提出的气氛可控的含 Ba 相转化醋酸盐法、Wang 等人提出的高聚物辅助醋酸盐法等。前两种方法由于起始原料难于合成且成本较高，不适宜大范围推广使用。气氛可控的含 Ba 相转化醋酸盐法则采用易获得且成本低廉的醋酸盐作为起始原料，利用二乙烯三胺、乳酸、AA 等络合剂与 Y^{3+}、Ba^{2+}、Cu^{2+} 形成稳定的金属络合物并溶解于甲醇中形成前驱溶胶，通过在热处理过程中巧妙地分阶段引入适量的

CO_2 和水蒸气，有效控制薄膜中含 Ba 相的转化，抑制 $BaCO_3$ 相生成，不仅提升了薄膜表面致密度，缩短了热处理时间，而且所获得的 YBCO 薄膜的超导性能甚至超过了传统含氟工艺。高聚物辅助醋酸盐法是利用高聚物的添加一定程度上抬高了金属有机物的热解温度，避免了 $BaCO_3$ 相生成，最终也成功制备出了超导性能良好的 YBCO 薄膜。

为了满足高温超导器件的应用，人们尝试采用传统光刻法对 Bi 系高温超导薄膜进行微细加工，取得了一些显著的研究成果，这里仅列举一些典型案例加以说明。澳大利亚 Du 等人利用传统光刻法在 MgO 单晶衬底上制备了由 400 个串联的 YBCO step-edge 结组成的约瑟夫森结阵列，这些串联结阵列具有数百欧姆的结法向电阻，为一些高频应用提供了实验依据。我国北京大学杨涛等人在 $SrTiO_3$（STO）双晶（晶界角 θ 为 24°~26°）衬底上外延生长 YBCO 高温超导薄膜，然后对薄膜进行光刻，在 STO 双晶晶界处得到 YBCO 超导微桥（长约 $100\mu m$、宽为 $5 \sim 10\mu m$），经测量微波辐照下的 IV 曲线，观察到了夏皮罗台阶，证实了交流约瑟夫森效应的存在。西安理工大学赵高扬等人将感光 Sol-Gel 光刻技术应用于 YBCO 薄膜的微细图形化研究，首先在直径 1in（1in = 0.0254m）$LaAlO_3$（LAO）单晶衬底上制备出了长度为 700mm 的曲折螺旋形 YBCO 超导薄膜（宽约 $160\mu m$、厚约 255nm），经测量该曲折螺旋形 YBCO 超导薄膜微图形具有一定的信号延迟效果，其在 1~3.2GHz 的频率范围的延迟时间为 8.6ns，为高频信号处理、通信、测量等领域的应用提供了实验基础。同时，他们还将感光 Sol-Gel 光刻技术成功应用于金属衬底上 YBCO 微细图形的制备研究中，在柔性 RABiTS/Ni-5W 合金衬底上制备出了超导性能优异的 YBCO 微细图形，经数次弯折测试，YBCO 图形的超导性能与弯折前没有太大差别，这使 YBCO 高温超导薄膜在柔性电力电子器件领域的应用成为可能。

1.5 其他实用超导材料的合成与制备

1.5.1 MgB_2 超导材料

MgB_2 超导体是一种 AlB_2 型二元金属间化合物，属于六方晶系中的简单六方结构，空间群为 $P6/mmm$，晶格常数为 $a = 0.309nm$、$c = 0.353nm$。其晶体结构如图 1-16 所示，与石墨较为类似，都属于层状结构，B 原子层穿插在六方密排堆积的两个 Mg 原子层之间，其中 Mg 原子位于六方结构 B 层的中心位置，并提供电子给 B 层。由于 B 原子层内的原子间距远远小于相邻两个 B 原子层之间的距离，所以 MgB_2 也是具有各向异性的超导体。

尽管 MgB_2 的成分和结构相对简单，但 Mg 和 B 的熔点相差约 1650℃，且 Mg 在高温、低压下容易挥发成气态，这使得 MgB_2 的成相反应过程中会同时存在固、液、气三相，成相体系较为复杂。此外，Mg 元素极易发生氧化，生成 MgO，影响 MgB_2 超导相的形成。因此，

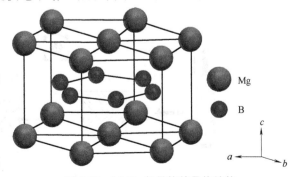

图 1-16 MgB_2 超导体的晶体结构

MgB_2 超导体的合成温度一般在 600~1000℃，且尽可能避免 Mg 与空气接触。

1. MgB_2 超导线带材

MgB_2 超导体可根据应用要求制备成 MgB_2 多晶块材、MgB_2 单晶块材、MgB_2 薄膜以及 MgB_2 线带材等多种形态。其中，MgB_2 线带材的应用最为广泛，其也可以像 Nb_3Sn、NbTi 超导线材一样绕制成超导磁体，满足磁共振成像（Magnetic Resonance Imaging，MRI）、超导故障限流器（Superconducting Fault Current Limiter，SFCL）及超导风机电机等使用需求。目前，人们已经发展了多种制备 MgB_2 超导线材的方法，如扩散法、连续装管成型（Continuous Tube Forming and Filling，CTFF）法、PIT 法以及中心 Mg 扩散（Internal Mg Diffusion，IMD）法。其中，PIT 法和 IMD 法已被证实是可进行大规模产业化发展的方法。

PIT 法制备 MgB_2 线带材有两种技术路线，即先位（ex-situ）合成法和原位（in-situ）合成法。其中，先位合成法是直接将预先反应生成的 MgB_2 粉末装入金属管中，通过旋锻、拉拔和轧制等加工工艺制备出特定尺寸的 MgB_2 线带材，再经适当热处理（高于 900℃）消除机械加工应力、提高致密度，即获得 MgB_2 超导线带材，工艺过程如图 1-17a 所示。该技术的特点是工艺过程简单，所制备的线带材无须反应烧结就具有较高的载流能力。原位合成法是以 Mg 粉、B 粉为前驱粉末原料，按 1:2 的原子比将粉料均匀混合后装入金属管中，然后经过拉拔、轧制等工艺加工出一定尺寸的线带材，最后经反应烧结热处理（低于 900℃）使之形成 MgB_2 相后即得到 MgB_2 超导线带材，工艺过程如图 1-17b 所示。原位合成法热处理过程中 Mg 粉熔化与 B 粉反应成相可以有效弥合机械加工过程中形成的微裂纹和孔洞，比先位合成法的 MgB_2 粉末具有更好的晶粒连接性，使原位合成法制备的 MgB_2 超导线带材具备更高的载流能力。意大利哥伦布超导公司和我国西北有色金属研究院已分别采用先位 PIT 技术和原位 PIT 法制备出了千米级多芯 MgB_2 超导长线。

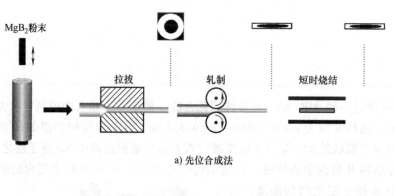

a) 先位合成法

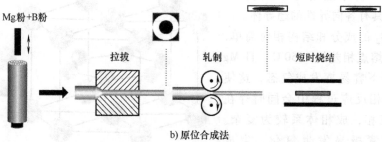

b) 原位合成法

图 1-17　PIT 法制备 MgB_2 超导线带材的工艺流程

IMD 法的工艺流程如图 1-18 所示，首先将 Mg 棒放置于金属套管的中心位置，随后将 B 粉均匀填充到 Mg 棒与金属套管之间的空隙中，然后再进行旋锻、拉拔、轧制等加工过程形成一定尺寸的线带材，最后进行反应成相热处理，通过高温使熔化的 Mg 棒与周围的 B 粉充分发生扩散反应形成 MgB_2 相，即得到所需的 MgB_2 超导线材。IMD 法可以获得几乎接近理论密度的 MgB_2 超导层，所制备的 MgB_2 超导线带材的临界电流密度相比 PIT 法得到了大幅度提高，因此由该法制备的线材在国际上被称为第二代 MgB_2 超导线材。目前，采用 IMD 法制备的 C 掺杂的 MgB_2 超导线的临界电流密度 J_c 高达 $1.5 \times 10^5 A/cm^2$（4.2K，10T）。我国西北有色金属研究院已采用 IMD 法制备出了百米级高性能的 MgB_2 超导多芯线材。

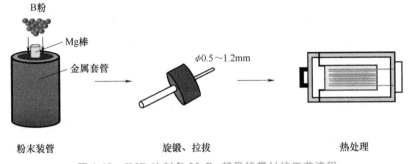

图 1-18 IMD 法制备 MgB_2 超导线带材的工艺流程

2. MgB_2 超导薄膜

与 Bi 系、Y 系高温超导薄膜类似，高质量的 MgB_2 薄膜也被应用于超导电子器件中。但是，MgB_2 超导体的相干长度（≈10nm）要比铜氧化物超导体的相干长度（≈2nm）大好几倍，这使得 MgB_2 薄膜更容易被制作成约瑟夫森结（如 SIS 结、SNS 结等）。MgB_2 薄膜的制备方法也分为两种，即异位生长法和原位生长法。异位生长法是指先在较低温度下沉积 B 或 Mg-B 混合物作为前驱膜，随后将其置于高温 Mg 蒸气中进行退火处理，即得到 MgB_2 超导薄膜；原位生长法是指在高温衬底上直接沉积获得 MgB_2 超导薄膜。其中，原位生长法有利于沉积多层薄膜，可用于制备约瑟夫森结或多层异质超导器件。目前，已被成功用于制备 MgB_2 超导薄膜的方法有 PLD 法、MS 法、分子束外延（Molecular Beam Epitaxy，MBE）法以及物理-化学气相沉积法等。PLD 法和 MBE 法制备 MgB_2 超导薄膜的过程可参考前述 PLD-REBCO 的制备工艺流程。所谓物理-化学气相沉积（HPCVD）法是指将 PVD 法（Mg 块热蒸发）和 CVD 法（乙硼烷的化学分解）结合在一起沉积 MgB_2 薄膜的一种方法。该方法兼具 PVD 和 CVD 的优势，不仅沉积温度低、沉积速率快，而且高的 Mg 蒸气压促使薄膜中 MgB_2 相的纯度大幅提升。已有研究者采用 HPCVD 法在不锈钢衬底上制备出了高性能的 MgB_2 厚膜，说明 HPCVD 法是可制备高质量、高性能 MgB_2 薄膜的有效技术。

1.5.2 铁基超导材料

根据铁基超导体组成元素的原子比进行划分，已发现的铁基超导体可以分为 5 大体系：① "11" 体系：FeSe；② "111" 体系：AFeAs（A 为 Li 或 Na）；③ "122" 体系：$AeFe_2As_2$（Ae 为 Ba、Sr、K、Ca、Eu 等）；④ "1111" 体系：LnOFeAs（Ln 为 La 系元素）；

⑤ "32225"和"42226"等新体系。其中，11、122和1111体系是研究较多的铁基超导材料，人们已能制备出单晶块材、多晶块材、线带材和薄膜等多种形态的铁基超导材料。

铁基超导材料虽然体系庞大，但它们在结构上却有一个显著的共同特征，即都含有一个反氧化铅型（anti-PbO）FeAs或FeSe层作为基本结构单元，且都是FeAs/FeSe层和LnO层沿c轴方向交替排列的层状结构。大多体系属于四方晶系，空间群为$I4/mmm$或$P4/nmm$。与高温铜氧化物超导体中的CuO_2导电层类似，FeAs/FeSe层是铁基超导体的导电层，即超导电子在该层内传输，而其他层则为载流子库层。但是，与铜氧化物超导体不同的是，在铜氧化物超导体中CuO_2层是在同一平面上，而铁基超导体中的FeAs/FeSe并不在同一平面。

1. 铁基超导线带材

铁基超导体是人们发现的第二种高温超导体，其具有较高的临界转变温度（如REFeAsO$_{1-\delta}$的$T_c = 55K$）、高的载流能力（单晶薄膜的J_c高达$10^6 A/cm^2$以上）以及极高的上临界磁场（大于100T）等优点。此外，铁基超导体的各向异性较小、不可逆场较高，这使其容易被加工成在高场下能保持较高J_c的超导线带材。因此，与其他超导材料相比，铁基超导材料也有着自身独特的优势，其将在中低温高场下具有较广阔的应用前景。

由于铁基超导材料具有较小的各向异性，所以它完全可以像Bi系超导体一样采用PIT法制备成铁基超导线带材。当然，也可以利用PLD法或MBE法在金属基带上沉积铁基超导薄膜得到铁基超导涂层导体。PIT法制备铁基超导线带材的工艺流程如图1-19所示。首先在Ar气保护下将铁基前驱粉末混合均匀后装入金属管中，然后通过旋锻、拉拔和轧制等加工工序形成一定尺寸的线材或带材，最后在Ar保护气氛下对已成型的线带材进行热处理，形成晶粒连接性良好的铁基超导线带材。与PIT法制备MgB_2线带材一样，PIT法制备铁基超导线带材的工艺也可以分为先位法和原位法，前者是直接将已烧结成相的铁基超导粉末装入金属管中进行加工，然后去应力退火处理；而后者是先将铁基前驱粉末均匀混合后装入金属管中，待拉拔、轧制成线带材后再通过反应烧结热处理形成超导相。目前，国内外多个研究组在实用化铁基超导线带材制备研究中做出了重要贡献，如中科院电工研究所、西北有色金属研究院、日本国立材料研究所、美国国家高场实验室等。

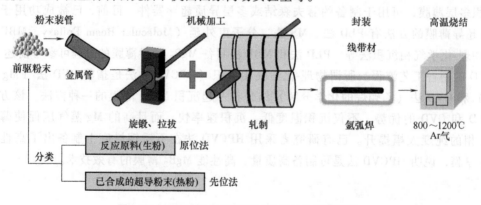

图1-19 PIT法制备铁基超导线带材的工艺流程

2. 铁基超导薄膜

铁基超导体的相干长度（ξ一般约为3nm）与铜氧化物超导体一样均较小，所以较难制备出高质量的铁基超导约瑟夫森结。因此，关于铁基超导薄膜的弱电应用偏少，而大量研究均集中在强电应用的铁基涂层导体上。目前，铁基超导薄膜的制备方法主要有 PLD 法和 MBE 法，研究较多的是 11、122 和 1111 体系铁基超导材料。一般来说，所制备铁基超导薄膜的临界电流密度一般要达到 $10^6 A/cm^2$（5K，0T）以上才具备实用价值。类似于 REBCO 涂层导体，铁基涂层导体也选用 IBAD 基带和 RABiTS 基带用于沉积铁基超导薄膜。目前，在金属基带上沉积铁基超导薄膜的研究已取得了一些重要进展，如铁基涂层导体的 T_c 与单晶基底上的铁基薄膜样品相当，尤其是 Fe（Se，Te）和 Ba-122：P 涂层导体的传输性能已超过实用化水平。因此，除了常规的 PIT 工艺外，涂层导体技术也是一种可实现高性能铁基超导带材制备的备选方法。

思　考　题

1. NbTi 和 Nb$_3$Sn 都是典型的实用化低温超导材料，试从晶体结构、超导性能和制备方法上说明二者的区别。

2. YBa$_2$Cu$_3$O$_{7-\delta}$（YBCO）和 Bi$_2$Sr$_2$CaCu$_2$O$_{8+y}$（Bi-2212）均属于铜氧化物高温超导体且具有类似的晶体结构，为什么实用化的高性能 YBCO 带材不能采用 Bi-2212 带材常用的粉末装管（PIT）法来制备？

3. MgB$_2$ 和铁基超导材料也是实用化超导材料，请简述它们的制备方法和应用前景。

4. Y 系和 Bi 系超导体同属于铜氧化物高温超导体，为什么后者具备本征约瑟夫森效应而前者却不具备？

5. 为什么 MgB$_2$ 超导体比铜氧化物高温超导体更容易制备成约瑟夫森结？

参 考 文 献

[1] ONNES H K. Investigations into the properties of substances at low temperatures, which have led, amongst other things, to the preparation of liquid helium [J]. Nobel lecture, 1913.

[2] BEDNORZ J G, MÜLLER K A. Possible high T_c superconductivity in the Ba-La-Cu-O system [J]. Zeitschrift für physik B condensed matter, 1986, 64 (2): 189-193.

[3] WU M K, ASHBURN J R, TORNG C J, et al. Superconductivity at 93 K in a new mixed-phase Y-Ba-Cu-O compound system at ambient pressure [J]. Physical review letters, 1987, 58 (9): 908.

[4] MAEDA H, TANAKA Y, FUKUTOMI M, et al. A new high-Tc oxide superconductor without a rare earth element [J]. Japanese journal of applied physics, 1988, 27 (2): L209.

[5] SHENG Z Z, HERMANN A M, EL ALI A, et al. Superconductivity at 90 K in the Tl-Ba-Cu-O system [J]. Physical review letters, 1988, 60 (10): 937-940.

[6] SCHILLING A, CANTONI M, GUO J D, et al. Superconductivity above 130 K in the Hg-Ba-Ca-Cu-O system [J]. Nature, 1993, 363 (6424): 56-58.

[7] NAGAMATSU J, NAKAGAWA N, MURANAKA T, et al. Superconductivity at 39 K in magnesium diboride [J]. Nature, 2001, 410 (6824): 63-64.

[8] KAMIHARA Y, WATANABE T, HIRANO M, et al. Iron-based layered superconductor La [O$_{1-x}$F$_x$] FeAs (x=0.05 ~ 0.12) with T_c=26K [J]. Journal of the American chemical society, 2008, 130 (11): 3296-3297.

[9] REN Z A, LU W, YANG J, et al. Superconductivity at 55 K in iron-based F-doped layered quaternary compound Sm [O$_{1-x}$F$_x$] FeAs [J]. Chinese physics letters, 2008, 25 (6): 2215-2216.

[10] SUN H L, HUO M W, HU X W. Signatures of superconductivity near 80 K in a nickelate under high pressure [J]. Nature, 2023, 621: 493-498.

[11] YAO C, MA Y W. Superconducting materials: challenges and opportunities for large-scale applications

22

[J]. iScience, 2021, 24 (6): 102541.

[12] 马衍伟. 超导材料科学与技术 [M]. 北京: 科学出版社, 2022.

[13] 张平祥, 闫果, 冯建情, 等. 强电用超导材料的发展现状与展望 [J]. 中国工程科学, 2023, 25 (1): 60-67.

[14] 李春光, 王佳, 吴云, 等. 中国超导电子学研究及应用进展 [J]. 物理学报, 2021, 70 (1): 178-203.

[15] CARDWELL D A, GINLEY D S. Handbook of superconducting materials [M]. Bristol: IOP publishing Ltd., 2003.

[16] KOHNO O, IKENO Y, SADAKATA N, et al. Critical current density of Y-Ba-Cu oxide wires [J]. japanese journal of applied physics, 1987, 26 (10R): 1653.

[17] GOYAL A, PARANTHAMAN M P, SCHOOP U. The RABiTS approach: using rolling-assisted biaxially textured substrates for high-performance YBCO superconductors [J]. MRS bulletin, 2004, 29 (8): 552-561.

[18] WATANABE T, KURIKI R, IWAI H, et al. High-rate deposition by PLD of YBCO films for coated conductors [J]. IEEE transactions on applied superconductivity, 2005, 15 (2): 2566-2569.

[19] SENATORE C, ALESSANDRINI M, LUCARELLI A, et al. Progresses and challenges in the development of high-field solenoidal magnets based on RE123 coated conductors [J]. Superconductor science and technology, 2014, 27 (10): 103001.

[20] SHIOHARA Y, NAKAOKA K, IZUMI T, et al. Development of REBCO coated conductors relationship between microstructure and critical current characteristics [J]. Journal of the Japan institute of metals and materials, 2016, 80 (7): 406-419.

[21] BERRY A D, GASKILL D K, HOLM R T, et al. Formation of high T_c superconducting films by organometallic chemical vapor deposition [J]. Applied physics letters, 1988, 52 (20): 1743-1745.

[22] GUPTA A, JAGANNATHAN R, COOPER E I, et al. Superconducting oxide films with high transitiontemperature prepared from metal trifuoroacetate precursors [J]. Applied physics letters, 1988, 52 (24): 2077-2079.

[23] KLEINER R, STEINMEYER F, KUNKEL G, et al. Intrinsic Josephson effects in $Bi_2Sr_2CaCu_2O_{8+\delta}$ single crystals [J]. Physical review letters, 1992, 68 (15): 2394.

[24] OZYUZER L, KOSHELEV A E, KURTER C, et al. Emission of coherent THz-radiation from superconductors [J]. Science, 2007, 318: 1291-1293.

[25] WANG H B, GUENON S, GROSS B, et al. Coherent terahertz emission of intrinsic Josephson junctions stacks in the hot spot regime [J]. Physical review letters, 2010, 105 (5): 057002.

[26] LU X M, WANG T L, ZHANG Y M. An enhancement in structural and superconducting properties of Bi2212 epitaxial thin films grown by the Pechini sol-gel method [J]. Journal of applied crystallography, 2013, 46 (2): 379-386.

[27] LIU X Q, ZHAO G Y. One step preparation of photosensitive $Bi_2Sr_2CaCu_2O_{8+x}$ films and their fine patterns by a photosensitive sol-gel meth [J]. Superconductor science and technology, 2018, 31 (12): 125017.

[28] SMITH J A, CIMA M J, SONNENBERG N. High critical current density thick MOD-derived YBCO films [J]. IEEE transactions on applied superconductivity, 1999, 9 (2): 1531-1534.

[29] SHI D L, XU Y L, YAO H B, et al. The development of $YBa_2Cu_3O_x$ thin films using a fluorine-free sol-gel approach for coated conductors [J]. Superconductor science and technology, 2004, 17 (12): 1420-1425.

[30] XU Y, GOYAL A, LEONARD K, et al. High performance YBCO films by the hybrid of non-fluorine yttri-

um and copper salts with Ba-TFA [J]. Physica C: superconductivity, 2005, 421 (1-4): 67-72.

[31] CHEN Y Q, ZHAO G Y, LEI L, et al. High-rate deposition of thick $YBa_2Cu_3O_{7-x}$ superconducting films using low-fluorine solution [J]. Superconductor science and technology, 2007, 20 (3): 251-255.

[32] LEI L, ZHAO G Y, ZHAO J J, et al. Water-vapor-controlled reaction for fabrication of YBCO films by fluorine-free sol-gel process [J]. IEEE transactions on applied superconductivity, 2010, 20 (5): 2286-2293.

[33] WANG W T, PU M H, ZHAO Y. Influence of partial melting temperature on structure and superconducting properties of YBCO film by non-fluorine MOD [J]. Journal of superconductivity and novel magnetism, 2010, 23 (6): 989-993.

[34] DU J, LAZAR J Y, LAM S K H, et al. Fabrication and characterization of series YBCO step-edge Josephson junction arrays [J]. Superconductor science and technology, 2014, 27 (9): 095005.

[35] 王越, 魏玉科, 杨涛, 等. 基于高温超导双晶结的约瑟夫森效应观测实验 [J]. 物理实验, 2012, 32 (7): 1-5.

[36] JIA J Q, ZHAO G Y, LEI L, et al. Fabrication of superconducting $YBa_2Cu_3O_{7-x}$ delay lines by a chemically modified sol-gel method [J]. Ceramics international, 2015, 41: 2134-2139.

[37] LI L M, ZHAO G Y, LEI L, et al. Fine patterned YBCO films grown on flexible nickel-tungsten substrates by photosensitive sol-gel method [J]. Materials research bulletin, 2022, 147: 111631.

[38] WANG S F, CHEN K, LEE C H, et al. High quality MgB_2 thick films and large-area films fabricated by hybrid physical-chemical vapor deposition with a pocket heater [J]. Superconductor science and technology, 2008, 21 (8): 085019.

第 2 章
磁性材料

2.1 磁性材料概述

磁性材料是功能材料中一个重要的分支, 涵盖了金属、合金以及铁氧体化合物等材料, 在电子和通信、信息、能源、生物、空间新技术等许多领域都有着广泛的用途, 是社会发展和技术进步的基础材料。磁性材料的历史悠久, 我国早在战国时期就有关于磁性材料的记载, 经过不断的发展和研究, 磁性材料的种类越来越丰富。目前, 我国磁性材料产量位居世界第一, 市场规模已达到 3000 多亿元, 逐渐成为国民经济发展的重要支柱之一。

2.1.1 原子的磁矩

材料的磁性来自于内部原子的磁矩。原子是由原子核和核外电子组成的, 因此原子的磁矩包括电子磁矩和原子核磁矩两部分。其中, 原子核的运动会产生磁矩, 但是该磁矩很小 (例如, 氢核质子产生的磁矩仅为电子产生的最小磁矩的 1/658), 通常可以忽略。所以, 在讨论原子磁矩时, 主要考虑电子磁矩。电子磁矩来源于电子在原子核周围做轨道运动和自旋运动, 即电子轨道磁矩和电子自旋磁矩。可见, 材料磁性的主要根源在于电子的运动。

(1) 电子轨道磁矩 原子中的电子不停地绕原子核运动, 会形成一个环形电流。早在 1820 年, 丹麦物理学家奥斯特就通过实验总结出了电流的磁效应, 即电流周围存在磁场。如果电子绕原子核的做轨道运动的周期为 T, 则产生的电流为 $i = e/T$, 所形成的磁矩为 iS (S 为环形电流所包围的面积)。原子中每个电子的轨道磁矩方向是空间量子化的, 磁矩的最小单位为 μ_B。μ_B 是一个常数, 大小为 $9.27 \times 10^{-24} \mathrm{A \cdot m^2}$, 又称为波尔磁子。

电子绕原子核的轨道运动磁矩大小与轨道角动量大小相关, 是角量子数 l 的函数。根据量子力学计算结果可知, 角量子数为 l 的轨道电子磁矩 μ_l 在数值上等于 $\sqrt{l(l+1)}\mu_B$, 其中 $l = 0, 1, 2, \cdots, n-1$。原子中所有的电子轨道总磁矩是各个电子轨道磁矩的矢量和。

(2) 电子自旋磁矩 自旋是电子的一种内禀属性, 电子的自旋运动会产生自旋磁矩。一个电子的自旋磁矩在外磁场方向的大小是一个波尔磁子, 其方向可能跟外磁场的方向平行或者相反，即 $\pm\mu_B$。与电子轨道磁矩一样，原子中电子的总自旋磁矩等于各个电子自旋磁矩的矢量和。对于充满电子的壳层，其总的自旋磁矩为零。

由此可见，原子的壳层中完全充满电子时，由于轨道空间分布的对称性，原子的电子轨道总磁矩和自旋总磁矩都为零。过渡金属的原子中具有未充满的 3d 电子层，可以产生电子自旋磁矩。稀土金属的原子中具有未充满的 4f 电子层，可以产生电子轨道磁矩和自旋磁矩。

2.1.2 磁场和磁学参量

磁体的周围存在磁场，与电场类似，磁场是在一定空间区域内连续分布的矢量场。运动的电荷可以产生磁场，随时间变化的磁场也会产生电场。一个磁体中磁性最强的部分称为磁极。静止状态的磁体有一个磁极指向南方（S 极），一个磁极指向北方（N 极），如图 2-1 所示。磁场强度 H 在数值上等于每 1 韦伯（Wb）磁极所受磁场力的大小。一般用磁力线来表示磁场强度的大小和方向，用磁力线上某点的切线方向表示该点磁场强度的方向，用磁力线的疏密表示磁场强度的相对大小。

如前所述，磁性来源于内部原子的磁矩。单位体积磁体中原子磁矩的矢量和称为磁化强度，用 M 表示，单位是 A/m。M 的大小说明了物体的磁性强弱，所有物质相对于磁场都会产生磁化现象，区别在于磁化强度的大小不同。磁化强度 M 和磁场强度 H 有一定的比例关系，即 $M=\chi H$。其中，χ 为物质的磁化率，表示物质在磁场作用下磁化的程度，即单位磁场强度下物质所具有的磁化强度。所有原子的磁矩均按照一个方向取向时的磁化强度称为饱和磁化强度，用 M_s 表示。当磁体磁化到饱和状态后，去掉外磁场，磁体中所保留下的磁化强度称为剩余磁化强度，用 M_r 表示。

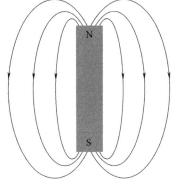

图 2-1 条形磁体的磁极
及磁力线分布

磁体的磁感应强度 B 也称为磁通密度，其含义是磁体内单位面积中通过的磁力线数，也是表征磁性的重要磁学参量。在数值上，B 的大小等于 $\mu_0 H + \mu_0 M$。其中，μ_0 为真空磁导率。

2.1.3 材料磁性的分类

材料的磁性是指将材料放入磁场以后，会表现出不同的磁学特性。材料的磁性可以分为三类，分别是抗磁性、强磁性和弱磁性。其中，强磁性包括铁磁性和亚铁磁性，弱磁性包括顺磁性和反铁磁性。表 2-1 列出了不同磁性材料的原子磁矩、M-H 特性和常见材料实例。

表 2-1 典型磁性材料分类

分类	原子磁矩	M-H 特性	常见材料实例
抗磁性	总原子磁矩为零，被磁化后只有微弱的磁矩	$\chi<0$	Cu、Ag、Au；C、Si、Ge；F、Cl、Br、I 等

（续）

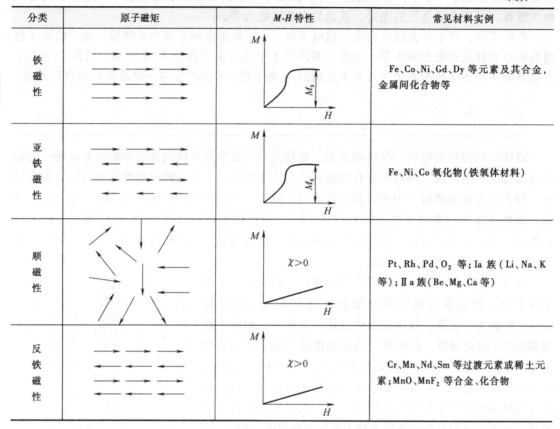

分类	原子磁矩	*M-H* 特性	常见材料实例
铁磁性			Fe、Co、Ni、Gd、Dy 等元素及其合金，金属间化合物等
亚铁磁性			Fe、Ni、Co 氧化物（铁氧体材料）
顺磁性		$\chi > 0$	Pt、Rh、Pd、O_2 等；Ia 族（Li、Na、K 等）；IIa 族（Be、Mg、Ca 等）
反铁磁性		$\chi > 0$	Cr、Mn、Nd、Sm 等过渡元素或稀土元素；MnO、MnF_2 等合金、化合物

（1）抗磁性　抗磁性材料原子的电子壳层全部排满，总原子磁矩为零，但是当施加外加磁场时，这种总磁矩为零的原子也会显示出微弱的磁矩。其磁性特征是 $\chi < 0$，大小在 10^{-5} 数量级，磁化强度 M 和磁场方向 H 相反。

（2）强磁性　通常，强磁性材料包含铁磁性材料和亚铁磁性材料。铁磁性材料的特征是在较小的外磁场作用下就会表现出很强的磁化作用，这类材料具有较高的 χ，大小在 $10 \sim 10^6$ 数量级。在没有外磁场的作用下，这类材料由于固有的原子磁矩也会产生定向平行排列，即自发磁化。这种自发磁化达到饱和的区域称为磁畴，磁畴间的过渡层称为畴壁或畴界。铁磁性材料和亚铁磁性材料的区别在于原子磁矩结构的不同。原子磁矩的方向在某一宏观尺寸大小的范围内趋于一致（见表 2-1）的属于铁磁性材料，也称为完全铁磁性材料，例如 Fe、Co、Ni 等金属、合金及金属间化合物。

亚铁磁性材料宏观磁性上与铁磁性相同，见表 2-1，大小不同的原子磁矩呈反平行排列，两者矢量和不为零，形成原子磁矩之差，从而相对于外磁场显示出一定程度的磁化作用。其磁化率 χ 较大，但明显小于铁磁性材料，大小在 $10 \sim 10^3$ 数量级。典型的亚铁磁性材料主要以铁氧体（Fe、Co、Ni 氧化物）材料为主。

（3）弱磁性　顺磁性和反铁磁性都属于弱磁性。虽然弱磁性材料的磁化率 $\chi > 0$，但是其数值较小，数量级在 $10^{-6} \sim 10^{-2}$ 范围。见表 2-1，顺磁性材料和反铁磁性材料的磁化强度随外加磁场呈直线变化，当外部磁场取消时，原子磁矩的矢量和为零。

顺磁性材料的特征是在外磁场作用下，能够感生出与磁场方向相同的磁化强度。这类材料的原子磁矩因为晶格的热振动等因素而呈随机取向，在没有外加磁场作用下，原子磁矩矢量和为零，施加外磁场以后，虽然原子磁矩发生一定的取向排列，但是由于晶格振动的强烈干扰，取向排列的程度很低，所以磁化率很低，大小在 $10^{-6} \sim 10^{-3}$ 数量级。常见的顺磁性材料主要是 Pt、Rh、Pd 等。

反铁磁性材料原子同样存在固有磁矩，但是如表 2-1 所示，其相邻原子磁矩呈反向平行排列，因此磁矩总和为零。这类材料的显著特性是其磁化率 χ 在临界温度（奈尔温度，T_N）时出现极大值。当温度高于 T_N 时，材料呈现顺磁性；当温度低于 T_N 时，材料呈现反铁磁性。Cr、Mn、Nd 等过渡金属或稀土金属，以及过渡金属与 O、S、Se 等非磁性元素组成的合金或化合物，都具有反铁磁性。

2.1.4 磁性材料的物理效应

磁性材料自身的晶体结构和元素组成决定了宏观或微观上磁性的差异。同时，磁性材料的磁性或其他物理性质会随着外界因素（如电场、磁场、光）的变化而发生变化，产生不同的物理效应。

（1）磁光效应 光入射到具有固有磁矩的铁磁性材料内部传输或是在其表面反射时，光波的传输特性会因为光与自发磁化的相互作用而产生变化，这种现象称为磁光效应。目前已知的磁光效应主要包括塞曼效应、法拉第效应和克尔效应。

荷兰物理学家塞曼在 1896 年发现，把发光体置于磁场中会使光谱发生分裂和偏振（一条光谱线会分裂成几条偏振化的谱线），这种现象被称为塞曼效应。塞曼效应是研究和分析原子内部能级结构的重要方法，其实际应用还有待于开发。

法拉第效应是指当平面偏振光入射到磁体表面并在磁体中传播时，如果同时施加与入射光平行的磁场，则透射光将会在其偏振面上旋转一定的角度射出，如图 2-2 所示。

设磁体的长度为 l，法拉第偏转角为 θ，则 θ、l 和磁场强度 H 之间的关系为

$$\theta = V_e l H \qquad (2\text{-}1)$$

式中，V_e 为 Veldet 常数。一般来说，V_e 大的材料更适合用作磁光材料。

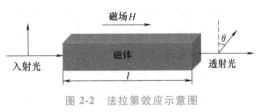

图 2-2 法拉第效应示意图

当光从磁化物质表面反射时偏振面发生旋转的现象，称为克尔效应。与法拉第效应相比（旋转幅度可高达几度），克尔效应的旋转幅度要小得多，通常只有零点几度，而且其大小主要取决于磁化强度的方向和大小。在科学研究中，克尔效应常用于磁畴的观测。

（2）磁场电效应 磁场电效应是指对通有电流的物体施加磁场时所引起的物理现象。磁场电效应的主要表现是电动势 E 的变化，主要包括霍尔效应和磁电阻效应。

霍尔效应是当施加方向与电流方向垂直的磁场时，在垂直于电流轴与磁场轴所组成的平面上会产生电位差。产生的电位差称为霍尔电压，用 E_H 表示。霍尔电压 E_H 可以表示为

$$E_H = R_H I_x H_z \text{（非铁磁性磁体）或 } E_H = R_{HN} I_x H_z + R_{HA} I_x M \text{（铁磁性磁体）} \qquad (2\text{-}2)$$

式中，R_H 为霍尔系数；I_x 为电流；R_{HN} 为正常霍尔系数；R_{HA} 为反常霍尔系数；M 为磁化

强度。

在施加磁场后材料的电阻发生变化，这种现象称为磁电阻效应。根据所施加磁场方向的不同，可以将磁电阻效应分为两种类型，施加方向与电流垂直的磁场引起电阻变化的情况称为横磁电阻效应，而施加方向与电流平行的磁场引起电阻变化的情况称为纵磁电阻效应。

另外，根据磁电阻效应中电阻变化的诱导因素，材料的磁电阻特性可以分为正常磁电阻效应和反常磁电阻效应。

正常磁电阻效应是由于载流子在施加的磁场中运动时受到洛伦兹力的作用而产生回旋运动，进而增加了电子受散射的概率，导致电阻率上升。正常磁电阻效应在所有磁性和非磁性材料中都存在。反常磁电阻效应是具有自发磁化强度的铁磁体所特有的现象，主要来源于自旋-轨道的相互作用或者或 s-d 相互作用。反常磁电阻效应主要有三种机制：第一种是外加磁场引起自发磁化强度增加，进而引起电阻率的改变，该变化率与磁场强度成正比，属于各向同性的负的磁电阻效应；第二种是由于电流和磁化方向的相对方向不同而引起的，又称为各向异性磁电阻效应；第三种是由铁磁体的畴壁对传导电子的散射而导致的。

（3）磁各向异性　物质磁性随方向改变的现象称为磁各向异性。将磁性材料沿着不同方向磁化时，材料的磁化率或磁化曲线会随着磁化方向的改变而改变。磁各向异性的大小和材料的晶体各向异性、外界应力和磁场、材料形状各向异性等因素相关，其大小对磁性材料的磁化强度等性能有显著影响。对于无限大的单晶体而言，形状、应力等因素对磁各向异性的影响基本可以忽略，沿着不同晶体方向会呈现出千差万别的磁化特性，这种现象被称为磁各向异性。

磁各向异性是材料的内禀特性，存在于所有铁磁性晶体中，源于晶体场相互作用和自旋-轨道相互作用，或者原子间的偶极子相互作用。当磁场施加在不同的晶体学方向时，材料的磁化过程是不同的，该各向异性间接反映了晶体的对称性。

铁磁晶体在磁化过程中自由能增加，而且沿不同晶轴方向磁化时所增加的自由能是不同的。这种与磁化方向相关的自由能为磁各向异性能。由定义可知，材料沿着易磁化轴方向的磁各向异性能最小，沿着难磁化轴方向的磁晶各向异性能最大。图 2-3 所示为 Fe 的晶体结构及易磁化轴和难磁化轴。

磁性材料的自发磁化受材料组成、原子的有序或无序排布、晶体结构和温度等因素的影响。对于铁磁性合金来说，晶体磁各向异性随其组成不同而变化。对于铁氧体而言，晶体磁各向异性随其中磁性离子种类及比例的变化而变化。同时，晶体磁各向异性随原子排布的有序度、超结构及晶体结构相变等变化而变化。另一方面，对于铁磁性而言，对其形状进行处理，会产生新的磁各向异性，从而使磁化曲线发生变化。这种由人为方法干预而引起的磁各向

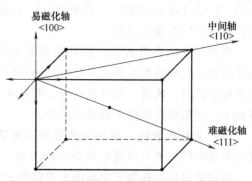

图 2-3　Fe 的晶体结构及易磁化轴和难磁化轴

异性称为诱导磁各向异性。例如，将铁磁性合金及铁氧体等磁体在磁场中进行热处理，高温冷却后能够诱导单轴磁各向异性，这种效应也被称为磁场中冷却效应。其次，对铁磁性合

金进行轧制也可以诱导产生单轴磁各向异性。此外，使铁磁体在磁场中发生相变、在施加应力的同时进行退火、在中子辐照的同时在磁场中进行热处理等手段，都可以人工诱导产生磁晶各向异性。

（4）磁致伸缩效应　当铁磁性材料或者亚铁磁性材料在外磁场中被磁化时，其尺寸和形状会发生变化，这种现象称为磁致伸缩或磁致伸缩效应。磁致伸缩的大小通常用磁致伸缩系数 λ 来表示，λ 在数值上等于磁体长度的变化 Δl 与磁体原有长度 l 的比值。磁致伸缩的大小一般随着外磁场的增大而增大，如图2-4所示。当 λ 增大到一定程度时，会达到饱和值 λ_s，λ_s 称为磁致伸缩常数，是磁体的固有常数。磁致伸缩引起的长度变化幅度很小，其相对变化通常在百万分之一量级，属于弹性形变。

表2-2列出了常见磁致伸缩材料的磁致伸缩常数 λ_s。由表可见，有的材料 $\lambda_s>0$，有的材料 $\lambda_s<0$。通常把 $\lambda_s<0$ 的称为负磁致伸缩，即在磁场方向上长度是缩短的，在垂直磁场方向上呈伸长变化，如 Ni（软），其 λ_s 为 -40×10^{-6}。$\lambda_s>0$ 的称为正磁致伸缩，即在磁场方向上长度呈伸长变化，在垂直于磁场方向上呈缩短变化，如45 坡莫合金，其 λ_s 为 27×10^{-6}。此外，磁体在外磁场作用下会产生磁致伸缩，从而引起磁体几何尺寸的变化，反过来，通过对磁体施加拉应力或者压应力让磁体的几何尺寸发生变化，那么磁体内部的磁化状态也会发生变化，即磁致伸缩的逆效应，又称为压磁效应。

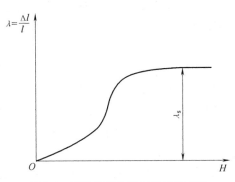

图 2-4　磁致伸缩常数与磁场的关系

表 2-2　常见磁致伸缩材料的磁致伸缩常数

系	材料	磁致伸缩常数 $\lambda_s(\times10^{-6})$
金属系	Ni(软)	−40
	Ni(半硬)	−35
	Ni-4.5%Co	−33
	Ni-18.5%Co	−23
	Ni-Fe(45 坡莫合金)	27
	Fe-V(2V 坡明德合金)	70
	Fe-A(13Alpha,13Alfer)	40
	非晶态合金 Fe-Co-Si-B	30~35
铁氧体系	Ni 铁氧体(Ferrocube 4E)	−27
	Ni-Co 铁氧体(Ferrocube 7B)	−27
	Ni-Cu-Co 铁氧体(Vibrox II)	−28
	Ni-Cu-Co 铁氧体(Vibrox I)	−28
	Ni-Cu-Co 铁氧体(Ferrocube 7A1)	−30
	Ni-Cu-Co 铁氧体(Ferrocube 7A2)	−28
	磁铁矿(Fe$_3$O$_4$,CoO,TiO$_2$,SiO$_2$)	60

（续）

系	材料	磁致伸缩常数 $\lambda_s(\times 10^{-6})$
稀土化合物系	TbFe$_2$	1750
	DyFe$_2$	433
	ErFe$_2$	−299
	TmFe$_2$	−123
	SmFe$_2$	−1560
	Tb$_{(0.27\sim0.3)}$Dy$_{(0.7\sim0.73)}$Fe$_{(1.9\sim2)}$	2500

磁体在外磁场作用下被磁化后，通过几何尺寸发生改变来使系统能量最低，从而产生磁致伸缩效应。通常，磁体几何尺寸的改变主要有 3 种形式，分别是自发形变、场致形变和形状效应。

自发形变来源于原子间的交换相互作用。例如，假设一个单轴晶体在居里温度以上是球形，当它从居里温度以上的温度冷却下来以后，由于原子的交换相互作用，晶体发生自发磁化，同时晶体的形状也发生了改变，即产生了自发形变。

场致形变是指磁体在磁场作用下产生磁致伸缩效应时，其几何尺寸的变化会随着外加磁场大小的不同而改变。在磁场比饱和磁场小的情况下，磁体的形变以长度的改变为主，即线性磁致伸缩，其体积几乎不变。在磁场比饱和磁场大的情况下，磁体的形变以体积的改变为主，即体积磁致伸缩。其中，线性磁致伸缩与磁化过程密切相关，且具有各向异性，源于原子或离子的自旋与轨道的耦合作用。

与自发形变和场致形变相比，形状效应产生的磁致伸缩要小得多。当磁体内部没有交换相互作用和自旋与轨道的耦合作用时，磁体要通过体积缩小来降低退磁能，从而使体系的能量最低。形状效应主要与磁体的形状相关。

除了磁致伸缩效应本身，磁体中与磁致伸缩现象相关的物理效应还有很多，这些效应对于磁体的功能化应用具有重要的实际意义。例如，长冈-本多效应，由于压力作用引起的磁化强度发生变化的现象；魏德曼（Weidemann）效应，沿圆管状磁致伸缩材料的轴向通电流，同时沿该轴向施加磁场，出现圆管周边扭曲的现象；魏德曼逆效应，使圆管状磁致伸缩材料沿管轴发生周向扭曲，同时沿轴向施加交变磁场，则会沿圆周出现交变磁化的现象。

（5）动态磁化　将铁磁性磁体或亚铁磁性磁体置于强磁场中时，磁体中的磁化会逐渐趋向于外磁场方向，但是该趋向性需要一定的时间，即产生滞后现象。通常初始磁导率越高，对外磁场的响应速度越快，但是仍会有一定的滞后。这种滞后只存在于交流磁场中，特别是软磁材料，其应用主要是交流磁场。交流磁场的周波数带域主要分为数百赫以下带域（电力用）、千赫-兆赫带域（通信磁记录、信号处理用）和吉赫带域（通信用）等几段。随着电子信息工业和先进通信技术的快速发展，近年来工作周波数正逐渐向高频方向发展，电力工作在 0.1~1MHz、信号处理达几百兆赫等情况都已实现商用。通过提高软磁材料的磁导率来提高其动态磁化特性，即加速其磁化对外磁场变化的响应，已成为软磁材料领域广受关注的方向。

对于磁场的变化，磁化的变化相对滞后，会产生损耗。而且该损耗随着周波数（$\omega/2\pi$）的增加而逐渐增大。相对磁导率 $\overline{\mu}$ 可以表示为 $\overline{\mu}'-\mathrm{j}\overline{\mu}''$，可以用磁化滞后于外磁场变化的相位

差 δ 来表示。其中，$\bar{\mu}'$ 为直流磁导率，代表磁化的难易程度；$\bar{\mu}''$ 为损耗成分，代表损耗程度，损耗的大小通常用损耗系数 $\tan\delta$ 来表示，其在数值上等于 $\bar{\mu}''/\bar{\mu}'$。

2.2 磁致伸缩材料

磁致伸缩效应最早是由英国物理学家焦耳于 1842 年发现的，因此又称为焦耳效应。它反映了磁化状态和力学形变之间的转变过程，即磁能和机械能之间的转换。有的材料饱和磁致伸缩系数是负值，材料被磁化时长度变短或体积变小，有的材料饱和磁致伸缩系数是正值，被磁化时长度变长或体积变大。通常，磁致伸缩材料指的是饱和磁致伸缩系数大于 $\pm40\times10^{-6}$ 的材料。早期发现的磁致伸缩材料的饱和磁致伸缩系数很小，一般只有 10^{-6} 数量级，因此难以实现应用。最早实现应用的磁致伸缩材料是 Ni，20 世纪 30 年代，人们发现其饱和磁致伸缩系数可以到 -40×10^{-6}。第二次世界大战时期，美国军队就利用 Ni 来制造声呐水声换能器。此后，研究人员发现 Fe-Co-V 合金也在磁致伸缩领域得到了应用，其饱和磁致伸缩系数与 Ni 相近，数量级在 10^{-5} 左右。在 1963—1973 年，稀土金属 Tb 和 Dy、稀土金属化合物 $TbFe_2$ 和 $DyFe_2$ 以及合金 $Tb_{0.27}Dy_{0.73}Fe_2$ 等磁致伸缩材料相继被发现。Tb 和 Dy 在低温下的磁致伸缩性能优异，饱和磁致伸缩系数可达到 10^{-3} 数量级。而 $TbFe_2$ 和 $DyFe_2$ 这类稀土金属化合物在室温下就可以实现 10^{-3} 数量级的磁致伸缩值。这些材料的饱和磁致伸缩系数远远高于传统的磁致伸缩材料，因此又称为超磁致伸缩材料。$Tb_{0.27}Dy_{0.73}Fe_2$ 合金除了具有优异的磁致伸缩性能（饱和磁致伸缩系数在 10^{-3} 数量级），还具有居里温度高、磁晶各向异性能小和饱和时所需磁场强度低（0.3T 以下）等优异特性，在磁致伸缩材料领域很快就实现了具体应用，并被命名为 Terfenol-D。在 20 世纪 90 年代以后，Fe-Ga 合金、Ni-Mn-Ga 合金以及 $Tb_xDy_{1-x}(Fe_{1-y}T_y)_{1.9}$（T = Co，Mn 等）等磁致伸缩材料逐渐被发现并引起了广泛的关注和研究。

2.2.1 超磁致伸缩机制

现有的研究表明，超磁致伸缩的产生是因为晶体在特定方向上的电子分布受磁场的影响更大。与磁性金属及合金以及铁氧体相比，稀土金属铁化合物的饱和磁致伸缩系数要明显高得多，是典型的超磁致伸缩材料。这类化合物的晶体结构是 Laves 相，通常由一个稀土金属原子和两个 Fe 原子构成，如 $TbFe_2$、$DyFe_2$ 和 $SmFe_2$ 等。下面将以稀土金属铁化合物（RFe_2）为例介绍超磁致伸缩的产生机制。常见的 RFe_2 化合物的晶体结构为 Laves 相，这种晶体结构包含 3 种结构类型，分别为 $MgCu_2$（立方晶）、$MgZn_2$（六方晶）和 $MgNi_2$（复合六方晶）。在同一晶胞中，稀土原子的自旋磁矩与相邻的稀土原子平行，而与相邻的 Fe 原子的自旋磁矩反平行。Fe 亚晶格的各向异性比稀土亚晶格的各向异性小得多，所以常把它忽略。因此 RFe_2 化合物室温下的超磁致伸缩和磁各向异性主要来源于稀土原子。稀土原子复杂的 4f 电子自旋结构和较大的自旋轨道耦合使其具有较大的原子磁矩和巨大的磁各向异性，这是产生超磁致伸缩效应的内禀条件。

在 Laves 相这些结构中，不同的晶体学方向原子的排列不同。$TbFe_2$ 和 $DyFe_2$ 都属于立方晶结构，<111>方向为原子最密排方向，在此方向上的稀土原子处于紧接状态。稀土元素显示磁性是因为其 4f 电子。其 4f 电子在电子云范围内运动，图 2-5 所示的椭圆形区域。当从外部施加磁场时，该电子云的状态会发生改变，致使原子间的作用力发生改变。换言之，由于稀土原子的电子空间分布产生变化，构成四面体的原子间的引力增

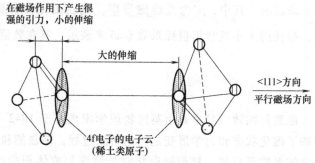

图 2-5　Laves 相 RFe_2 化合物的磁致伸缩模型

大，导致稀土原子间的距离缩短。这就意味着四面体和四面体结构之间的引力减弱，进而造成较大的伸长。与收缩量相比，伸长量要大得多，因此产生了超磁致伸缩效应。对于 Laves 相化合物，沿晶体<111>方向的磁致伸缩量最大。所以就实际应用效果而言，<111>方向磁致伸缩效果最显著。

2.2.2　磁致伸缩材料的合成与制备

至今为止，多种磁致伸缩材料已得到实际应用，主要包括磁性金属及合金（如 Ni、Fe 及其合金）、铁氧体（如钴铁氧体、镍铁氧体和锰锌铁氧体）以及稀土化合物（如 $TbFe_2$、$DyFe_2$）等，其常见的合成制备方法主要包括 MS 法、PLD 法、自蔓延高温合成法、磁场热处理烧结法、Bridgman 法和区熔法等。

利用入射粒子轰击固体（靶材）表面，固体表面的原子、分子等与入射粒子相互作用后，从固体表面飞溅出来的现象称为溅射。入射粒子带有一定能量，通常是电场加速后的正离子。MS 法是在直流二极溅射的基础上发展出来的一种溅射方法，常用来制备磁致伸缩薄膜材料。MS 技术是在二极溅射的阴极靶面上增加了一个环形的封闭磁场，利用磁场的作用让电子在靶材周围做洛伦兹运动，增加电子与气体原子的碰撞概率，提高气体原子的离化率，从而使轰击靶材的高能离子数量增加。轰击靶材的离子具有较高的动能，在与靶材撞击后将动能传递给靶材原子。最后，动能较大的靶材原子逸出并在基片上沉积成膜。MS 法主要包括放电等离子体运输、靶材刻蚀和薄膜沉积等过程。例如，任绥民利用 MS 法制备出了 FeGaB 磁致伸缩薄膜，具体方案是采用 MS 法中的共溅射法，即将靶材置于不同的靶位上，同时开启靶材的溅射程序来得到薄膜。实验过程中，将高纯 $Fe_{80}Ga_{20}$ 靶固定在直流靶位上，将高纯单质 B 靶固定在射频靶位上，溅射气体氩气的流量为 20sccm（1sccm＝1mL/min），固定溅射时间，在不同 B 靶溅射功率下得到了 FeGaB 薄膜，如图 2-6 所示。

PLD 法也是制备磁致伸缩薄膜常用方法之一。其原理是利用聚焦透镜将激光投射到靶上，使被辐照区域的靶物质烧蚀。烧蚀产物择优沿着一定方向喷射出形成羽辉，然后被气氛气体传输至衬底沉积成膜。其优点在于能够控制薄膜成分，适用范围广。例如，徐德超等人报道了利用 PLD 技术制备 $FeGaB/Al_2O_3$ 磁致伸缩薄膜的工作。实验采用的靶材包括 $Fe_{0.7}Ga_{0.3}$ 合金靶、B 靶和 Al_2O_3 靶，激光器工作气体为 KrF，激光频率和能量分别为 8Hz 和 50mJ，基底加热温度为 350℃。最终制备得到的薄膜为 FeGaB 薄膜和 Al_2O_3 薄膜多层交替

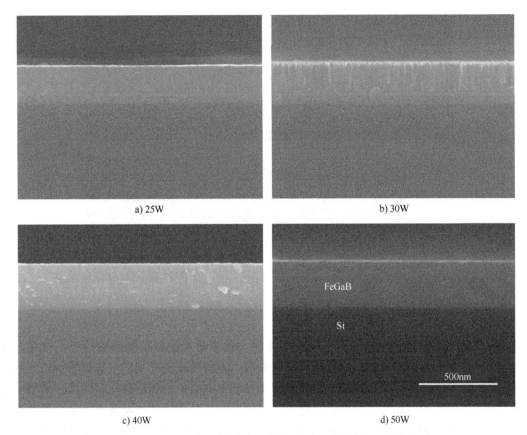

a) 25W

b) 30W

c) 40W

d) 50W

图 2-6 不同 B 靶溅射功率下得到 FeGaB 薄膜的 SEM 照片

结构，其中 FeGaB 薄膜的形貌如图 2-7 所示。

自蔓延高温合成法是制备铁氧体时常用的一种方法。自蔓延高温合成法的特点是反应温度高且燃烧梯度大、制备效率高，由于这种方法利用原料自身燃烧放热的特性来实现反应所需要的高温，因此节能效果显著。在具体操作过程中，这种方法通常利用金属硝酸盐或氯化物与有机物的混合物作为原料，其燃烧方式包括固体火焰、准固体火焰和渗透燃烧。例如，郭长伟等人以废旧锂离子电池浸出液、硝酸钴、硝酸铁、硝酸锌、硝酸锆等为原料，利用自蔓延高温合成法制备出了 $CoZn_xZr_xFe_{2-x}O_4$ 磁致伸缩材料，如

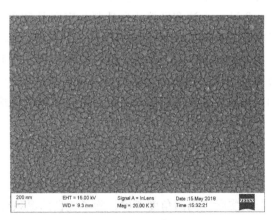

图 2-7 PLD 法制备的 FeGaB 薄膜

图 2-8 所示。实验中在上述混合物加入柠檬酸后，在 60℃水浴一定时间，然后利用氨水调节溶液的 pH 值，形成湿凝胶后干燥 3 天，最后以乙醇作为引燃剂，将干燥后的湿凝胶引燃并得到最终反应产物。

磁场热处理烧结法常用来制备磁致伸缩合金。其典型工艺流程是将合金磨成粉末后，用

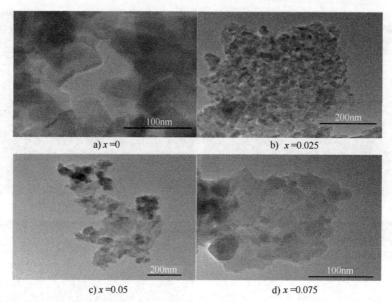

a) $x=0$ b) $x=0.025$

c) $x=0.05$ d) $x=0.075$

图 2-8 自蔓延高温合成法制备的 $CoZn_xZr_xFe_{2-x}O_4$ 颗粒

有机溶剂（如丙酮）清洗然后在真空下进行干燥；接着将干燥粉末装入容器中，并在容器两端施加直流磁场，同时叠加交流磁场或脉冲磁场，让粉末振动并定向；在磁场作用下利用机械压力压实粉末，然后将压实粉末用铝箔包裹并置于真空炉中加热到一定温度，烧结一定时间后即可得到高密度的磁致伸缩合金粉末。利用磁场热处理烧结法制备的合金，通常具有[111] 易磁化轴的取向。Li 等人利用磁场热处理烧结法成功制备出了 $Fe_{82}Ga_{15}Al_3$ 磁致伸缩合金，首先从铸锭上切下一定尺寸的样品，在磁场作用下将样品在 720℃下处理 30min，最后冷却至室温，加热和升温速率均为 1000℃/min。

    Bridgman 法和区熔法也是制备定向晶和单晶磁致伸缩材料时常用的方法。Bridgman 法是将预先熔炼的合金置于坩埚中，然后用电阻丝或高频感应加热的方法将合金熔化。接着以一定的速度让坩埚下降或者使加热源上移，进行单向凝固得到磁致伸缩合金（晶体取向一般为 [111] 方向）。区熔法分为垂直悬浮区熔法和水平区熔法，通常先将合金熔炼成棒材，然后用感应加热进行区域熔化，从而得到单晶或定向晶磁致伸缩材料。这种方法制备得到的晶体取向一般为 [112] 方向。

2.2.3　磁致伸缩材料的应用

    从实际应用的角度考虑，除了优良的磁致伸缩性能，磁致伸缩材料通常还需要具有一些其他特性，主要包括大的变位量和产生的应力、快的响应速度、软磁性、能够在低磁场下驱动、高的居里温度、在使用气氛中磁致伸缩特性对温度变化不敏感、高可靠性和环保等。磁致伸缩材料独特的物理效应使其在超声波、计算机、制动器、换能器和传感器等许多领域都有着广泛的应用。

    （1）声呐系统　电磁波是通信和探测的常用手段，但是其在水下衰减过快，无法作为信号源使用，因此声波成为水下通信、探测、侦察和遥控的主要手段。声呐是指利用声波进行水下探测的技术或设备，其特殊的功能性使其成为潜艇和舰艇等海上军事装备的重要组成部分。声呐系统包括声发射系统、反射声的接收系统、将回收声音转变成电信息与图像的系统等。声呐装置的核心元件是磁致伸缩材料，图 2-9 所示为基于 Terfenol-D 的轴向振动能量采集器。声波频率、宽频带响应和功率是声呐装置的核心参数。声呐发射的声波频率越低，声信号在水下的衰减就越小，其传播的距离就越远，同时宽频带响应能够提高声信号的分辨率。超磁致伸缩材料的 Terfenol-D 具有输出功率大、低频特性好和工作温度范围大等特点，在声呐装置中有着广泛的应用，尤其是低频大功率水声换能器。随着稀土金属铁化合物等超磁致伸缩材料在声呐装置中的应用，声呐的性能得到大幅度的改善，目前海底探测距离已经达到几千公里。

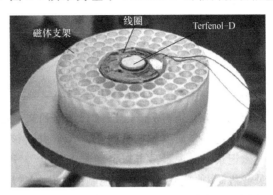

图 2-9 基于 Terfenol-D 的轴向振动能量采集器

除了军事方面的应用，磁致伸缩材料还在民用领域中有着广泛的应用。例如，在海洋业中，磁致伸缩材料可以被用于海洋捕捞和海底测绘；在地质勘探领域，磁致伸缩材料可以用于矿藏勘探和油井探测；在汽车工业领域，可以用于超声邻近传感器和超声焊接；在材料检测领域，可以用作超声波无损探伤；在医学上，可被用于超声全息摄像、超声体外排石和心音脉搏传感器等。

（2）伺服机构　伺服机构是一种将电信号和磁信号等信号的能量变换为机械能的机构，其构成一般包括受控体、致动器、传感器和控制器等。磁致伸缩伺服机构的基本类型主要有两类：第一类是取出由磁场信号感应的伸缩，并使其转化为机械力；第二类是使磁致伸缩材料复合化，由磁场信号诱发翘曲，并取出机械力。

伺服机构可以做成各种机械动作部件，例如微机械的各种伺服器、机器人的肌肉机构、电子电动部件、运输设备及车辆部件的阀控制和引擎的拉杆开闭等。利用稀土金属铁化合物的低场大应变、大输出应力、高响应速度且无反冲的特征，可以制成结构简单的微位移致动器，应用于超精密定位和精密流量控制等伺服机构和器件。

（3）力学传感　磁致伸缩材料可以在力学传感器领域用于测量静应力、振动应力、扭转力和加速度等物理参数，这类应用主要是基于磁致伸缩材料的磁致伸缩逆效应和魏德曼逆效应。

例如，利用应变而导致磁特性的变化从而使输出电压发生变化的现象，能够用于磁应变传感器检测料斗的料位；磁致伸缩器件用于振动和冲击应力传感时，其原理是通过传感器感知受力后磁场分布发生变化，进而在输出线圈中产生磁通，激发线圈上成比例的 2 次电压信号。这类传感器可以精确地感受质量。用磁致伸缩薄膜可以做成动态范围大、响应快的扭矩传感器，其灵敏度远远高于传统材料制备的扭转应变计；用磁头和镀镍磁致伸缩棒做成的非触型扭转传感器，可实现高精度的检测瞬间扭力，在轴承、感应电动机等超微转矩检测领域有着广泛应用。

（4）滤波器件　滤波器是一种能从含有多种频率的信号中滤掉不需要的频率成分的设备。磁致伸缩材料在滤波器中的应用主要基于磁致伸缩机械波的发生及传输效应，通常以块体材料所发生的弹性波和薄膜材料发生的共振表面波为主，应用对象主要包括机械滤波器、可变频率变换器和延迟电路元件等。

2.3 磁记录材料

2.3.1 磁记录材料概述

磁记录指的是将声音、图像、数据和文字等能转变为电信号的信息通过电磁转换记录和存储在磁记录介质（铁磁性材料）上，并将该信息随时重放。

磁记录的出现最早可以追溯到 1898 年，丹麦工程师波尔森（Poulsen）发明了"钢丝式磁录音机"。他成功地将声音控制的变化的磁场加到了钢丝上，并用直流偏压来提高声音质量。到了 1928 年，德国一家公司发明了 Fe_3O_4 磁性颗粒涂布式磁带。之后，日本的工程师在 1938 年发明了交流偏压磁记录技术，显著地提高了录音音质，正式确立了声音信息磁记录技术。在之后的几十年里，磁记录发展快速，记录密度明显提高的同时，磁记录的应用领域也得到了极大地丰富和拓展。当前，随着电子信息技术领域的迅速发展，磁记录已经被广泛地应用于录音带、录像机、计算机硬盘、磁卡等方面，涵盖了电视、电影、广播、测量、传真、计算机、自控与遥控等领域，为人们的生活提供了极大的便利。

根据所记录信息的形态不同，可以将磁记录分为模拟式记录和数字式记录。模拟式记录是把连续的信号变化转换为磁化强度的变化，来实现记录功能，而数字式记录是通过二进制信号来进行记录。随着全球各国信息化进程的不断加快，数字化技术的发展日新月异，尤其是先进电子设备和器件不断涌现，磁记录技术的作用也越来越重要，其发展趋势也正由模拟式磁记录逐渐转向数字式记录。

2.3.2 磁记录的原理

磁记录系统的组成主要包括 4 个部分，分别是存储介质、换能器、传送介质装置和匹配的电子线路。存储介质即磁记录介质材料，磁带和磁盘都属于存储介质。换能器的作用是磁电转换，如磁头。传送介质装置的作用是传递磁记录介质。

无论是哪种磁记录介质或是记录方式，磁记录过程都依赖于在磁记录介质表面形成不同磁化的微小永磁体，该永磁体是磁记录的最小记录单元。图 2-10 所示为微小永磁体的典型形成过程示意图。图 2-10a 是由单磁畴粒子组成的多个微小永磁体，在消磁状态，这些永磁体的取向随机分布，其磁化的总和为零。在这种状态下，表面不会产生磁极。当从外部施加磁场并逐渐提高磁场强度时，单磁畴粒子中的磁化方向容易发生转动，其磁化方向逐渐朝着与所施加磁场方向一致的方向转动，如图 2-10b 所示。在这个过程中逐渐产生 S 极和 N 极，所施加磁场越强，磁极的强度也越高。综上所述，单磁畴微粒子的磁化方向分布的变化，会转化为一个个微小永磁体相应的磁极的方向及强度，这就是磁记录的基本原理。

模拟式记录模拟信号的方式是把连续变化的波形信号原样地记录为磁化的强弱。以磁带录音机为例，其记录方式是交流偏磁录音。在记录过程中，使信号电流与交流载波电流相重

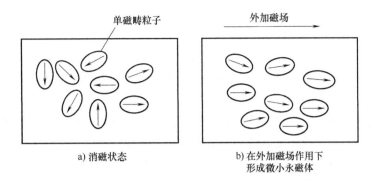

a) 消磁状态

b) 在外加磁场作用下
形成微小永磁体

图 2-10 单磁畴粒子形成微小永磁体的过程示意图

叠（后者的频率一般在前者最高频率的 3 倍以上），构成交流载波信号，该交流载波振幅与信号电流振幅成比例变化，且其最高振幅也能输入到磁记录介质中，并被记录成单磁畴粒子群的连续的磁化变化。除磁带录音机外，视频录像带以及部分存储装置（如计算机外部存储）的磁记录方式也属于模拟记录方式，但是受限于音质和画面质量较差，且存在波形失真和噪声等问题，模拟记录方式已逐渐被数字式记录方式所取代。

数字式记录利用二进制信号记录，利用"有"和"无"这两种有一定间隔的脉冲信号，采用的是"1"和"0"这两种数值的信号。数字式记录的原理如图 2-11 所示，利用磁化方向或者磁化反转的方式进行记录。磁记录介质上连续并排着相同方向磁化的微小永磁体，当借助这些微小永磁体进行数字式记录时，其下方用于记录的微小电磁线圈连续运动，但并不产生感应电压，而仅在需要发生磁化反转时产生脉冲电压。以磁化方向作为数字记录时，依据微小永磁体的磁化方向与电压脉冲的关系来判别信号。当利用磁化反转进行数字式记录时，磁化发生反转为"1"，不发生反转为"0"，则电压脉冲发生时，可以判读为"1"，如图 2-11b 所示。数字式记录是当前磁记录的主流方式，在各种磁盘数据存储以及音频、视频等领域的正在广泛应用。根据磁化强度与磁记录介质的取向，数字式磁记录又可以分为水平磁记录模式和垂直磁记录模式。水平磁记录模式主要采用环形磁头与具有纵向磁各向异性的记录介质相组合的形式，其记录介质中的剩磁方向平行于介质平面。而垂直磁记录模式一般采用垂直磁头与具有垂直磁各向异性的记录介质相组合，其记录介质中的剩磁方向垂直于介质平面。这种记录模式要求磁记录介质具有很强的垂直磁各向异性，克服了水平磁记录在高密度记录时产生的退磁效应，且记录面密度越高，微小磁化单元产生的退磁场越小。所以垂直磁记录模式具有更高的记录密度，是数字式磁记录中应用最为广泛的一种记录模式。

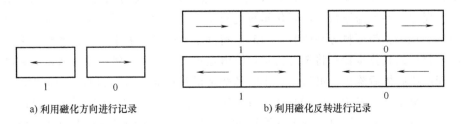

a) 利用磁化方向进行记录

b) 利用磁化反转进行记录

图 2-11 借助微小永磁体进行数字信号记录

2.3.3 磁记录材料的合成与制备

磁记录系统中的核心部件是磁记录介质材料和磁头材料，因此本节主要围绕这两类材料进行介绍。

磁记录介质材料是实现存储的关键部件。磁记录介质材料主要有两种类型，分别是颗粒状涂布介质和薄膜型磁记录介质。随着记录密度逐渐提高，对磁记录介质材料的要求也越来越严苛。一般而言，为了实现理想的记录性能，磁记录介质材料需要满足以下性能要求：①高的矫顽力，使磁记录介质能够承受较大的退磁作用；②高的剩余磁感应强度，高的剩磁可以在较薄的磁层内得到较大的读出信号，但同时退磁场也高，需要兼顾剩磁和退磁场对磁记录系统的综合影响；③磁学性能分布均匀，且磁层厚度适当；④磁滞回线矩形比要大，当矩形比接近 1 时，可以减少自退磁效应，使介质中保留较高的剩磁，提高记录信息的密度和分辨能力，进而提高信号的记录效率；⑤高的饱和磁感应强度，利于获得高的输出信号，提高单位体积的磁能积，提高各向异性导致的矫顽力。颗粒状涂布介质材料主要有 $\gamma-Fe_2O_3$、氧化铬、金属铁粉、氮化铁、钡铁氧体等，薄膜型磁记录介质材料包括 Co-Cr 系合金薄膜、$L1_0$-FePt 垂直磁化膜和 SmCo 垂直磁化膜等。

磁头部件的作用是实现电信号和磁信号的相互转换，对信息的记录和再生有着关键的作用。磁头的结构包括带缝隙的铁心、线圈和屏蔽壳等，即基本功能是和磁记录介质组成磁性回路，从而对信息进行加工，包括记录、重放和消磁等功能。通常要求磁头材料有以下要求：①高的磁导率，以便提高写入和读出信号的质量；②高的饱和磁感应强度，利于提高记录密度并减小录音失真；③低的剩磁和矫顽力，提高记录的可靠性；④高的电阻率，以便减小磁头的损耗并改善铁心频响特性；⑤高的耐磨性，保障磁头的使用寿命和工作稳定性。目前，常见的磁头材料主要包括体型磁头材料（如磁性合金、非晶态磁性合金和铁氧体等）、薄膜磁头材料（如镍铁合金薄膜）和磁阻磁头材料（如坡莫合金）等类型。

薄膜类的磁记录介质材料和磁头材料的制备方法同磁致伸缩材料类似，这里主要介绍几种合成制备磁性粉末常用的方法，如化学共沉淀法、机械球磨法和 Sol-Gel 法等。化学共沉淀法是指将金属盐溶于去离子水中，并加入沉淀剂和表面活性剂进行反应，然后将得到的沉淀洗涤和干燥得到相应的颗粒产物。Zhang 等人利用化学共沉淀法制备了钴铁氧体颗粒。实验过程中利用 $Co(NO_3)_2 \cdot 6H_2O$ 和 $Fe(NO_3)_3 \cdot 9H_2O$ 为原料，以 NaOH 为沉淀剂，将上述反应物溶于去离子水后，在 95℃ 下搅拌一定时间，最后将沉淀物洗涤并干燥，即得到不同形貌的钴铁氧体样品。机械球磨法是利用球磨机将块状或者大尺寸原料进行研磨，得到微米级的颗粒粉末。Betancourt-Cantera 等人利用高能球磨法制备了钴颗粒，如图 2-12 所示。他们利用大尺寸的钴粉为原料，以硬化钢球为球磨介质，球料比为 10:1（质量比）。实验借助高能球磨机将钴粉原料分别研磨 0~15h，得到了不同尺寸的小尺寸钴颗粒粉末。Sol-Gel 法制备粉末材料的具体步骤是将金属盐均匀溶解在水或乙醇中，然后加入适量的碱液和表面活性剂，配制成胶体后陈化，最后经过干燥和烧结得到粉末产物。例如，IhsanAli 等人以 $Ba(NO_3)_2$、$Fe(NO_3)_3 \cdot 9H_2O$、$Cr(NO_3)_3 \cdot 4H_2O$、$Ga(NO_3)_3 \cdot 4H_2O$ 为原料，以柠檬酸为表面活性剂，溶解过程中利用氨水调节水溶液 pH 值为中性。在 80℃ 下磁力搅拌，使溶液慢慢蒸发，直到混合物形成黏稠的凝胶。然后将磁力搅拌器的温度提高到 200℃ 左右，使凝胶燃烧，直到完全燃烧成棕色蓬松的粉末。最后在 1000℃ 下烧结 2h，得到 $BaCr_xGa_xFe_{12-2x}O_{19}$（$x=0.0\sim0.4$）纳米颗粒。

图 2-12　机械球磨法制备的不同粒径的钴颗粒

2.4　磁制冷材料

2.4.1　磁制冷技术

根据熵增定律（热力学第二定律），热量不能自行从低温物体转移到高温物体，只能自发地从高温物体转移到低温物体。制冷是指采用人工方法在一定的时间和空间内把低于环境温度的空间或物体的热量转移给环境介质，使空间或物体的温度低于环境温度的技术。在常见的制冷过程中，制冷剂在制冷机中循环流动并与环境发生能量交换，实现向高温热源释放能量、从低温热源吸收热量的制冷循环。制冷技术在很多重要领域都有广泛的应用，如低温工程、石油化工、高能物理、电力工业、精密仪器、超导电技术、航空航天、医疗器械、食物冷藏及室温制冷等。目前传统的制冷技术主要为气体压缩制冷技术，利用制冷工质（如氟利昂）蒸发为气体过程中的吸热现象来实现环境的低温。但气体压缩制冷有两个缺点，即高能耗低效率（只能达到卡诺循环的 5%~10%），以及泄漏的氟利昂制冷工质对大气臭氧层会造成破坏。与气体压缩制冷技术相比，磁制冷技术具有高效率（可达到卡诺循环的 30%~60%）、低能耗、使用寿命长及环保等优势，是极具发展潜力和应用前景的一种新型环保制冷技术。

磁制冷技术是一种以磁性材料为制冷工质，利用磁性材料的磁热效应来达到制冷目的技术。磁制冷使用的磁性材料工质为固体工质，具有较大的熵密度，磁制冷机的体积要明显小于传统制冷方式。同时，磁制冷机结构相对简单，不需要压缩机和膨胀机等机械单元，且振动和噪声也比传统制冷方式要低。

磁热效应是磁性材料的一种内禀属性，是指由磁性粒子构成的固体磁性物质，在外磁场磁化时，系统磁有序度加强，磁熵减小引起磁工质对外放出热量；再对其去磁，有序度下降，磁熵增大引起磁工质从外界吸热。如果将绝热去磁引起的吸热过程和等温磁化引起的放热过程用一个循环连接起来，在外磁场作用下就可以使得磁性材料不断从一端吸热而在另一端放热，从而达到制冷的目的。由于磁工质在居里温度 T_c 附近存在铁磁-顺磁相转变，故磁工质的磁热效应在居里温度 T_c 附近最为明显。

图 2-13 所示为磁制冷过程示意图（以卡诺循环为例）。卡诺循环式磁制冷过程主要包括以下 4 个过程：①等温磁化过程，热开关 TS_1 闭合，TS_2 断开，磁场施加在磁工质上使熵减小，通过高温热源与磁工质的热端相连接，热量从磁工质传到高温热源；②绝热去磁过程，热开关 TS_1 断开，TS_2 仍断开，逐渐移除磁场，磁工质内自旋系统逐渐无序，在退磁过程中消耗内能，使磁工质温度下降到低温热源温度；③等温去磁过程，热开关 TS_1 仍断开，TS_2 闭合，磁场强度继续减弱，磁工质从热源吸热；④绝热磁化过程，热开关 TS_1 和 TS_2 都断开，施加一较小磁场，磁工质温度逐渐升高至高温热源温度。

磁制冷技术的关键为磁制冷材料。磁制冷材料的研究始于 19 世纪末，1881 年 Warburg 在实验中首先发现了金属 Fe 在外加磁场中的磁热效应。1905 年，郎之万第一次发现改变顺磁材料的磁化强度能够导致可逆温变，1918 年 Weiss 和 Piccard 的研究表明了 Ni 具有这种磁热效应。1926 年 Debye、1927 年 Giauque 的理论研究表明可以利用绝热去磁实现制冷目的。1933 年 Giauque 等人以顺磁盐为工质成功获得了 1K 以下的低温。此后磁制冷材料的研究得以快速发展。磁制冷材料根据应用温度范围大体分为 3 个温区：①低温区（20K 以下），典型磁制冷材料多为顺磁盐；②中温区（20~80K），是制备液氢和液氮的重要温区，磁制冷材料是稀土-过渡族铁磁合金；③高温区（80K 以上），接近室温温区。

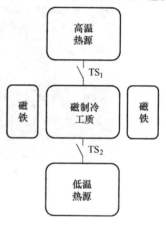

图 2-13　卡诺型磁制冷
过程示意图

当前，与其他磁制冷技术相比，室温磁制冷技术与人们的生活联系密切，是最受关注的一种磁制冷技术，也是社会意义和经济价值最为突出的磁制冷技术。室温磁制冷技术的实现和应用依赖于室温磁制冷工质。研究和开发适用于室温磁制冷工质的磁性材料是当前磁性材料领域最重要的发展方向之一。室温磁制冷工质需要具备的特征包括：①磁工质的居里温度处于所要求的制冷温度区间；②优先选用热滞小或者没有热滞的磁性材料，因为磁化和退磁的过程中，较大的热易导致较多能量损耗，从而降低制冷效率；③具有较大的总角动量量子数和朗德因子，这样可以充分利用有限的磁场获得较大的磁热效应；④晶格熵要小，磁熵变要大，以保证在磁制冷循环过程中热负荷量尽量小；⑤具有较高的热导率，以减少工质在热循环过程中的热交换时间和热量损失，提高制冷效率；⑥具有较大的电阻，以避免外磁场变化时产生较大的涡流效应所导致的热负荷增加；⑦加工性能好，价格低廉，来源广，易获得。

2.4.2　磁制冷材料的合成与制备

20K 以下的温区利用磁卡诺循环进行制冷，工质材料在工作时处于顺磁状态，应用在这个温度区间的磁制冷材料主要有 $Gd_3Ga_5O_{12}$、$Gd_2(SO_4)_3 \cdot 8H_2O$、$Dy_3Al_5O_{12}$ 和 $PrNi_5$ 等顺磁材料。4.2K 以下通常用 $Gd_3Ga_5O_{12}$ 和 $Gd_2(SO_4)_3 \cdot 8H_2O$ 等材料产生液氦进行制冷，4.2~20K 常用 $Gd_3Ga_5O_{12}$ 和 $Dy_3Al_5O_{12}$ 进行氦液化来制冷。20~80K 温区是液化氢、氦的重要温区，主要利用磁埃里克森循环进行制冷。该温区应用的材料主要是一些重稀土元素单晶和多晶材料以及 RAl_2 和 RNi_2 型材料，例如（$Dy_{1-x}Er_x$）Al_2 材料。80K 以上温区的磁制冷工质以铁磁材料为主，包括 $Gd_5(Si, Ge)_4$、Mn（As, Sb）、Mn（Fe, P, As）、La（Fe, Si）$_{13}$ 以及钙钛矿氧化物（如 $La_{1-x}Ca_xMnO_3$ 系材料）等材料。

在室温磁制冷温区常见的材料中，稀土金属 Gd 和 Ge 都是产量极低的原材料，易氧化且热滞后大；MnFePAs 系合金虽然具有巨磁热效应，但合金含有大量的有毒元素 As，通过 Si、Ge 取代有毒元素 As 后仍存在一些问题，如热滞较大以及居里温度强烈依赖于 Ge 的浓度而使性能不稳定、效率降低等；钙钛矿氧化物类材料主要以 $La_{1-x}Ca_xMnO_3$ 系为主，虽然材料的价格相对低廉且稳定，但是此类材料制冷性能普遍比较低，并且其导热能力也比较低。由于铁原子的立方晶体结构，La(Fe, Si)$_{13}$

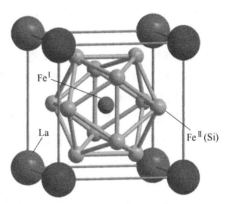

图 2-14　$NaZn_{13}$ 型晶体结构示意图

基合金表现出优异的软磁性，具有巨磁热效应、来源丰富及价格低廉等优势。因此，相较于其他类型材料而言，La(Fe, Si)$_{13}$ 基合金被认为是最有希望获得实用的室温磁制冷材料。La(Fe, Si)$_{13}$ 伪二元化合物的晶体结构是空间群为 $Fm3c$ 的立方 $NaZn_{13}$ 型结构，如图 2-14 所示。La 原子的位置为 8a，Fe^I 处于晶体中 8b 的位置、Fe^{II} 占据 96i 的位置。Fe^I 和 La 原子一起组成 CsCl 型结构，并且 Fe^I 原子被 12 个 Fe^{II} 原子包围，La 原子被 24 个 Fe^{II} 原子所组成的多面体包围；La(Fe, Si)$_{13}$ 晶体结构共存在 5 类 Fe-Fe 键（B_1-B_5），其中 B_2、B_3 是二十面体内的 Fe^{II}-Fe^{II} 键；B_1 是二十面体内的 Fe^I-Fe^{II} 键，表示二十面体的半径；B_4、B_5 为二十面体之间的 Fe^{II}-Fe^{II} 键，其键长小于 B_1、B_2、B_3。元素掺杂或元素替代调节居里温度 T_c 的主要原因就是元素掺杂或元素替代引起晶格常数增大或减小，即引起 Fe-Fe 键长变化从而影响了 Fe-Fe 键磁滞耦合的交换作用。

电弧熔炼法常被用于 La(Fe, Si)$_{13}$ 系磁制冷材料的制备。经电弧炉熔炼后的铸态 $LaFe_{13-x}Si_x$ 合金中，大量 γ-Fe 保留下来形成 α-Fe，同时液相保留下来形成 LaFeSi 相，所以得到极少量的 1：13 相，当 Si 含量很低时，甚至不出现 1：13 相。1：13 相形成主要发生包晶反应 γ-Fe+L→La(Fe, Si)$_{13}$，而铸态凝固过程不完全的包晶反应导致了三相混合存在（α-Fe+La(Fe, Si)$_{13}$+LaFeSi）。因此，经电弧炉熔炼后的铸态 $LaFe_{13-x}Si_x$ 合金必须通过高温长时间热处理保证原子扩散均匀化，以加快 Fe 与 LaFeSi 相之间的反应速度来获得 1：13 相结构。Liu 等人通过将 $LaFe_{11.6}Si_{1.4}$ 合金铸块在退火温度（1323K）保温 6 天，然后水冷则能够制备单一的 1：13 相。

电弧炉熔炼后合金铸锭一般采用石英管真空封装，然后进行高温长时间热处理，制备该类合金的时间长、成本高、工序较复杂。针对这一情况，一些学者相继提出了改善方法。例如，利用非平衡的急冷快速凝固工艺来避免或抑制初生 α-Fe 相的形成等方法改善 $LaFe_{13-x}Si_x$ 合金的制备工艺。Yan、Liu 等人利用熔体快淬法制备 $LaFe_{13-x}Si_x$ 合金，发现退火样品中 1：13 相的含量达到 90wt%（质量分数）。但由于工艺复杂，且快淬的样品装量少，快淬后材料形状多呈薄带状，加上 $LaFe_{13-x}Si_x$ 材料本身含有稀土元素，在空气中极易氧化导致粉末化，在实际应用中仍存在较大问题。又比如，利用高温短时热处理工艺制备 $LaFe_{13-x}Si_x$ 合金。四川大学磁致冷课题组研究表明经 1523K、1573K 和 1673K 热处理 3h 后，$LaFe_{11.6}Si_{1.4}$ 合金的主相均为 1：13 相，组织形貌呈不规则的等轴晶状。

虽然 La（Fe，Si）$_{13}$ 系磁制冷材料具有原料便宜、资源丰富及具有巨磁热效应等优点，但 La（Fe，Si）$_{13}$ 系磁制冷材料自身尚存在一些缺陷：La（Fe，Si）$_{13}$ 系磁制冷材料自身的居里温度偏低限制其应用于中低温领域；一级相变伴随的磁滞影响磁制冷工质的循环稳定性；1：13 相为硬脆相导致其加工性较差；导热性能及抗腐蚀性能较差限制其制冷效率等。针对上述问题，相关领域研究人员提出了宏观改性和微观改性等手段和措施来改善 La（Fe，Si）$_{13}$ 系磁制冷材料的性能。

（1）宏观改性（改善材料尺寸或表面涂覆）　La（Fe，Si）$_{13}$ 系磁制冷材料由于铁磁相-顺磁相转变存在体积负膨胀，在循环磁场下内应力导致材料出现微裂纹，内应力是材料脆性和磁热滞后的主要原因。Julia Lyubina 等人通过破碎 $LaFe_{11.6}Si_{1.4}$ 块体然后热压成型，粉末热压成块体材料内部存在的孔洞缓解循环磁场下材料内部的内应力，改善材料脆性的同时减少磁滞，对材料的机械稳定性和循环稳定性有利，但孔洞的存在会导致导热性能下降。Pecharsky 和田娜等人研究发现 La（Fe，Si）$_{13}$ 系磁制冷材料尺寸与磁滞有关系，颗粒尺寸减小可以降低磁滞。

气体或者液体被用作热交换媒介与制冷工质接触实现热量的转移时，通常要求材料具有较好的导热性能和耐腐蚀性能。胡凯等人采用化学沉积法制备了 La（Fe，Si）$_{13}$/Ag 化合物，研究发现 La（Fe，Si）$_{13}$/Ag 复合材料的热导率和致密度得到极大改善，并保持了较高的磁制冷性能。Tian 等人使用化学镀方法或磁控溅射镀制备了 La（Fe，Si）$_{13}$/Cu 复合材料，研究结果证明镀铜的样品在保持良好磁热性能的同时改善了力学性能和耐蚀性；Julia Lyubina 等人利用化学镀方式制备了兼有高磁热性能和导热性的 La（Fe，Si）$_{13}$/Cu 复合材料。通过研究发现包含 4wt%Cu 的复合材料其最大磁熵变降低了 4% 左右，但同时其热导率相对原样品提高了 300%，而且热压镀铜的样品将有助于避免裂纹产生，改善材料脆性；Zhang 等人利用离子注入技术将铜离子注入 $LaFe_{11.6}Si_{1.4}$ 合金中，发现注入离子在不影响金属基体性能的前提下能够提高基体的耐蚀性。

（2）微观改性（元素掺杂或元素替代）　La（Fe，Si）$_{13}$ 系磁制冷材料的磁热效应在居里温度处最显著，但其自身居里温度 T_c 太低。为了促进 La（Fe，Si）$_{13}$ 在室温磁制冷领域的应用，研究人员通过元素掺杂或元素替代改善其居里温度 T_c 和磁热性能，主要包括：①用 Pr、Nd、Ce 等元素取代 La；②用 Co、Mn、Cu 等元素取代 Fe；③添加间隙原子 C、H、

B 等元素。

Pr、Nd、Ce 与 Fe 原子铁磁耦合交换作用减弱导致居里温度 T_c 下降。例如，Bao 等人的研究发现利用 Pr 或 Nd 替代 La，可以有效降低居里温度 T_c，增大磁熵变；S. Fujieda 等人用少量 Ce 替代 La，发现其居里温度 T_c 下降，保持巨磁热效应的同时磁热滞减小。

同时，适量的 Co 元素替代占据 96i 位的 Fe 元素可以有效地降低 La-Fe 之间正的形成焓，提高 La（Fe，Co）$_{13-x}$Si$_x$ 合金稳定性，同时提高居里温度 T_c 至室温，但相变类型从一级相变削弱成二级相变。胡洁等人对 LaFe$_{13-x-y}$Co$_x$Si$_y$C$_z$ 腐蚀行为的研究发现，Co 和 C 元素的添加会显著提高合金的膜电阻，合金的耐蚀性随之提高；Hu 等人研究了 La（Fe，Mn，Si）$_{13}$ 在热循环中的腐蚀与潜热，结果表明，掺杂 Mn 使得样品的耐蚀性增强，Wang 等人研究了 LaFe$_{11.7}$Si$_{1.3}$ 合金中 Mn 元素替代 Fe 元素，发现由于 Mn-Fe 反铁磁效应，随着 Mn 含量的增加，居里温度 T_c 逐渐降低，Mn 元素由于可以调节居里温度 T_c 及控制吸氢量，以及提高吸氢后合金的稳定性而被广泛地应用于吸氢的 La（Fe，Si）$_{13}$ 合金；Din 等人在 La$_{0.7}$Pr$_{0.3}$Fe$_{11.4}$Si$_{1.6}$ 化合物中用 Cu 替代部分 Fe，提高了居里温度 T_c，降低了磁滞。

C、B、H 等原子可以作为间隙原子进入 NaZn$_{13}$ 型化合物的晶体结构中，形成间隙型金属间化合物。谢鲲等人通过研究发现加入 B 后快淬薄带的显微组织显著细化，含 B 快淬薄带经过较短时间的热处理就能得到单相结构，B 含量的增加能够使其居里温度 T_c 有小幅度提高；Chen 等人的研究表明，C 含量的增加会导致其居里温度 T_c 提高，但是磁相转变会被逐渐削弱为二级相变；Fujieda 等人发现 La（Fe$_{1-x}$Si$_x$）$_{13}$H$_y$ 化合物随着间隙原子 H 含量的增加，其居里温度 T_c 提高至室温且连续可调，磁热滞减小。Liu 等人研究间隙原子 C、H 对 La（Fe，Si）$_{13}$ 合金晶体结构的影响时发现间隙原子增加了晶格常数，增大 Fe-Fe 键长引起 3d 波函数的重叠减小，且磁滞耦合交换作用增强导致居里温度 T_c 提高。

由以上所述可以发现，La（Fe$_{1-x}$Si$_x$）$_{13}$H$_y$ 这类化合物居里温度 T_c 达到室温且连续可调，同时具有巨磁热效应和小的磁热滞，是一种理想的室温磁制冷材料。目前，关于 La（Fe，Si）$_{13}$ 系磁制冷材料制备 La（Fe，Si）$_{13}$H$_y$ 的方法还有催化球磨渗氢、电化学渗氢和气相渗氢等。

Mandal 等人采用电弧熔炼 LaFe$_{11.57}$Si$_{1.43}$ 并在 1323K 温度下热处理 10 天，然后（球料比 10：1）在 5MPa 的氢压下球磨 60min。通过研究发现球磨后居里温度 T_c 从 199K 提高到 346K，利用热重法分析发现形成了 LaFe$_{11.57}$Si$_{1.43}$H$_{2.3}$ 室温磁制冷材料；从 Arrott plots 曲线和等温磁化曲线的大磁滞发现间隙 H 并没有影响巨磁热效应，这表明高能催化球磨是一种引入间隙 H 原子提高居里温度 T_c 至室温的有效方法。Lyubina 等人利用电弧熔炼 LaFe$_{11.6}$Si$_{1.4}$ 并在 1323K 温度下热处理 7 天，然后采用三电极电化学法对颗粒尺寸为 250μm 的 LaFe$_{11.6}$Si$_{1.4}$ 进行氢化。实验发现其居里温度 T_c 从 190K 提高到 328K，熵变下降 25%。电化学渗氢可以在低温实现氢化，利用铁磁相体积较大提高吸氢率且成本较低，但电化学渗氢方法存在控制过程复杂、渗氢不均匀且易腐蚀样品等缺陷。张登魁等人也报道了相关的研究工作，实验研究了温度、时间、压力等因素对 LaFe$_{11.5}$Si$_{1.5}$ 化合物吸氢过程的影响，结果表明气相渗氢受到温度和氢压协调调控。P-C-T（P 为氢压，C 为氢含量，T 为温度）曲线表明在温度为 423K，氢气压力为 0.0987MPa 时，能够制备出氢分布均匀的 LaFe$_{11.5}$Si$_{1.5}$H$_{1.6}$ 间隙化合物，但是由于吸氢不可避免的爆裂作用会使块体样品粉化。王金伟等人研究了 LaFe$_{11.44}$Si$_{1.56}$ 合金在不同温度下的吸放氢行为，发现可升高氢化处理温度来调控合金的吸氢量。罗辉辉等人研究了 LaFe$_{11.6}$Si$_{1.4}$ 合金在常温不同氢压下的吸氢行为，发现提高吸氢压力可明显缩短其吸氢孕育时间，从而快速完成吸氢饱和。Zhang 等人在氢压 0.2MPa 和温度 623K 下吸氢 6h，研究不同颗粒尺寸的气体渗氢效果。通过研究发现大颗粒（0.6~1.5mm）的居里温度 T_c 为 240K，小颗粒（0~0.3mm）的居里温度 T_c 为 308.5K，颗粒尺寸的减小促进渗氢且渗氢更容易均匀，同时磁滞也减小。就目前而言，最常用的 La(Fe, Si)$_{13}$H$_y$ 系磁制冷材料的制备方法为气相渗氢，La(Fe, Si)$_{13}$H$_y$ 系磁制冷材料居里温度 T_c 能够达到室温且连续可调，但是气相渗氢通常需要在高温和高压的环境下工作，必须要时刻监测气相和温度的变化，有一定的安全隐患，此外，粉末渗氢制备的 La(Fe, Si)$_{13}$H$_y$ 系磁制冷材料在后期高温成型过程中会引起析氢反应。

思 考 题

1. 哪些技术方法可以用于制备磁性薄膜？
2. 磁记录粉末材料和薄膜材料的优缺点是什么？
3. 从合成制备的角度，如何获得高性能的磁制冷材料？

参 考 文 献

[1] 李延希，张文丽. 功能材料导论 [M]. 长沙：中南大学出版社，2011.

[2] 于洪全. 功能材料 [M]. 北京：北京交通大学出版社，2014.

[3] 田民波. 磁性材料 [M]. 北京：清华大学出版社，2001.

[4] SPALDIN N A. 磁性材料基础与应用 [M]. 彭晓领，李静，葛洪良，译. 北京：化学工业出版社，2022.

[5] 殷景华，王雅珍，鞠刚. 功能材料概论 [M]. 哈尔滨：哈尔滨工业大学出版社，2017.

[6] 严密，彭晓领. 磁学基础与磁性材料 [M]. 2 版. 杭州：浙江大学出版社，2019.

[7] 柯艾 J M D. 磁学与磁性材料 [M]. 韩秀峰，姬扬，余天，等译. 合肥：中国科学技术大学出版社，2024.

[8] 李爱东. 先进材料合成与制备技术 [M]. 2 版. 北京：科学出版社，2019.

[9] 任绥民. FeGaB 磁致伸缩薄膜的制备及性能研究 [D]. 成都：电子科技大学，2021.

[10] 徐德超，周俊，林亚宁，等. 退火时间对 FeGaB/Al$_2$O$_3$ 多层薄膜性能的影响 [J]. 磁性材料及器件，2020，51 (3)：6-8.

[11] 敦长伟，席国喜，衡晓莹，等. 以废旧锂离子电池为原料制备 CoZn$_x$Zr$_x$Fe$_{2-x}$O$_4$ 磁致伸缩材料 [J]. 功能材料，2021，52 (2).

[12] DENG Z, DAPINO M J. Magnetic flux biasing of magnetostrictive sensors [J]. Smart materials and structures, 2017, 26 (5): 055027.

[13] 陈玉安，王必本，廖其龙. 现代功能材料 [M]. 重庆：重庆大学出版社，2008.

[14] ZHANG Y, YANG Z, YIN D, et al. Composition and magnetic properties of cobalt ferrite nano-particles prepared by the co-precipitation method [J]. Journal of magnetism and magnetic materials, 2010, 322 (21): 3470-3475.

[15] BETANCOURT-CANTERA J A, SÁNCHEZ-DE J F, BOLARÍN-MIRÓ A M, et al. Magnetic properties and crystal structure of elemental cobalt powder modified by high-energy ball milling [J]. Journal of materials research and technology, 2019, 8 (5): 4995-5003.

[16] ALI I, ISLAM M U, AWAN M S, et al. Effects of Ga-Cr substitution on structural and magnetic properties of hexaferrite ($BaFe_{12}O_{19}$) synthesized by sol-gel auto-combustion route [J]. Journal of alloys and compounds, 2013, 547: 118-125.

[17] 王高峰, 赵增茹. 磁制冷材料的相变与磁热效应 [M]. 哈尔滨: 哈尔滨工业大学出版社, 2017.

[18] 杨楠楠. 固态渗氢制备 $LaFe_{11.65}Si_{1.35}Hy$ 室温磁制冷材料的性能研究 [D]. 西安: 西安理工大学, 2018.

[19] LIU J, KRAUT Z M SKOKOV K, et al. Systematic study of the microstructure, entropy change and adiabatic temperature change in optimized La-Fe-Si alloys [J]. Acta materialia, 2011, 59: 3602-3611.

[20] YAN A, MÜLLER K H, GUTFLEISCH O. Structure and magnetic entropy change of melt-spun $LaFe_{11.57}Si_{1.43}$ ribbons [J]. journal of applied physics, 2005, 97 (3): 4494-4502.

[21] GUTFLEISCH O, YAN A, MÜLLER K H. Large magnetocaloric effect in melt-spun $LaFe_{13-x}Si_x$ [J]. Journal of applied physics, 2005, 97 (10): 4494-4504.

[22] LIN X D, LIU X B, ALTOUNIAN Z, et al. Microstructures of $(Fe_{0.88}Co_{0.12})_{82}La_7Si_{11}$ prepared by arc-melting/melt spinning and subsequent annealing [J]. Applied physics a-materials science & processing, 2006, 82 (2): 339-343.

[23] LIU X B, LIU X D, ALTOUNIAN Z, et al. Phase formation and structure in rapidly quenched La $(Fe_{0.88}Co_{0.12})_{13-x}Si_x$ alloys [J]. Journal of alloys and compounds, 2005, 397 (1): 120-125.

[24] JIA L, SUN J R, SHEN J, et al. Magnetocaloric effects in the La $(Fe, Si)_{13}$ intermetallics doped by different elements [J]. J Appl Phys: condens matter, 2009, 105 (7): 3675-3681.

[25] LYUBINA J, SCHÄFER R, MARTIN N, et al. Novel design of La $(Fe, Si)_{13}$ alloys towards high magnetic refrigeration performance [J]. Advanced materials, 2010, 22 (33): 3735-3739.

[26] PECHARSKY V K, GSCHNNEIDNER Jr K G, MUDRYK Y A. Making the most of the magnetic and lattice entropy changes [J]. Journal of magnetism and magnetic materials, 2009, 321 (21): 3541-3547.

[27] 田娜, 杨坤, 刘晶, 等. 颗粒尺寸对 $LaFe_{11.5}Si_{1.5}$ 合金磁热性能的影响 [J]. 稀土, 2014, 35 (5): 69-72.

[28] 胡凯, 顾正飞. La(Fe,Si)$_{13}$/Ag 复合材料的结构及热磁性能研究 [J]. 电工材料, 2014 (3): 3-5.

[29] TIAN N, ZHANG N N, YOU C Y, et al. Magnetic hysteresis loss and corrosion behavior of $LaFe_{11.5}Si_{1.5}$ particles coated with Cu [J]. Journal of applied physics, 2013, 113 (10): 103909.1-103909.4.

[30] YOU C Y, WANG S P, ZHANG J, et al. Improvement of magnetic hysteresis loss, corrosion resistance and compressive strength through spark plasma sintering magnetocaloric $LaFe_{11.65}Si_{1.35}$/Cu core-shell powders [J]. AIP advances, 2016, 6 (5): 1-7.

[31] LYUBIUA J, HANNEMANN U, RYAN M P. Novel La$(Fe, Si)_{13}$/Cu composites for magnetic cooling [J]. Advanced energy materials, 2012, 2: 1323-1327.

[32] ZHANG E, CHEN Y, TANG Y. Effect of copper ion implantation on corrosion morphology and corrosion behavior of $LaFe_{11.6}Si_{1.4}$ alloy [J]. Journal of rare earths, 2012, 30: 269-273.

[33] BAO B, HUANG P, FU B, et al. Enhancement of magnetocaloric effects in $La_{0.8}R_{0.2}(Fe_{0.919}Co_{0.081})_{11.7}Al_{1.3}$ (R=Pr, Nd) compounds [J]. Journal of magnetism and magnetic materials, 2009, 321 (7): 786-789.

[34] FUJIEDA S, FUJITA A, FUKAMICHI K, et al. Large magnetocaloric effects enhanced by partial substitution of Ce for La in La $(Fe_{0.88}, Si_{0.12})_{13}$ compound [J]. Journal of alloys and compounds, 2006, s408-412 (2): 1165-1168.

[35] WANG F, KURBAKOV A, WANG G J, et al. Strong interplay between structure and magnetism in

LaFe$_{11.3}$Co$_{0.6}$Si$_{1.1}$: a neutron diffraction study [J]. Physica B: condensed matter, 2006, 385 (1): 343-345.

[36] 胡凤霞, 沈保根, 孙继荣, 等. LaFe$_{11.2}$Co$_{0.7}$Si$_{1.1}$合金在室温区的巨大磁熵变 [J]. 物理, 200, 31 (3): 139-140.

[37] HU F X, QIAN X L, SUN J R, et al. Magnetic entropy change and its temperature variation in compounds La (Fe$_{1-x}$Co$_x$)$_{11.2}$Si$_{1.8}$ [J]. Journal of applied physics, 2002, 92 (7): 3620-3623.

[38] 胡洁. La(Fe, Si)$_{13}$基磁制冷材料的腐蚀行为和磁性能研究 [D]. 北京: 北京科技大学, 2015.

[39] HU J, GUAN L, FU S, et al. Corrosion and latent heat in thermal cycles for La(Fe, Mn, Si)$_{13}$ magnetocaloric compounds [J]. Journal of magnetism and magnetic materials, 2014, 354 (3): 336-339.

[40] WANG R, CHEN Y F, WANG G J, et al. The effect of Mn substitution in LaFe$_{11.7}$Si$_{1.3}$ compound on the magnetic properties and magnetic entropy changes [J]. Journal of physics D: applied physics, 2003, 36 (1): 1-8

[41] KRAUTZ M, SKOKOV K, GOTTSCHALL T, et al. Systematic investigation of Mn substituted La (Fe, Si)$_{13}$ alloys and their hydrides for room-temperature magnetocaloric application [J]. Journal of alloys and compounds, 2014, 598 (3): 27-32.

[42] MORRISON K, SANDEMAN K G, COHEN LF, et al. Evaluation of the reliability of the measurement of key magnetocaloric properties: a round robin study of La (Fe, Si, Mn)$_{13}$H$_x$ conducted by the SSEEC consortium of European laboratories [J]. International journal of refrigeration, 2012, 35 (6): 1528-1536.

[43] WANG C, LONG Y, MA T, et al. The hydrogen absorption properties and magnetocaloric effect of La$_{0.8}$Ce$_{0.2}$ (Fe$_{1-x}$Mn$_x$)$_{11.5}$Si$_{1.5}$H$_y$ [J]. Journal of applied physics, 2011, 109 (7): 3675-3684.

[44] DIN M F M, WANG J L, ZENG R, et al. Effects of Cu substitution on structural and magnetic properties of La$_{0.7}$Pr$_{0.3}$Fe$_{11.4}$Si$_{1.6}$ compounds Intermetallics [J]. Intermetallics, 2013, 36 (4): 1-7.

[45] 谢鲲, 刘立强, 余丽艳, 等. 添加 B 对 LaFe$_{11.5}$Si$_{1.5}$快淬带残余 α-Fe 相以及磁热效应的影响 [J]. 稀有金属材料与工程, 2009, 12 (38): 2238-2241.

[46] CHEN Y F, WANG F, SHEN B G, et al. Magnetism and magnetic entropy change of LaFe$_{11.6}$Si$_{1.4}$C$_x$ ($x = 0 \sim 0.6$) interstitial compounds [J]. Journal of applied physics, 2003, 93: 1323-1325.

[47] FUJIEDA S, FUJITA A, FUKAMICHI K. Large magnetocaloric effect in La (Fe$_x$Si$_{1-x}$)$_{13}$ itinerant-electron metamagnetic compounds [J]. Applied physics letters, 2002, 81 (7): 1276-1278.

[48] JIA L, SUN J R, SHEN J, et al. Influence of interstitial and substitutional atoms on the crystal structure of La (Fe, Si)$_{13}$ [J]. Journal of alloys and compounds, 2011, 509 (19): 5804-5809.

[49] MANDAL K, PAL D, GUTFLEISCH O, et al. Magnetocaloric effect in reactively-milled LaFe$_{11.57}$Si$_{1.43}$H$_y$ intermetallic compounds [J]. Journal of applied physics, 2007, 102 (5): 4494-4501.

[50] MANDAL K, GUTFLEISCH O, YAN A, et al. Effect of reactive milling in hydrogen on the magnetic and magnetocaloric properties of LaFe$_{11.57}$Si$_{1.43}$ [J]. Journal of magnetism and magnetic materials, 2005, 290-291: 673-675.

[51] LYUBINA J, HANNEMANN U, RYAN M P, et al. Electrolytic hydriding of LaFe$_{13-x}$Si$_x$ alloys for energy efficient magnetic cooling [J]. Advanced materials, 2012, 24 (15): 2042-2046.

[52] 张登魁, 赵金良, 张红国, 等. LaFe$_{11.5}$Si$_{1.5}$化合物氢化特性及稳定性的研究 [J]. 物理学报, 2014, 63 (19): 197501 (1-5).

[53] WANG J, CHEN Y, TANG Y, et al. The hydrogenation behavior of LaFe$_{11.44}$Si$_{1.56}$ magnetic refrigerating alloy [J]. Journal of alloys and compounds, 2009, 485 (1-2): 313-315.

46

[54] 罗辉辉, 陈云贵, 唐永柏, 等. $LaFe_{11.6}Si_{1.4}$ 合金的常温吸放氢行为 [J]. 稀有金属材料和工程, 2013, 42 (10): 2136-2138.

[55] ZHANG H, LONG Y, NIU E, et al. Influence of particle size on the hydrogenation in La (Fe, Si)$_{13}$ compound [J]. Journal of applied physics, 2013, 113 (11): 17A911 (1-3).

[56] HAI X Y, MAYER C, COLIN C V, et al. In-situ neutron investigation of hydrogen absorption kinetics in $LaFe_{13-x}Si_x$ magnetocaloric alloys for room-temperature refrigeration application [J]. Journal of magnetism and magnetic materials, 2016, 400: 344-348.

[57] WANG W, HUANG R, LI W, et al. Zero thermal expansion in $NaZn_{13}$-type La (Fe, Si)$_{13}$ compounds [J]. Physical chemistry chemical physics, 2015, 17 (4): 2352-2356.

第3章
电磁波功能材料

3.1 电磁波功能材料概述

在物理学意义上，电磁波是能量的一种，指由同相振荡且互相垂直的电场与磁场在空间中衍生发射的振荡粒子波，是以波动的形式传播的电磁场，具有波粒二象性。凡是高于绝对零度的物体，都会释放出电磁波，因此电磁波在自然环境和社会环境中无处不在。特别是在社会环境中，作为信息/信号传输的主要载体，电磁波在通信设备、电子电气、现代武器装备等民用、军用领域都有着广泛的应用。电磁波的大规模应用产生了电磁干扰与辐射问题，由电磁干扰和电磁辐射所导致的电磁波污染已成为继噪声污染、水污染、大气污染和固体废物污染之后的第五大污染源。电磁污染不仅会干扰和破坏电子电气设备的正常运行，而且会对人类的身体健康造成威胁，电磁波的泄漏更是严重危害国防信息安全和机密信息安全。在20世纪70年代，美国联邦通信委员会就制定了关于电子设备电磁波排放的法律来进行限制。在这之后，世界上许多国家相继制定和实施了相关的法律法规来规范电磁环境，我国也针对工作、生活环境中的电磁辐射制定了 GB 8702—2014《电磁环境控制限值》等一系列通用标准来进行限制。

电磁波功能材料是指对电磁波具有吸收或屏蔽作用的一类防护材料，是解决电磁辐射问题的最有效的措施。当电磁波在空气等介质中传播并入射到材料表面时，材料与传播介质的电阻抗匹配或不匹配现象，会使材料对电磁波产生吸收或反射等作用。因此，电磁波功能材料的关注重点主要集中在电磁波与材料相互作用时有哪些波段的电磁波会被材料反射，以及有哪些波段的电磁波会被材料吸收。本章将分别从吸波材料和电磁屏蔽材料两个方面来介绍电磁波功能材料的合成与制备。

3.2 吸波材料

3.2.1 吸波材料及其吸波机理

吸波材料是指能通过自身的吸收作用来减少目标雷达散射界面的材料。吸波材料最早可追溯到 20 世纪 50 年代，源于军事武器装备中弱化雷达探测信号的隐身技术的研究和开发。隐身技术是一种尖端的现代化军事技术，可以降低探测系统发现和识别目标物的能力，提高武器装备（如舰艇、战斗机、轰炸机、坦克装甲车等）的生存能力和作战能力。吸波材料的工作原理在于最大限度提高物体的吸收系数 γ。当电磁波入射到物体表面时，其透射系数 α、反射系数 β 和 γ 的和为 1。如果电磁波不透过物体，即 $\alpha = 0$，保证 β 趋于无限小的方法就是让 γ 尽可能大（趋于 1）。γ 无限接近于 1 意味着雷达只能捕捉到物体反射出的微弱信号甚至无法捕捉到物体反射出的信号，这时，被探测物体在雷达视野中近似于"隐身"状态，无法被及时准确地探测到。图 3-1 所示为吸波材料对电磁波的吸收机理示意图。当电磁波由阻抗为 Z_0 的自由空间入射到阻抗为 Z_1 的吸波材料表面时，会产生反射、吸收和透射 3 种现象，通过电导损耗、介质损耗或是磁损耗将电磁波转化为热能或是其他形式的能量消耗掉。根据 Maxwell 方程，其反射系数 β 可由下式计算得出：

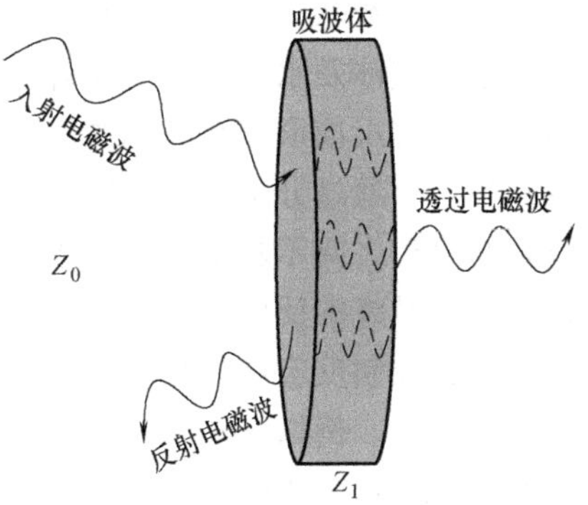

图 3-1 吸波材料对电磁波的吸收机理示意图

$$\beta = \frac{1 - Z_1/Z_0}{1 + Z_1/Z_0}$$

式中，$Z_0 = \sqrt{\mu_0/\varepsilon_0}$；$Z_1 = \sqrt{\mu_1/\varepsilon_1}$，$\mu$ 和 ε 分别为介电常数和磁导率。由上式可知，反射系数 $\beta = 0$ 的条件是 $Z_0 = Z_1$，即 $\mu_1/\varepsilon_1 = \mu_0/\varepsilon_0$。所以吸波材料的设计原则是 $\mu_1 = \varepsilon_1$ 且磁导率应尽可能大。在实际操作过程中，吸波材料的优化设计通常通过调整材料介电/磁性类型和厚度、阻抗以及内部结构来实现，从而获得宽频、轻质、高性能的吸波材料。

在过去的几十年中，围绕吸波材料的吸收带宽和厚度、吸收效能和阻抗匹配、形状和结构的相关研究及应用在深度和广度上都得到了长足发展，目前已涵盖了铁氧体、纤维、金属、纳米材料、导电高分子和二维材料等材料类别。

3.2.2 铁氧体吸波材料

铁氧体是指铁族元素和一种或多种其他金属元素构成的化合物，这类材料的电阻率通常在 $10^2 \sim 10^8 \, \Omega \cdot cm$ 之间，远高于普通金属或是合金。铁氧体吸波材料是一种典型的磁损耗型吸波材料，具有磁导率高、价格低廉、频带宽和吸收效率高等特点，是应用最广泛的吸波材料之一。当电磁波与这类吸波材料相互作用时，会使材料内部电子产生自旋运动，在特定频率出现铁磁共振，从而对电磁波能量起到衰减和损耗的效果。根据作用机制的不同，可以将铁氧体吸波材料对电磁波的损耗分为涡流损耗、磁滞损耗和剩余损耗 3 种。人们早在 1909 年就首次合成出了铁氧体材料，并引起了广泛的关注和研究。而用于吸波材料的尖晶石铁氧体（化学式：$MeFe_2O_4$）最早是由荷兰菲利普公司的 Snoek 为首的研究小组合成出来的，并在 1950 年左右开始商业化生产。此后，磁铅石型铁氧体（化学式：$MeFe_{12}O_{19}$）和稀土石榴石型铁氧体（化学式：$3Me_2^{3+}O_3 \cdot 5Fe_2O_3$）相继引起研究人员的关注并在吸波材料领域得到研究和应用。目前，吸波材料领域常见的铁氧体材料主要包括镍锌铁氧体、锰锌铁氧体、锂锌铁氧体、锰钴锌铁氧体等。

（1）溶胶-凝胶法　溶胶-凝胶法是利用金属醇盐前驱体合成粉末或薄膜材料的一种液相合成技术，是合成纳米材料常见的方法之一。其优势首先在于合成制备过程易于控制，而且适用于陶瓷、复合材料等许多传统方法难以制备的材料。其次，该方法是一种液相合成法，可以使制备的材料在分子水平上达到高度均匀，而且可以通过对反应物化学计量比的精准控制来实现材料组成的严格控制。此外，利用该方法可以合成制备多种形貌的材料，如管状、棒状、针状、粒状等形状。溶胶-凝胶法主要过程包括水解反应阶段和凝胶化阶段，其中发生的化学反应涉及水解反应、缩合反应和聚合反应。在水解反应阶段，金属或者金属醇盐前驱体通过水解反应形成羟基化的产物和相应的醇，即溶胶。水解反应的进行通常伴随着缩合反应的发生，通过分子之间的缩合反应形成硅氧烷链的网状聚合物。在凝胶化阶段，溶胶中的胶粒与胶粒之间不断聚合，形成多孔的三维网状凝胶，最后经过陈化、干燥和高温烧结等工艺，得到最终的反应产物。在合成纳米铁氧体材料时，常以金属氯化物或者金属硝酸盐为原料，通过控制反应物的纯度、反应温度和前驱体溶液 pH 值等工艺参数来调控铁氧体的磁性和吸波性能。例如，S. Mallesh 等人报道了锰锌铁氧体（$Mn_xZn_{1-x}Fe_2O_4(x = 0 \sim 1)$）吸波材料的溶胶-凝胶法制备。实验利用高纯 $Zn(CH_3COO)_2 \cdot 2H_2O$、$Mn(NO_3)_2 \cdot 4H_2O$、$Fe(NO_3)_3 \cdot 9H_2O$ 为前驱体。将上述原料以一定的化学计量比混合然后溶解到乙二醇中，并在溶液中添加少量的丙三醇。接着，利用磁力搅拌使得到的混合溶液充分溶解并滴加少量的二异丙巴比土酸和三乙胺作为催化剂，得到深棕色溶液。然后，将该深棕色溶液在 150℃ 下加热，得到粉末状材料。最后，将粉末状材料在 350～1200℃ 温度区间内以 10℃/min 的升温速率进行烧结 4h，最终得到锰锌铁氧体，形貌结构和粒度分布如图 3-2 所示。

（2）共沉淀法　共沉淀法是一种典型的液相合成技术，通过在含有多种阳离子的溶液中加入沉淀剂，使所有离子完全沉淀，常用于小粒度均一纳米粉体的制备。在沉淀过程中，溶液中的金属离子通常以与配比组成相等的化学计量化合物形式沉淀。沉淀物的金属元素之比等于化合物的金属元素之比时，沉淀物具有原子尺度上的组成均匀性。通过液相反应得到的沉淀物需要进行抽滤、干燥和热处理等步骤，才能得到最终的粉末产物。在利用共沉淀法制备铁氧体材料时，经常以金属硫酸盐、硝酸盐或者金属氯化物为无机阳离子原料，以氨水和氢氧化钠为沉淀剂。例如，M. Vadivel 等人报道了钴铁氧体的共沉淀法制备。在制备过程中，以 $FeCl_3 \cdot 6H_2O$ 和 $CoCl_2 \cdot 6H_2O$ 以及 $CrCl_3 \cdot 6H_2O$ 为原料，以氢氧化钠和蒸馏水分别为沉淀剂和溶剂。将原料、沉淀剂和溶剂以按照一定的化学计量比混合并充分搅拌，并在80℃ 下反应 3h。最后将得到的粉末洗涤干燥，并在 600℃ 下热处理 3h，得到铬元素替代的钴铁氧体（$CoFe_{2-x}Cr_xO_4$），其 X 射线衍射图谱如图 3-3 所示。

（3）微乳液法　微乳液是指由表面活性剂、助表面活性剂（如醇类）、油和水组成的透明的、各向同性的热力学稳定体系。在该体系中，两种不互溶的连续介质被表面活性剂分子

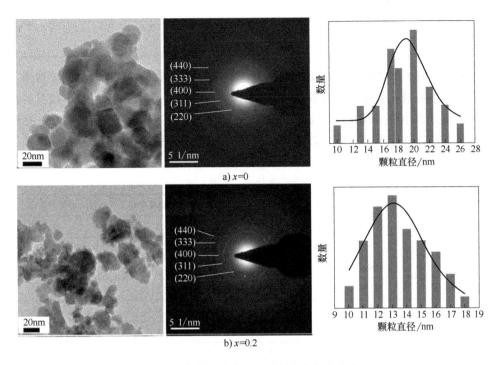

a) x=0

b) x=0.2

图 3-2 锰锌铁氧体的形貌结构和粒度分布

分割成微小空间。该微小区域具有微型反应器的功能，为纳米粒子的成核、聚集和团聚提供了空间。微乳颗粒在乳液中不停地做布朗运动，不同的颗粒相互碰撞时，组成界面的表面活性剂和助表面活性剂的碳氢链可以互相渗入。当反应结束时，可以通过高速离心使纳米颗粒与微乳液分离，然后用有机溶剂进行清洗（去除表面的表面活性剂和油），最后进行干燥处理即可得到相应的纳米颗粒样品。利用微乳液法制备材料时，通过对油、表面活性剂和溶剂等配比和反应参数的控制，可以调控颗粒的几何形状、均一性、形貌和粒径大小等特征。Muhammad Asif Yousuf 等人报道了微乳液法制备钇锰铁氧体的相关工作。实验设计了由石蜡和正丁醇等组成的微乳液系统，通过控制锰离子、铁离子和钇离子的化学配比，并将乳液系统的 pH 值控制在 11 左右，得到了微乳颗粒，最后将微乳颗粒洗涤并在 400℃下热处理后，成功制备得到了钇锰铁氧体（$Y_xMnFe_{2-x}O_4$）。

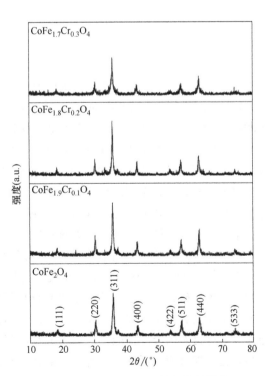

图 3-3 $CoFe_{2-x}Cr_xO_4$ 铁氧体材料的
X 射线衍射图谱

注：θ 为衍射角。

3.2.3 纤维吸波材料

纤维材料一种典型的电损耗型吸波材料，这类材料通常具有较高的电损耗正切角，依靠电子极化或者界面极化来吸收电磁波。相较于其他吸波材料，纤维吸波材料不仅具备优良的吸波性能，而且力学性能较高（见表 3-1），因此能够同时实现隐身和承载功能，在结构吸波材料中具有广泛的应用。目前，纤维吸波材料的相关研究和应用主要集中在碳纤维、碳化硅纤维和两者的复合纤维等材料。

表 3-1　几种典型碳纤维（东丽公司）的性能

碳纤维产品牌号	拉伸强度/MPa	拉伸模量/GPa	拉伸断裂度(%)	密度/(g/cm³)
T300	3530	230	1.5	1.76
T700S	4900	230	2.1	1.80
T800S	5880	294	2.0	1.80
1.80T1000G	6370	294	2.2	1.80
T1100G	7000	324	2.0	1.79
M35J	4510	343	1.3	1.75
M40J	4400	377	1.2	1.77
M50J	4120	475	0.9	1.88
M55J	4020	540	0.8	1.91
M60J	3820	588	0.7	1.93

碳纤维是一种将有机纤维（如聚丙烯腈和沥青）进行炭化和石墨化处理得到的纤维状碳材料，是一种典型的低密度、高模量、高强度纤维（见图 3-4）。碳纤维的直径在 5～10μm 之间，其碳含量通常在 90% 以上。碳纤维的微晶石墨结构使其具有优异的电导率，在 1000～2000S/m 范围内，远高于许多金属材料。根据电磁波理论，当电磁波在导体表面产生涡流时，随着频率的增大，在导线截面上的电流分布将逐渐向导线表面集中，即产生了趋肤效应。如果把碳纤维假设成均匀导线，当电磁波在碳纤维之间传播时，除了趋肤效应可以衰减电磁波以外，在每束碳纤维之间的部分电磁波经过散射会发生相位相消现象。也就是当入射波和反射波为等幅而且相差 180° 时，就会产生相消现象，进而降低了电磁波的反射，使部分电磁波的能量被消耗掉。碳纤维在军事领域尤其是隐身装备中的重要应用使全球范围内的军事强国逐渐开始重视高性能碳纤维的研发和生产。目前，包括美国 F-117 隐身战斗轰炸机、B-2 隐身轰炸机和法国海军战斗机"阵风"在内的许多先进隐身轰炸机、战略轰炸机等都大量使用了碳纤维或是碳纤维增强复合材料作为结构吸波材料。在实际应用中，由于碳纤维电导率较高，是雷达波的强反射体，所以通常需要对其进行经过特殊处理或者表面改性才能使其具有良好的吸波性能。例如，改变碳纤维横截面的形状和大小，设计制备方形、三角形和多孔等横截面的纤维。这种异形截面碳纤维比圆形截面碳纤维具有更高的韧性和强度，更容易作为增强相与其他基体复合。B-2 隐身轰炸机机身上使用的就是异形截面碳纤维，它们与玻璃纤维和树脂纤维混合编织成三向织物，获得了优良的吸波性能。

在碳纤维的合成制备方面，日本和英国的研究人员早在 20 世纪 60 年代左右就开展了大

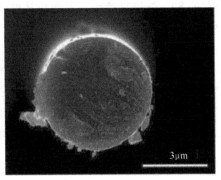

a) 碳纤维的轴向SEM照片　　　　　　　b) 碳纤维典型截面的SEM照片

图 3-4　碳纤维的典型形貌

量的工作。其中，日本的东丽公司最早进行了聚丙烯腈碳纤维的工业化生产。目前，高性能碳纤维材料的合成制备方法主要是前驱体纤维炭化法，常用的原料主要有聚丙烯腈纤维、人造丝（粘胶纤维）和沥青。前驱体纤维炭化法制备碳纤维的过程可以分为 5 个阶段，分别是拉丝、牵伸、原丝稳定、炭化和石墨化。拉丝过程可以在湿、干或是熔融状态下进行。牵伸过程通常在 100~300℃ 范围内进行。原丝稳定过程主要是高温预氧化，通常在 400℃ 左右。炭化和石墨化对应的温度范围分别是 1000~2000℃ 和 2000~3000℃。有报道表明，气相沉积法也可以用于碳纤维的制备。通过在惰性气氛（如氮气和氩气）中对烃类或芳烃类小分子有机物加热，沉积得到碳纤维。

此外，吸波领域中另一种常用的纤维材料是碳化硅（SiC_f）纤维。SiC_f 纤维具有高模量、高强度和化学稳定性好等优点，其电阻率介于金属和半导体之间。与碳纤维相比，SiC_f 纤维具有更优越的耐高温性能，可以在 1000~1200℃ 温度范围内长期使用，是目前已开发的增强材料中工作温度最高的。当温度超过 1300℃ 时，其力学性能才开始下降。

SiC_f 纤维作为吸波材料使用时，通常要对其进行改性，进一步降低其电阻率或者调整磁导率，从而提高其对电磁波的损耗。常见的 SiC_f 纤维的改性方法主要有高温热处理法、表面处理法（在表面涂覆或沉积其他物质）、元素掺杂法（主要指掺杂高导电的元素或化合物）和改变纤维截面形状（如多孔状、中空状和半圆形）等方法。当 SiC_f 纤维的电阻率在 10~153Ω·cm 之间时，属于杂质型半导体，具有最佳的吸波性能。当其电阻率为 101~103Ω·cm 时，吸收雷达波的效果最好。商业 SiC_f 纤维中通常含有 O 和 H 等杂质元素，并且是由微晶 β-SiC 组成。其中，O 元素的存在导致 SiC_f 纤维在高温下会产生一氧化碳和氧化硅等气体，并诱导 β-SiC 微晶长大，使其力学性能下降。因此，降低 O 元素的含量是合成制备 SiC_f 纤维研究中最受关注的问题之一。目前制备 SiC_f 纤维最成熟的技术主要有两种，分别是前驱体热解法和化学气相沉积法。前驱体热解法最早是由日本东北大学的石岛圣使教授在 1957 年发明的。日本在 20 世纪 80 年代利用这种方法将 SiC_f 纤维商业化生产，相继开发出了 Nicalon 和 Tyranno 两种牌号。以 Nicalon 纤维为例，前驱体热解法制备 SiC_f 纤维的典型工艺为：以二甲基二氯硅烷为原料，经金属钠脱氯缩合得到聚二甲基硅烷，然后将其在450~500℃ 下热解重排聚合成聚碳硅烷；接着，将聚碳硅烷经熔融纺丝成 500 根一束的连续聚碳硅烷纤维，又经过 200℃ 氧化或者电子束照射得到不熔的聚碳硅烷纤维；最后在高纯氮气的保护气氛中，对不熔的聚碳硅烷纤维进行 1000℃ 以上的热处理得到 Nicalon 纤维。该方

法制备得到的 SiC_f 纤维直径小，方便与其他纤维混编。

化学气相沉积（CVD）法制备 SiC_f 纤维一般是在连续的钨丝基体或者碳丝芯材上进行沉积。具体工艺流程是在管式炉中用水银电极进行直流电或者射频加热，把基体芯材加热到 1200℃ 以上，然后通入氯硅烷和氢气的混合气体，通过反应裂解为 SiC_f 纤维，沉积在基体芯材表面。制备过程中，需精确控制的参数主要包括氯硅烷和氢气的比例、温度和压力等。化学气相沉积法制备的 SiC_f 纤维直径比前驱体转化法得到的 SiC_f 纤维大，通常在 95 ~ 150μm 之间，而且这种方法制备得到的 SiC_f 纤维具有更优异的力学性能和耐高温性能。

3.2.4 陶瓷吸波材料

陶瓷吸波材料是指由金属和非金属元素组成的固体化合物，是吸波材料中常见的一类典型的无机非金属材料。由于结构内部不含有大量电子，陶瓷吸波材料的电导率要远低于金属吸波材料。但是这类材料具有比金属更高的硬度和熔点，而且抗蠕变、膨胀系数低、耐蚀性优良。同时，陶瓷吸波材料具有非常稳定的化学性质，常用于高温等极端环境。陶瓷吸波材料对电磁波的吸收以介质损耗为主，不仅耐高温，而且其介电常数可以通过改变烧结温度进行调节，能够用于多波段吸波。陶瓷吸波材料的主要类型包括氮化硅、碳化硅、氮化铁、钛酸钙、硼硅酸铝和黏土等。

陶瓷材料在吸波领域应用的优势可以简单概括为两个方面：首先，陶瓷材料可以用作吸波材料的基体，为吸波体提供介质损耗；其次，陶瓷材料良好的加工性和优良的机械强度使它与其他材料具有良好的兼容性，从而可以通过不同的材料组分设计来调控阻抗匹配。就制备方法而言，陶瓷吸波材料的传统制备方法主要涉及 CVD/化学气相渗透（Chemical Vapor Infiltration，CVI）以及液相/固相烧结技术。CVD 制备技术是指通过对原料进行加热，使分解或挥发出的气相组分相互反应，最后生成的反应物沉积在基体上。这种方法通常用来制备薄膜材料和粉体材料，而且可以在相对较低的反应温度实现材料的合成制备。例如，Wang 等人利用 CVD 技术制备了 SiCN 陶瓷吸波材料（见图 3-5）。实验中以 $SiCl_4$、NH_3、C_3H_6 混合气体为原料，以氢气和氩气为载气和稀释气，通过对气体压力和流速的控制，在 800℃ 的温度下得到了沉积在 Si_3N_4 基底上的 SiCN 陶瓷材料。CVI 技术是在 CVD 技术基础之上发展起来的，常用于制备热结构复合材料以及陶瓷材料的致密化处理，其特点是反应温度低，对预制体损伤小。CVI 制备的流程是将预制体放入 CVD 炉中，加热至一定温度以后，再通入烃类等低分子量的碳氢化合物作为前驱体，在高温下热解产生碳并沉积在预制体空隙内。其本质上是气-气均相反应和在基底表面沉积热解碳的气-固多相反应，气相反应和沉积过程共同决定了热解碳的性质。例如，Zhou 等人利用 CVI 技术制备了三维 $Si_3N_{4f}/BN/Si_3N_4$ 陶瓷复合材料。实验通过控制 BCl_3、NH_3、氢气和氩气的流速在 Si_3N_4 表面沉积了 BN，温度为 650℃，然后

图 3-5 Si_3N_4-SiCN 陶瓷的微观形貌

在 $900\sim1000\,^{\circ}\text{C}$ 的温度下，以 BN/Si_3N_4 为基底沉积 Si_3N_{4f} 得到了 $Si_3N_{4f}/BN/Si_3N_4$ 陶瓷复合材料。

　　近些年来，随着机械设备的不断更新迭代和数字技术的进步，材料成型技术领域快速发展。以 3D 打印技术为代表的一些先进成型技术也在陶瓷吸波材料的合成制备中得到应用（见图 3-6）。3D 打印技术又称为快速成型技术或增材制造技术，是一种集成了数字技术、材料加工和机械加工的新兴技术。在建立三维数字模型以后，该技术可以将任何材料逐层打印出来。3D 打印技术的特点是省时节能，能够进行个性化定制，可以灵活地制备高度复杂和精密的结构，这种技术的优越性和先进性引起了电磁波材料领域研究人员的关注。

图 3-6　3D 打印技术制备的陶瓷材料

　　目前，3D 打印技术在陶瓷吸波材料中的应用主要包括 3 个方面，分别是打印制造陶瓷吸波材料的模具、打印陶瓷吸波材料前驱体和打印吸波陶瓷。3D 打印技术的操作过程是：首先根据性能和结构要求进行数字建模，然后以金属或陶瓷粉末为原料，利用激光选区熔化（Selective Laser Melting，SLM）工艺、激光选区烧结（Selective Laser Sintering，SLS）工艺或数字光处理（Digital Light Processing，DLP）工艺等工艺将材料"一层层"叠加起来，最终得到形状复杂、结构独特的具体零件或产品。3D 打印技术制备陶瓷吸波材料常用的粉末见表 3-2。

表 3-2　3D 打印技术制备陶瓷吸波材料常用的粉末

名称	性能特征	用途
氮化硅	轻质、高刚性	高温结构材料
氧化锆	高强度、耐高温、耐腐蚀、耐磨性好、化学稳定性好	高强度部件
碳化硅	高硬度、高强度、抗氧化性好、耐磨性好	功能陶瓷，耐火材料
氧化铝	高强度、耐高温、耐腐蚀、耐磨性好、化学稳定性好	陶瓷组件
氮化铝	高热导率、热膨胀系数低、耐化学腐蚀、高电阻率	电子工业

SLS 工艺涉及的设备组件主要是粉料筒和成型筒。当粉料筒活塞（给粉活塞）上升时，粉料通过铺粉辊均匀地铺在成型筒的活塞（工作活塞）上。计算机根据构建的切片模型控制激光束的二维扫描轨迹，选择性地烧结固体粉末材料，形成一层构件。一层粉末完成后，工作活塞下降一层厚度，铺粉系统重新涂覆激光扫描的新粉末，一层一层地重复叠加，直到形成三维部分。最后，将未燃烧的粉末回收到粉料筒中，取出成型的陶瓷部件。为了进一步提高陶瓷部件的致密度，可以将其在高温下进一步进行烧结处理。SLM 工艺通常需要添加支撑结构来抑制收缩，将粉末在激光束的作用下完全熔化，然后进行冷却和致密化处理。其具体工艺过程与 SLS 工艺相似。DLP 工艺的原理是数字光源以面光的形式在液态光敏树脂表面进行层层投影，逐层固化成型。在制备陶瓷材料时，将紫外光固化前驱体（光敏丙烯酸酯单体）与高陶瓷产率的原料混合，通常用来制备复杂的 SiBCN 陶瓷。

3.2.5 超细磁性金属及合金粉末吸波材料

磁性金属及合金粉末的吸波性能优越，是吸波材料中应用广泛的一种金属材料。磁性金属及合金粒子与电磁波相互作用时，会出现趋肤效应（电磁波在通过材料时，强度下降到入射值的 $1/e$ 时对应的深度），其粒径不能过大，否则会增加对电磁波的反射。因此，要求磁性金属及合金粉末的粒径要小于工作频带高段频率时的趋肤深度，材料的厚度应大于工作频带低段频率时的趋肤深度，从而既能保证电磁波能量的吸收，又能使电磁波不会穿透材料。所以，在实际应用中的磁性金属及合金粉末吸波材料主要是指超细磁性金属及合金粉末。超细磁性金属及合金粉末包含粒度在 $10\mu m$ 或是 $1\mu m$ 以下的粉末以及纳米粉末。微波辐射会促进这些小粒度金属粉末磁化，使电磁波能量转换为热能。同时，这些粉末具有较高的磁导率，能够与高频电磁波产生相互作用。超细磁性金属及合金粉末通常具有相对较大的复磁导率的实部和虚部，它们对电磁波的吸收主要通过结构中的自由电子吸波和磁损耗来实现。

当前研究最多的主要是微米级和纳米级 Fe、Co、Ni 及其合金粉末，这些材料常用的合成制备方法有物理气相沉积法、高能球磨法、液相还原法和微乳液法等。物理气相沉积法中用来制备粉体的是真空蒸发沉积技术，该技术利用真空蒸发、电子束照射、激光加热蒸发等手段使原料汽化或形成等离子体，然后汽化的原子、分子或等离子体经过自由无碰撞的迁移过程在介质中急速冷凝。用这种技术制备得到的超细微粒纯度高且粒度可控，结晶组织好，但是对设备要求较高。高能球磨法的原理是把金属粉末在高能球磨机中长时间研磨，并在冷态下反复挤压和破碎，得到弥散分布的超细粒子。例如，Carvalho 等人报道了 Fe 纳米颗粒的高能球磨法制备。实验按照一定的化学计量比将去离子水和 Fe 粉进行混合，通过调整球磨时间，制备了尺寸在 $12\sim20nm$ 的 Fe 纳米颗粒粉末。相较于真空蒸发技术，高能球磨技术因其低成本、高制备效率等优点成为制备超细磁性金属及合金粉末最常用的物理方法之一。液相还原法是在液相体系中采用强还原剂（如 $NaBH_4$、KBH_4 和 N_2H_2）等还原剂对金属离子进行还原得到磁性金属或合金粉体。Zhao 等人利用液相还原法制备了不同 Ni 含量的 $Fe_{100-x}Ni_x$ 纳米粉末。他们分别利用 $NiSO_4$ 和 $FeSO_4$ 作为 Ni 源和 Fe 源，以 N_2H_4 作为还原剂，通过控制 Ni 源和 Fe 源的摩尔比在反应 30min 左右后得到不同 Ni 含量的 $Fe_{100-x}Ni_x$ 纳米粉末，如图 3-7 所示。

3.2.6　导电高分子吸波材料

广义上的导电高分子材料可以分为两类：一类是高分子自身共轭结构中拥有可以流动的载流子，即高分子本身就具有导电性，通常称为本征导电高分子，常见的本征导电高分子材料有聚亚苯亚乙烯（PPV）类、聚苯胺（PANI）、聚吡咯（PPy）、聚噻吩（PTh）和聚乙炔（PA）类高分子等；另一类是导电高分子复合材料，指由绝缘高分子与导电材料共混而成的复合型导电高分子材料，其导电性能主要由导电填料的含量和分布

图 3-7　液相还原法制备的 FeNi 合金纳米颗粒

决定。常用的导电填料主要是炭黑、碳纳米管、石墨烯、石墨和碳纤维等碳材料，以及金属粉末或金属纤维。例如，将炭黑加入橡胶中可以得到导电橡胶。与金属材料相比，导电高分子材料具有密度低、成本低和加工容易等优点，而且其电导率可调，可以通过结构设计或是填料选择获得与金属或是半导体相媲美的电导率。

导电高分子材料对电磁波的吸收机制源于材料中的极化子在电场作用下会产生取向极化，从而增强材料的介质损耗。这类材料电磁波的损耗机理类似导电损耗机理。然而，根据自由电子理论，传统导电高分子的高电导率和介电常数与磁导率之间的巨大差距导致其阻抗匹配和吸收性能较差。因此，导电高分子吸波材料的研究主要集中在阻抗匹配的改善上，可以通过适当的微观结构和成分设计来降低电导率和介电常数，或提高磁导率。

导电高分子吸波材料常用的合成制备方法有化学法和电化学聚合法。其中，化学法又可以分为化学氧化法和光化学聚合法等。化学氧化是使用氧化剂使单体失去电子进行氧化聚合的一种方法。例如，PANI 最常用的制备方法是在低温水浴条件下，在高浓度的盐酸溶液中加入一定量的氧化剂（如过硫酸铵、H_2O_2）。Yong Ma 等人以硫酸铵（APS）为氧化剂，以十二烷基磺酸钠（SLS）为软模板剂，在盐酸溶液中采用化学方法合成了树枝状 PANI，如图 3-8 所示。光化学聚合是一种在光敏剂存在下由光引发的聚合方法。根据光作

图 3-8　化学氧化法制备的树枝状 PANI

用方式的不同，可分为光催化聚合和由光激发引起的单体分子自聚合。电化学聚合法合成导电高分子是近年来出现的一种新型合成方法。该技术具有装置简单、条件易于控制、聚合和掺杂过程同步等优点。电化学聚合中常用的电解方法有恒电位电解、循环伏安扫描和恒流电解。电化学聚合法容易获得精确、高质量的产物，因为其沉积聚合过程是按照静电原理进行的，样品通过吸引相反的电荷沉积在阳极电极上，而且这种方法还可以防止在循环过程中电荷从电极-电解质-电极扩散时材料的膨胀和收缩。

3.2.7 二维吸波材料

以石墨烯和 MXene 为代表的二维材料是近年来出现的一种新兴材料，因其结构的可设计性、大的比表面积以及优异的物理化学性能等优点，吸引了科学研究领域和工程技术领域的广泛关注，是当前最热门的材料之一。与传统吸波材料相比，二维吸波材料具有独特的吸波机制。首先，二维材料具有较大的表面积，这可以改善界面极化和表面之间电磁波的散射和反射。其次，二维材料通常具有超低密度的特殊结构，这不仅有利于设计和制备许多明确的结构，如核壳结构、多孔泡沫和分层结构，而且有利于电磁波的耗散和多重界面散射。再有，由于其良好的加工能力，二维材料可以组合成各种多功能混合体，用于电磁能量衰减。除了用作微波吸收外，二维材料还可以用作阻抗匹配调节剂并提供最佳结构。

2004 年，英国曼彻斯特大学的科研人员 Andre Geim 和 Konstantin Novoselov 首次报道了石墨烯材料，并因此共同获得了 2010 年诺贝尔物理学奖。石墨烯是只有单层碳原子厚（0.345nm）的一种碳材料，其结构是由二维单层碳原子堆叠而成的六边形结构，是目前已知的最薄的碳材料。石墨烯中的 C—C 键为 sp^2 杂化，面内 C—C 键是材料中最强的键之一，面外的 π 键有助于形成离域电子网络。这种结构不仅利于石墨烯的电子传导，还为石墨烯层提供了层间或石墨烯与衬底之间的弱相互作用。石墨烯对微波的吸收主要依赖于石墨烯的高导电性，同时，相邻石墨烯片之间的多次反射也是其损耗机制的一部分。石墨烯常用的合成方法主要有机械剥离、外延生长法、化学气相沉积、化学剥离法和氧化还原法等。机械剥离法制备石墨烯是指利用外力（如黏附力和剪切力）的机械作用将石墨分解成单层或少层薄片。如图 3-9 所示，常见的机械剥离主要通过两种途径来实现，一种是给石墨施加垂直于表面或切面的法向力，另一种是给石墨施加平行于表面或切面的横向力。前者主要是克服石墨片层之间的范德华力，例如利用透明胶带就可以对石墨进行微机械剥离得到石墨烯的原理就是利用黏附力来克服层与层之间的相互作用力，后者主要利用的是石墨在横向上的自润滑性质。按照具体的操作流程和工艺来分，机械剥离法又可分为胶带机械剥离法、球磨法、超声法等。机械剥离法可以低成本地宏量制备石墨烯，但是制得的石墨烯结构中通常存在较多的缺陷。

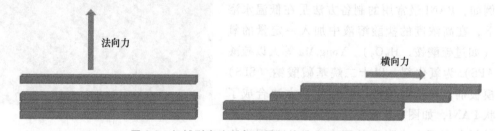

法向力　　　　　　　　　　　　横向力

图 3-9　机械剥离法制备石墨烯的外力作用方式

外延生长法是指在碳化硅单晶或者具有催化活性的过渡金属基底上制备石墨烯。碳化硅基底上外延生长石墨烯主要是基于碳化硅的热分解，制备过程中通过电子束或者电阻加热方式将碳化硅单晶加热至 1000~1500℃，将硅升华并留下富碳的表面。为了避免污染，加热通常在真空环境下进行。根据摩尔密度可以计算出，通常大约需要 3 层碳化硅才能释放出足够的碳原子来形成一层石墨烯。这种方法的优势在于所制备出的石墨烯质量高，可得到晶圆级的石墨烯。化学剥离法制备石墨烯一般是在多组分溶剂的液相体系（如过硫酸铵、过硫酸钠、硫酸、过氧乙酸等）中，借助溶剂与石墨之间的化学作用将其剥离。例如，Liu 等人报道了利用过氧乙酸和硫酸组成的溶剂体系制备少层石墨烯的相关工作。具体实验过程是将石墨混合在过氧乙酸和硫酸构成的液相体系中，然后在室温下静置 4h。这种化学剥离法不需要超声等手段辅助，而且对石墨的剥离程度高，如图 3-10 所示。氧化还原法制备石墨烯的工艺包含两部分，首先是利用化学法将石墨氧化得到氧化石墨，然后利用热还原或化学还原等工艺将氧化石墨表面的含氧官能团（如羧基、环氧基和羟基）去除，最终得到石墨烯。相较于其他制备方法，氧化还原法更适用于石墨烯的的规模应用：首先，这种方法以廉价的石墨为原料，通过经济高效的化学方法生产，而且产率远高于其他制备方法；其次，氧化还原法得到的石墨烯具有优良的亲水性，可以形成稳定

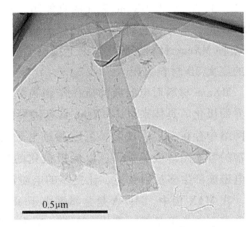

图 3-10　化学剥离法制备的石墨烯

的水性胶体，解决了石墨烯不易分散的问题，便于通过简单廉价的溶液工艺组装宏观结构。目前，氧化石墨的制备方法主要是"Hummers 法"以及在此基础上衍生出来的氧化工艺。"Hummers 法"最早由 Hummers 和 Offeman 在 1958 年提出，利用浓硫酸、硝酸钠和高锰酸钾的混合物来对石墨进行处理得到氧化石墨。氧化石墨经过还原得到石墨烯后，不仅在宏观上会有明显变化（棕色变为黑色），其导电性也会明显提升（厚度在 3nm 以下的少层石墨烯的薄膜电阻在 400Ω/□左右）。

　　MXene 是一类二维过渡金属碳化物/氮化物/碳氮化物材料。MXene 材料的前驱体 MAX 相为六方层状晶体结构，其中 M 是 Ti、Nb 等早期过渡金属，A 为ⅢA 或ⅣA 族元素，而 X 则是碳和/或氮，如图 3-11 所示。在最简单的单元中，MAX 相可以分为两个组成结构实体：具有公共边的八面体"M6X"单元，以及位于它们之间的 A 原子层。在这种情况下，M 层密堆积，X 原子填充八面体间隙。化学键 M—X 键具有混合特征（存在金属、离子和共价成分），而 M—A 键为金属键。因此，层间 M—A 键和原子间 A—A 键的相对结合强度弱于

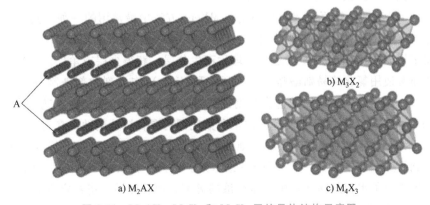

a) M_2AX　　　　b) M_3X_2　　　　c) M_4X_3

图 3-11　M_2AX、M_3X_2 和 M_4X_3 层的晶体结构示意图

M—X 键，可以选择合适的化学试剂破坏 M—A 键，去除 A 原子层，同时保留 M—X 键。所以与相应的 MAX 相相比，MXene 材料没有 A 原子层，是 MAX 相中的 A 原子层被 =O、—F、—OH 等官能团取代之后，仍保留 2D 特性的纳米材料。其通式为 $M_{n+1}X_nT_x$，$n=$ 1，2，3，T_x 则为 MXene 表面的官能团。自 2011 年首次由 Ti_3AlC_2 MAX 相成功合成 $Ti_3C_2T_x$ MXene 后，迄今为止研究人员已经合成了 60 多种不同的 MAX 相前驱体，成功制备了超过 20 余种 MXene 材料，并从理论上预测了更多 MXene 材料的合成，MXene 材料已经发展为新兴的庞大 2D 材料家族。

MXene 材料对电磁波的损耗作用主要源于其高比表面积、高介介损耗和二维结构产生的界面极化。具体来说，MXene 具有优异的导电性（最高可达 6000~8000S/cm），而且其导电网络中存在一定的缺陷，可以通过电子的迁移和跃迁产生欧姆损耗。同时，MXene 表面丰富的官能团形成偶极子，以偶极极化的形式增强介电弛豫。此外，MXene 的多层结构会对电磁波产生多反射效应，让更多的电磁波在 MXene 层之间被来回反射。

在 MAX 相中，M—A 是金属键由于 M 和 A 之间具有很强的层间化学键，因此 MAX 相的机械剥离几乎是不可能的。而 M—X 为共价键，金属键强度比共价键强度低，这为选择性蚀刻 A 层形成 MXene 二维材料提供了理论基础。MXene 材料的制备方法多种多样，但无论采用哪种方法，其工艺的关键都在于刻蚀掉 MAX 相中的 A 元素。目前已报道的制备方法有 HF 刻蚀法、原位 HF 刻蚀法、熔盐刻蚀法、无氟刻蚀法和电化学刻蚀法等。HF 刻蚀法是指

利用 HF 或含氟刻蚀剂在 MAX 相中选择性刻蚀 A 元素来获得 MXene。2011 年，Naguib 等人首次报道了利用 HF 刻蚀剥离 Ti_3AlC_2 MAX 相中的 Al 原子层，获得了手风琴状的 $Ti_3C_2T_x$ MXene（见图 3-12）。

由于 HF 具有强腐蚀性，操作过程中存在较大风险，研究人员在 HF 刻蚀的基础上发展出了原位 HF 刻蚀法。该方法通过 HCl-LiF 体系刻蚀 MAX 相，来制备 MXene 二维材料。与 HF 刻蚀方法相比，该方法制备 MXene 产率更高，而且更易操作，危险系数

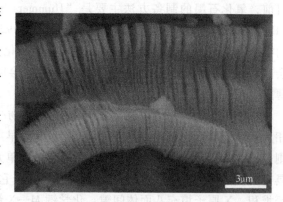

图 3-12 $Ti_3C_2T_x$ MXene 的"手风琴"结构

低，因此原位 HF 刻蚀法已逐渐成为当前制备 MXene 方法中最常用的一种。其原理为在 HCl 和 LiF 反应原位生成 HF，而且能够在体系中生成大量的 Li^+ 离子，促使 MXene 片层间距增大，从而使多层 MXene 经过进一步超声处理后产生分层，获得少层或单层的 MXene 纳米片。溶液刻蚀法通常使用氯化路易斯酸盐（如 $CuCl_2$ 和 $NiCl_2$）作为刻蚀剂来制备具有氯化物官能团的 MXene。熔盐刻蚀法使用熔盐作为刻蚀剂，这使得它比其他刻蚀工艺的安全性更高。Urbankowski 等人报道了使用氟化锂、氟化钠和氟化钾的混合熔盐刻蚀，在氩气气氛和 550℃ 温度下，以 Ti_4AlN_3 粉末为前驱体，成功刻蚀掉 Al 以后进一步利用四丁基氢氧化胺进行插层处理，得到了少层和单层 $Ti_4N_3T_x$ MXene 纳米片。作为一种制备 MXene 材料的新方法，熔盐刻蚀法不仅避免了水相刻蚀法产生大量废液的弊端，而且能够制备特定表面基团和表面化学特性的 MXene 材料。

3.3 电磁屏蔽材料

3.3.1 电磁屏蔽材料及其屏蔽机理

电磁屏蔽是指在电磁波传输过程中通过屏蔽材料来阻挡其传播,通过抑制或者削弱电场和磁场将电磁波进行隔离,从而避免或减少电磁干扰和电磁辐射危害。电磁屏蔽通常是指对10kHz以上交变电磁场的屏蔽,是一种有效改善电子设备或电子系统的电磁兼容性(电子设备或电子系统在电磁环境中正常运行且不对该环境中任何事物构成不能承受的电磁干扰的能力)的方法。所有类型的电子设备和电子系统,特别是微型和射频通信设备,都会受到电磁干扰和电磁辐射的不良影响。同时,与电磁辐射相关的磁场可在人、动物和植物等生物系统中诱发电流,从而对代谢产生不利影响。

目前,用于解释电磁屏蔽机理的方法很多,如涡流效应法、电磁场理论法和传输线理论法。其中,传输线理论法是最常用的一种方法,如图3-13所示。首先,当电磁波在传播过程中接触到屏蔽材料前表面时,由于空气和屏蔽材料之间的阻抗失配,部分电磁波将会被反射;其次,剩余的电磁波将继续向屏蔽材料内部传播进行衰减,当其传播至屏蔽材料后表面时,少量电磁波透过屏蔽材料,大部分被重新反射至材料内部,并且在屏蔽材料内部界面之间重复叠加反射,从而在传输过程中连续衰减,最终转化成热能被吸收消散。按照传输线理论,屏蔽材料的屏蔽机

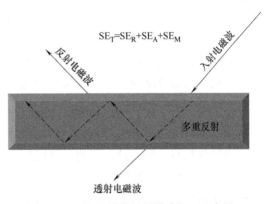

图 3-13 电磁屏蔽材料屏蔽机理示意图

理包括表面的反射损耗(SE_R)、吸收损耗(SE_A)和内部的多次反射损耗(SE_M)。如果用SE_T来表示屏蔽材料对电磁波的总屏蔽效能,则SE_T在数值上等于SE_R、SE_A和SE_M三者之和。

反射损耗SE_R是空气与屏蔽材料之间的阻抗不匹配引起的,一般而言,阻抗不匹配程度越高,SE_R越大。因此,这就要求屏蔽材料表面拥有大量能够与电磁波产生相互作用的载流子,从而反射和衰减入射电磁波。屏蔽材料表面的SE_R的幅度可以用非涅耳方程的简化形式来描述:

$$SE_R(dB) = 20\lg \frac{(\eta + \eta_0)^2}{4\eta\eta_0} = 39.5 + 10\lg \frac{\sigma}{2\pi f \mu} \tag{3-1}$$

式中,η、η_0、σ、μ和f分别为屏蔽材料的阻抗、空气的阻抗、屏蔽材料的电导率、磁导率以及电磁波的频率。由式(3-1)可得,材料的电导率越好,磁导率越低,SE_R越大。同时,入射电磁波的频率也会对屏蔽材料的SE_R产生影响,在电磁波频率较低的情况下,反射损耗的贡献较大。

吸收损耗SE_A是屏蔽材料中的电偶极子或磁偶极子与入射电磁波相互作用,产生偶极

极化与界面极化现象，将电磁波以热能的形式吸收或消散而造成的。当入射电磁波在屏蔽材料中传播时被吸收，电磁波的强度或振幅 E 会呈指数级减小。当屏蔽材料的厚度为 d 时，$E = E_i e^{-\gamma d}$。其中，E_i 是入射电磁波的初始强度或振幅，γ 是衰减常数，屏蔽材料的 γ 可以表示为屏蔽材料 ω、μ、σ 和 ε 的函数：

$$\gamma = \omega \sqrt{\frac{\mu\varepsilon}{2}\left[\sqrt{1+\left(\frac{\sigma}{\omega\varepsilon}\right)^2}-1\right]} \tag{3-2}$$

式中，ω 为角频率；ε 为介电常数。由此可见，具有优异吸收损耗的屏蔽材料必须满足高电导率、高介电常数以及高磁导率这 3 个条件。

屏蔽材料的 SE_A 表示为

$$SE_A(dB) = 20\lg e^{\gamma d} = 20\left(\frac{d}{\delta}\right)\lg e = 8.68d\sqrt{\pi f \mu \sigma} \tag{3-3}$$

式中，δ 为趋肤深度，表示入射电磁波电场强度降低到原始强度的 e^{-1} 时距离屏蔽材料前表面下方的距离。对于导电屏蔽，趋肤深度表示为 $\delta = 1/\gamma = 8.68d/SE_A$。另外，由式（3-3）可知，屏蔽材料的厚度越大，屏蔽材料的 SE_A 也会相应增大。

多重反射损耗 SE_M 是指屏蔽材料内部反射与透射多次重复造成的电磁波损耗。入射电磁波在屏蔽材料内部经历了反射和吸收多次叠加的耗散过程，直到电磁波的能量完全消散。该过程通过增加电磁波在屏蔽材料内部的传播路径来促进屏蔽材料与电磁波之间的相互作用，进而提高吸收衰减强度。多重反射损耗 SE_M 表达式为

$$SE_M(dB) = 20\lg(1-e^{-2\gamma d}) = 20\lg\left(1-e^{-\frac{2d}{\delta}}\right) \tag{3-4}$$

由式（3-4）可知，SE_M 与屏蔽材料的厚度密切相关，屏蔽材料的厚度必须远小于趋肤深度。当屏蔽材料的厚度接近或超过趋肤深度时，就需要忽略多重反射的作用。一般来说，当 $SE_T>15dB$ 或 $SE_A>10dB$ 时，SE_M 忽略不计。这是因为在厚度较大的屏蔽材料中，吸收损耗后的电磁波传输到下一个界面时，其振幅大幅减小。

根据电磁屏蔽机理可知，能够达到屏蔽效果的材料需要具有良好的导电性或磁性。现如今，随着材料合成制备技术的不断发展和进步，电磁屏蔽材料的种类也在逐渐丰富，有关电磁屏蔽材料的相关研究已经取得显著进展。下面将主要介绍金属及其合金、铁电材料和碳材料这几类受到广泛关注的电磁屏蔽材料。

3.3.2 金属及其合金

作为电的良导体，金属能够有效地吸收和反射电磁波，是屏蔽性能最优异的电磁屏蔽材料之一。金属材料内部含有大量的载流子（电子或空穴），这些载流子可以和电磁场相互作用，从而对电磁波产生衰减和损耗。除了导电性以外，金属的电磁屏蔽性能还受到材料孔隙率、颗粒大小、第二相以及几何尺寸等因素的影响。以银、铝、镁、铜等为代表的金属电磁屏蔽材料在过去几十年里取得了良好的发展，广泛应用于电子设备和通信设备等领域。这些金属材料在用作电磁屏蔽时的形式多种多样，如块状、导电涂层、薄膜或与其他材料进行复合。例如，Xu 等人利用熔体发泡法制备了铝泡沫电磁屏蔽材料。熔体发泡法是将发泡剂加入熔融金属中，利用挥发的气体产生气泡，冷却后得到泡沫金属，常用来制备铝、锡等低熔

点金属泡沫。具体实验中，研究人员利用纯度在 98.8% 以上的铝锭为原料，分别以钙颗粒和镁金属块为增稠剂和润湿剂；在发泡过程中加入 TiH$_2$ 作为发泡剂，在熔化铝锭的过程中加入增稠剂和润湿剂，并不断搅拌；接着加入发泡剂，让熔体形成气泡；将熔体保持在熔炉中，让熔体中的气泡不断生长，直到形成一定的多孔结构；最后将坩埚从熔炉中取出，用空气吹冷，得到铝泡沫，如图 3-14 所示。Ji 等人报道了利用静电纺丝法和化学镀技术制备聚丙烯腈纤维/银纳米颗粒电磁屏蔽复合材料。静电纺丝法常用于制备一维纳米纤维和二维无纺布膜等材料。静电纺丝的装置主要由三部分构成，分别是喷射装置、高压电源和金属收集装置。静电纺丝过程中，纳米纤维是由液体射流形成的，液体射流在库仑斥力、表面张力和静电力等作用下产生并拉长，最终形成纤维并沉积在收集装置。化学镀技术是指在没有外电流作用的条件下，利用强还原剂在水溶液中将金属离子进行化学还原并沉积在基体表面。化学镀技术可以用来制备银、铜、镍等金属材料，而且所制备出的金属层具有厚度均匀、结合力强等优点。

a)　　　　　　　　　b)　　　　　　　　　c)

d)　　　　　　　　　e)　　　　　　　　　f)

图 3-14　熔体发泡法制备得到的不同孔隙率的泡沫铝

除了高导电金属以外，以铁、钴、镍等为代表的高磁导率金属及合金也在电磁屏蔽领域有着重要的应用。通常情况下，这类材料在具有高磁导率的同时，也具有较高的电导率（见表 3-3）。除了超导体，没有其他材料能够完全阻挡磁场而不被其磁力吸引。防止磁场影响的最有效方法是改变它们的方向，它们无法被移除。为了使磁场重定向，高磁导率的屏蔽合金是理想选择之一。当高磁导率金属或合金用作电磁屏蔽材料时，由于屏蔽层的磁偶极子与磁场区内的磁通的界面作用，材料的磁性能增强其对电磁波的吸收。虽然高磁导率金属及合金具有优良的电磁屏蔽性能，但是与高电导率金属一样，这些材料的应用仍受限于高密度和耐蚀性差等问题。因此，在制备高电磁屏蔽性能的复合材料时，磁性金属及其合金经常被作为填料来使用。例如，Zhu 等人利用化学共沉淀法制备了 FeCo 纳米颗粒/石墨烯电磁屏蔽复合材料。化学共沉淀法是在含有两种及以上可溶性阳离子的盐溶液中，通过加入沉淀剂在溶液中形成不溶性的沉淀，再经过常温静置或热分解得到高纯度纳米材料。在制备 FeCo 纳米颗粒时，常用的金属盐是硫酸铁和氯化钴。Chen 等人报道了 NiCo 纳米颗粒的水热法制备。实验分别将氯化钴和氯化镍溶于去离子水和乙醇的混合溶液中，搅拌均匀后放入反应釜，然后在160℃下保温12h，最后将反应溶液洗涤、干燥，即得到NiCo纳米颗粒粉末。水热法是实验室制备纳米材料最常用的方法之一，是一种液相化学法，这种方法一般以水溶液为反应体系，通过对密闭容器中的水溶液加热和加压，让溶液中的化学物质进行反应。这种方法的优点是耗能低、适用性广、成本低，而且操作简单、易于实现。

表3-3 常见高磁导率金属屏蔽材料的相对磁导率

材料	相对磁导率	电导率($\times 10^7$S/m)
铁	150~200000	≈1
镍	110~600	≈1.2
钴	70~250	≈1.6

3.3.3 铁电材料

铁电材料是具有铁电效应的一类材料，其特点是能够在一定的温度范围内产生自发极化，而且其自发极化方向可以因外电场方向的反向而反向。铁电材料内部存在由许多永久电偶极矩构成的电畴，且电偶极矩之间相互作用，沿一定方向自发排列成行。在没有外加电场作用时，各电畴在晶体中杂乱分布，整个材料晶体呈现中性。当施加外加电场时，电畴极化矢量转向电场方向，沿电场方向极化畴长大。材料的铁电特性受到材料成分、结构均匀性、缺陷、外场和畴取向的影响。在电磁屏蔽应用中，铁电材料的作用在于将电位移矢量从指定区域分离出来。当介电常数较大时，铁电材料通常用于吸收入射电磁波的能量。在铁电材料中，钛酸钡因其良好的铁电性成为电磁屏蔽领域中研究最多的一种材料。制备钛酸钡常用的方法主要有水热法、溶剂热法、模板法、熔盐法等。与水热法类似，溶剂热法是指将非水溶剂的反应体系密封在高压釜中进行反应。其典型工艺是在无水苯甲醇溶剂中，将钡离子与异丙醇钛加热到200~220℃，利用碳碳键的形成进行反应得到钛酸钡纳米颗粒。模板法是指利用模板来支撑或限制反应物的成核位置和生长区域，实现对目标材料尺寸和形状的控制，是合成中空结构、纳米线和纳米管等结构的有效手段。根据模板类型的不同，可将模板法分为硬模板法和软模板法。硬模板法主要是利用氧化物、金属、金属盐等具有固定形状的硬质材料作为模板，通过化学沉积、自组装、电镀沉积等方法在模板表面包覆另一种材料，然后通过煅烧、溶解等方法去除模板，得到中空结构的纳米材料。常见的硬模板法又包括微球模板法、介孔二氧化硅模板法、多孔阳极氧化铝模板法等。软模板法与硬模板法的区别在于所得中空结构颗粒易于封装和释放物质，不需要经历由内层开始、逐层完成的多步反应，例如胶束模板法和微乳液模板法。熔盐法是指将熔融的盐作为溶剂来合成纳米材料，在这种工艺中，熔盐作为一种反应介质，在整个过程中起着至关重要的作用，反应物在其中溶解和沉淀，产生大量的纳米晶。组分和熔盐之间的表面和界面能量平衡显著影响了所制备纳米晶体的形态和整体形状。

3.3.4 碳材料

作为一种典型的非金属元素，碳元素以丰富的含量和多样的形式存在于生物、地壳以及大气之中，自然界中丰富的碳在生物系统和环境资源中发挥着举足轻重的作用。碳材料具有多样的形式和结构，其性能也各有不同。例如，同样是由碳元素组成，金刚石是最坚硬的天然材料，且具有电绝缘性和高导热性，而作为其同素异形体的石墨却具有媲美金属的导电性能和出色的柔韧性。碳材料在近些年来逐渐引起了电磁屏蔽材料领域研究人员的广泛关注和研究，这主要归因于这些碳材料导电性好、密度低、化学性质稳定、环境友好和易加工等特性。发展至今，碳材料家族已经衍生出了十几种成员。碳材料的微观结构对电磁屏蔽性能具有显著影响。根据微观结构的尺寸特征，可以简单把用作电磁屏蔽材料的碳材料简单分为一维碳材料、二维碳材料和三维碳材料。

碳纳米管是典型的一维碳材料，是一种具有六边形网格结构的纳米材料，具有优异的导热系数（约为 $3000W/m \cdot K$）、超高的杨氏模量（$1 \sim 1.4TPa$）、大的比表面积和高导电性（约为 $10^6 S/cm$）。虽然碳纳米管具有优异的介电性能，但通常对电磁波的衰减以反射屏蔽为主，吸收屏蔽比较弱。因此，为了实现高效电磁屏蔽，碳纳米管通常以复合材料的形式与其他材料配合使用。例如，在低负荷的聚合物基体中使用碳纳米管作为导电填料，通过在复合材料中构建三维导电网络，实现高导电性和高效电磁波衰减能力。例如，Yu 等人制备了三维碳纳米管海绵增强环氧树脂电磁屏蔽复合材料，如图 3-15 所示。实验中碳纳米管泡沫的制备方法为化学气相沉积法，碳源和催化剂分别是 1,2-二氯苯和铁，反应温度为 860℃。

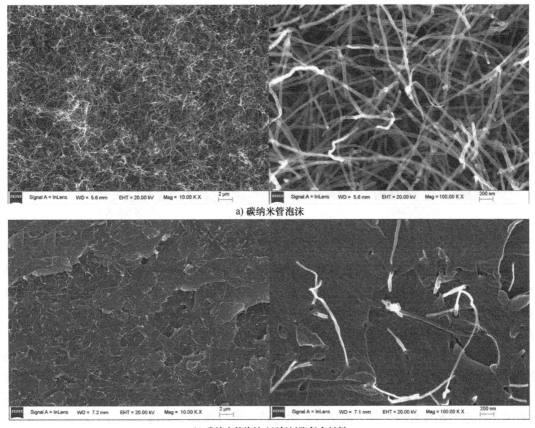

a) 碳纳米管泡沫

b) 碳纳米管泡沫/环氧树脂复合材料

图 3-15 环氧树脂电磁屏蔽复合材料

二维碳材料主要是石墨烯，优异的导电性是其对电磁波产生屏蔽作用的主要原因。用作电磁屏蔽用途的三维碳材料主要以泡沫炭材料为主。泡沫炭是指由孔泡和相互连接的孔泡壁组成的具有三维网状结构的轻质多孔材料，这种独特的结构使得泡沫炭材料在声学、电学、光学和热学等方面具有许多特殊的性能，如低密度、高导电性、高热导率、耐蚀性，以及低膨胀系数，而且具有良好的力学性能。用作电磁屏蔽时，泡沫炭的三维多孔结构可以捕获入射的电磁波，然后通过多孔结构表面对电磁波的多次反射和散射将电磁波进一步衰减，以热量的形式消散或被吸收到材料中。泡沫炭的屏蔽性能主要取决于泡沫炭的泡孔结构，常见的泡孔结构主要包括五边形十二面体和球形气孔状结构，其结构如图 3-16 所示。具有五边形十二面体结构的泡沫炭又被称作网状玻璃态泡沫炭（见图 3-16a）。这种泡沫炭的孔隙率很高，最高可达 98%，泡孔与泡孔之间的韧带交联组成大量五边形的十二面体，这样的结构使泡沫炭具有良好的隔热性能。以树脂等有机聚合物为原料制备的泡沫炭大多属于这种结构，但是由于这种泡沫炭具有玻璃态结构，不能够进行石墨化，所以机械强度普遍偏低。而图 3-16b 所示的球形气孔状结构主要出现在以沥青为原料制备的泡沫炭中，被近似看作是由石墨韧带连接的交联网状结构。由图可以看出，这种泡沫炭的机构由连接孔之间的韧带和泡孔壁构成。与五边形十二面体结构相比，这种泡孔结构的韧带更宽，且泡孔密度小、孔隙率低。

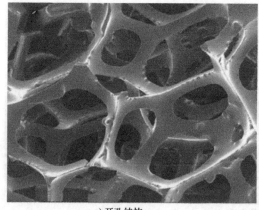

500μm

a) 开孔结构   b) 闭孔结构

图 3-16　泡沫炭的多孔结构

根据合成前驱体的类型，可以将泡沫炭分为聚合物基泡沫炭、生物质基泡沫炭以及沥青基泡沫炭，聚合物原料包括树脂、聚酰亚胺、聚氨酯、单宁和氨基甲酸酯等，而一些生物质材料如面粉、木材以及蔗糖等也可以作为发泡前驱体，沥青原料主要有煤焦油沥青、石油沥青、萘基沥青以及对煤焦油沥青经过预处理所得到的中间相沥青。不论前驱体是何种材料，均需要经过炭化处理这一关键步骤，这主要是为了除去氧、硫、氢等杂质原子。聚合物基泡沫炭的制备是指以聚合物塑料、橡胶或有机物与沥青的混合物为原料，同时添加一定量的化学发泡剂，放入高温高压反应器中，先将温度升至原料软化点以上，保温一定时间，然后继续升温至发泡剂充分分解，留下的空位产生泡沫，最后将得到的泡沫经过一定温度的炭化、石墨化处理即可得到泡沫炭。其中，所选用的发泡剂的分解温度需要高于原料的软化温度。这种制备方法的优点在于可以直接炭化碳氢化物、木材、酚醛树脂、苯乙烯和二乙烯基苯的聚合物等材料，工艺简单，但是所制备出的泡沫炭多为形状不规则的玻璃炭，而且其孔状结构的尺寸不易控制。中间相沥青基泡沫炭的制备以中间相沥青为原料，通过发泡、炭化和石墨化等工艺制备泡沫炭。制备时，首先对煤沥青、石油沥青或是萘沥青进行一定温度的预处理，得到中间相沥青，然后在一定温度和压力下对中间相沥青进行发泡处理，制得泡沫炭生料。其中，发泡常用的方法主要包括3种，即高压渗氮法、发泡剂法和自挥发发泡法。高压渗氮法是指将沥青在较高压力下（5~10MPa）和惰性气体气氛中进行加热，利用沥青材料内部和反应容器之间的压力差使沥青发泡，而且发泡后还要在空气（或氧气）中进行一定时间的固化，最后再进行炭化和石墨化处理，该方法制备周期长，且对反应容器要求较高。发泡剂法通常要求将发泡剂和中间相沥青均匀混合，而自挥发发泡法则不需要添加任何添加剂，主要依靠中间相沥青热解时挥发出的轻组分形成气泡，最后再对泡沫炭进行炭化和石墨化处理，进一步去除材料中的轻组分和杂质元素。

思 考 题

1. 微乳液法制备纳米颗粒时，常用的表面活性剂有哪些？
2. 总结铁氧体吸波材料常用的制备方法，并对其经济性和环保性进行评价。
3. 本章介绍的合成制备方法中，能用于制备多孔材料的方法有哪些？

参 考 文 献

[1] 刘顺华，刘军民，董星龙，等. 电磁波屏蔽及吸波材料 [M]. 2版. 北京：化学工业出版社，2014.
[2] 张玉龙，李萍，石磊. 隐身材料 [M]. 北京：化学工业出版社，2018.
[3] 于洪全. 功能材料 [M]. 北京：北京交通大学出版社，2014.
[4] 邓少生，纪松. 功能材料概论：性能、制备与应用 [M]. 北京：化学工业出版社，2012.
[5] MALLESH S, SRINIVAS V, VASUNDHARA M, et al. Low-temperature magnetization behaviors of super-paramagnetic MnZn ferrites nanoparticles [J]. Physica B: condensed matter, 2020, 582: 411963.
[6] VADIVEL M, BABU R R, SETHURAMAN K, et al. Synthesis, structural, dielectric, magnetic and optical properties of Cr substituted $CoFe_2O_4$ nanoparticles by co-precipitation method [J]. Journal of magnetism and magnetic materials, 2014, 362: 122-129.
[7] 曹茂盛，等. 材料合成与制备方法 [M]. 4版. 哈尔滨：哈尔滨工业大学出版社，2018.
[8] YOUSUF M A, JABEEN S, SHAHI M N, et al. Magnetic and electrical properties of yttrium substituted manganese ferrite nanoparticles prepared via micro-emulsion route [J]. Results in physics, 2020, 16: 102973.
[9] YE C, WU H, HUANG D, et al. The microstructures and mechanical properties of ultra-high-strength PAN-based carbon fibers during graphitization under a constant stretching [J]. Carbon letters, 2019, 29: 497-504.
[10] YE W, LI W, SUN Q, et al. Microwave absorption properties of lightweight and flexible carbon fiber/magnetic particle composites [J]. RSC advances, 2018, 8 (44): 24780-24786.
[11] 王荣国，武卫莉，谷万里. 复合材料概论 [M]. 哈尔滨：哈尔滨工业大学出版社，2015.
[12] HOU Y, CHENG L, ZHANG Y, et al. Electrospinning of Fe/SiC hybrid fibers for highly efficient microwave absorption [J]. ACS applied materials & interfaces, 2017, 9 (8): 7265-7271.
[13] WANG T, YIN X, FAN X, et al. Electromagnetic Performance of CVD Si_3N_4-SiCN Ceramics Oxidized from 500 to 1000° C [J]. Advanced engineering materials, 2019, 21 (5): 1800834.
[14] 李艳，张华坤，稽阿琳. 炭/炭复合材料 CVI 工艺研究进展 [J]. 材料导报，2014，28 (23): 12-16.

［15］ 刘玉库，周磊，刘甲秋，等. 碳/碳复合材料的致密化工艺综述［J］. 纤维复合材料，2024，1：58-64.

［16］ ZHOU J, CHENG L, YE F, et al. Effects of heat treatment on mechanical and dielectric properties of 3D $Si_3N_4f/BN/Si_3N_4$ composites by CVI［J］. Journal of the european ceramic society, 2020, 40（15）：5305-5315.

［17］ ZHOU J, YE F, CHENG L, et al. Microstructure and mechanical properties of Si_3N_4f/Si_3N_4 composites with different coatings［J］. Ceramics international, 2019, 45（10）：13308-13314.

［18］ WANG T, LU X, WANG A. A review: 3D printing of microwave absorption ceramics［J］. International journal of applied ceramic technology, 2020, 17（6）：2477-2491.

［19］ CHEN Z, LI Z, LI J, et al. 3D printing of ceramics: a review［J］. Journal of the european ceramic society, 2019, 39（4）：661-687.

［20］ YANG J L, XU X X, WU J M, et al. Preparation of Al_2O_3 poly-hollow microsphere（PHM）ceramics using Al_2O_3 PHMs coated with sintering additive via co-precipitation method［J］. Journal of the european ceramic society, 2015, 35（9）：2593-2598.

［21］ ZHENG W, WU J M, CHEN S, et al. Fabrication of high-performance silica-based ceramic cores through selective laser sintering combined with vacuum infiltration［J］. Additive manufacturing, 2021, 48：102396.

［22］ GHAZANFARI A, LI W, LEU M C, et al. A novel freeform extrusion fabrication process for producing solid ceramic components with uniform layered radiation drying［J］. Additive manufacturing, 2017, 15：102-112.

［23］ DE CARVALHO J F, DE MEDEIROS S N, MORALES M A, et al. Synthesis of magnetite nanoparticles by high energy ball milling［J］. Applied surface science, 2013, 275：84-87.

［24］ ZHAO H, ZHU Z, XIONG C, et al. The influence of different Ni contents on the radar absorbing properties of FeNi nano powders［J］. RSC advances, 2016, 6（20）：16413-16418.

［25］ 马毅龙，沈倩，金香. 现代化学功能材料及其应用研究［M］. 北京：中国水利水电出版社，2015.

［26］ PANG H, DUAN Y, HUANG L, et al. Research advances in composition, structure and mechanisms of microwave absorbing materials［J］. Composites part B: engineering, 2021, 224：109173.

［27］ DAI B, MA Y, DONG F, et al. Overview of MXene and conducting polymer matrix composites for electromagnetic wave absorption［J］. Advanced composites and hybrid materials, 2022, 5（2）：704-754.

［28］ MA Y, ZHUANG Z, MA M, et al. Solid polyaniline dendrites consisting of high aspect ratio branches self-assembled using sodium lauryl sulfonate as soft templates: synthesis and electrochemical performance［J］. Polymer, 2019, 182：121808.

［29］ HUANG L, CHEN C, LI Z, et al. Challenges and future perspectives on microwave absorption based on two-dimensional materials and structures［J］. Nanotechnology, 2020, 31（16）：162001.

［30］ KALLUMOTTAKKAL M, HUSSEIN M I, IQBAL M Z. Recent progress of 2D nanomaterials for application on microwave absorption: a comprehensive study［J］. Frontiers in materials, 2021, 8：633079.

［31］ TETLOW H, DE BOER J P, FORD I J, et al. Growth of epitaxial graphene: theory and experiment［J］. Physics reports, 2014, 542（3）：195-295.

［32］ YI M, SHEN Z. A review on mechanical exfoliation for the scalable production of graphene［J］. Journal of materials chemistry A, 2015, 3（22）：11700-11715.

［33］ LIU M, ZHANG X, WU W, et al. One-step chemical exfoliation of graphite to similiar to 100% few-layer graphene with high quality and large size at ambient temperature［J］. Chemical engineering journal, 2019, 355：181-185.

［34］ PEI S, CHENG H M. The reduction of graphene oxide［J］. Carbon, 2012, 50（9）：3210-3228.

[35] 张骥华,施海瑜. 功能材料及其应用 [M]. 2 版. 北京:机械工业出版社,2017.

[36] NAGUIB M, GOGOTSI Y. Synthesis of two-dimensional materials by selective extraction [J]. Accounts of chemical research, 2015, 48 (1): 128-135.

[37] HEMANTH N R , KANDASUBRAMANIAN B. Recent advances in 2D MXenes for enhanced cation intercalation in energy harvesting applications: a review [J]. Chemical engineering journal, 2020, 392: 123678.

[38] URBANKOWSKI P, ANASORI B, MAKARYAN T, et al. Synthesis of two-dimensional titanium nitride Ti_4N_3 (MXene) [J]. Nanoscale, 2016, 8 (22): 11385-11391.

[39] GAO N, GUO X, DENG J, et al. Design and study of a hybrid composite structure that improves electromagnetic shielding and sound absorption simultaneously [J]. Composite structures, 2022, 280: 114924.

[40] YAO Y, ZHAO J, YANG X, et al. Recent advance in electromagnetic shielding of MXenes [J]. Chinese chemical letters, 2021, 32 (2): 620-634.

[41] IQBAL A, SAMBYAL P, KOO C M. 2D MXenes for electromagnetic shielding: a review [J]. Advanced functional materials, 2020, 30 (47): 2000883.

[42] PANDEY R, TEKUMALLA S, GUPTA M. EMI shielding of metals, alloys, and composites [M]//JOSEPH K, RUNCY W, GEORGE G. Materials for potential EMI shielding applications. Amsterdam: Elsevier, 2020: 341-355.

[43] XU Z, HAO H. Electromagnetic interference shielding effectiveness of aluminum foams with different porosity [J]. Journal of alloys and compounds, 2014, 617: 207-213.

[44] JI H, ZHAO R, ZHANG N, et al. Lightweight and flexible electrospun polymer nanofiber/metal nanoparticle hybrid membrane for high-performance electromagnetic interference shielding [J]. NPG asia materials, 2018, 10 (8): 749-760.

[45] LI Y, ZHU J, CHENG H, et al. Developments of advanced electrospinning techniques: a critical review [J]. Advanced materials technologies, 2021, 6 (11): 2100410.

[46] ZHU H, YANG Y, DUAN H, et al. Electromagnetic interference shielding polymer composites with magnetic and conductive FeCo/reduced graphene oxide 3D networks [J]. Journal of materials science: materials in electronics, 2019, 30: 2045-2056.

[47] CHEN Z, TIAN K, ZHANG C, et al. In-situ hydrothermal synthesis of NiCo alloy particles@ hydrophilic carbon cloth to construct corncob-like heterostructure for high-performance electromagnetic wave absorbers [J]. Journal of colloid and interface ccience, 2022, 616: 823-833.

[48] 李爱东. 先进材料合成与制备技术 [M]. 2 版. 北京:科学出版社,2019.

[49] CELOZZI S, ARANEO R, LOVAT G. 电磁屏蔽原理与应用 [M]. 郎为民,姜斌,张云峰,等译. 北京:机械工业出版社,2010.

[50] JIANG B, IOCOZZIA J, ZHAO L, et al. Barium titanate at the nanoscale: controlled synthesis and dielectric and ferroelectric properties [J]. Chemical society reviews, 2019, 48 (4): 1194-1228.

[51] LIU H, WU S, YOU C, et al. Recent progress in morphological engineering of carbon materials for electromagnetic interference shielding [J]. Carbon, 2021, 172: 569-596.

[52] 刘和光. 中间相沥青基泡沫炭及其复合材料的制备、结构及性能 [D]. 西安:西北工业大学,2017.

[53] KLETT J, HARDY R, ROMINE E, et al. High-thermal-conductivity, mesophase-pitch-derived carbon foams: effect of precursor on structure and properties [J]. Carbon, 2000, 38 (7): 953-973.

[54] GAIES D, FABER K T. Thermal properties of pitch-derived graphite foam [J]. Carbon, 2002, 40 (7): 1137-1140.

69

第 4 章
高分子功能材料

4.1　高分子功能材料概述

　　高分子功能材料（也称功能高分子材料）是一个新兴的研究领域，它是由分子量大的长链分子组成，具有特殊功能的聚合物或复合材料，这些功能包括但不限于特殊的力学、电学、光学和磁学的某一种性能。近些年，高分子材料的研究与应用迅速发展，在越来越多的领域中产生了巨大的影响。高分子材料的发展，提供了更多实用性高的新型材料和新产品，应用于农业生产、工业生产和人类生活的方方面面，与此同时，也提供了更多具有功能性的材料和高性能材料用以推进科学技术的新发展。

4.1.1　高分子功能材料的结构与性能的关系

　　材料的性能和功能是通过其不同层次的结构反映出来的。不同的高分子功能材料因其展现的功能不同，依据的结构层次也有所不同。其中，依据的比较重要的结构层次包括材料的化学组成、官能团结构、聚合物的链段结构、高分子的微观构象结构、材料的超分子结构和聚集态等。

　　（1）材料的化学组成　材料的化学组成是影响材料性能最基本的元素之一，不同化学组成的高分子材料有不同的性能和功能。例如，聚乙炔和聚乙烯的化学组成相同，均为碳氢元素构成的聚合物，但两者的碳氢比不同，构成共价键的种类不同，结构不同，导致导电性能截然相反，聚乙炔主链结构由于存在碳碳双键的共轭，表现出良好的导电性能，属于高分子功能材料范畴。

　　（2）官能团结构　数量巨大的有机化合物及其千变万化的复杂性质，取决于材料分子中的官能团结构。在有机化学中官能团是指主要确定分子物理和化学性质的特殊结构片段，如羟基、羰基、羧基、氨基等。官能团结构决定了分子的大部分化学性质，如氧化还原性质、酸碱性质、亲电与亲核性质和配位性质等，因此材料的许多物理化学性质也与官能团密切相关。比如材料的亲油和亲水性、溶解性、磁性和导电性等都在一定程度上与其所具有的官能团的结构有关。例如，聚苯乙烯骨架上连接醌式结构，可制备具有氧化还原性能的高分子试剂；而连接上 N，N-二取代联吡啶基团后，则具有电致发光功能。这些官能团常常在小分子中也表现出类似作用。高分子功能材料的研究就是通过聚合、接枝、共混、组装等化学和物理过程将这些官能团引入高分子中赋予高分子材料以特殊的功能。

（3）聚合物的链段结构　作为聚合物大分子，分子结构中的一个重要部分是骨架的链段结构，聚合物一般都是由结构相同或相似的结构片段连接而成，这种结构片段称为链段。链段结构包括化学结构、链接方式、几何异构、立体异构、链段支化结构、端基结构和交联结构等，如均聚物中有直链结构、分支结构等，在共聚物中还包括嵌段结构、无规共聚结构等，这些结构主要影响材料的物理化学性质。一般来说无支链结构的结晶性好，分子间力大，溶解性差；相反，有分支结构的分子间力小，结晶度低，溶解性好。比如元素和官能团组成相似的淀粉和纤维素，只是由于链段结构中有无分支而形成性能完全不同的物质。有交联的聚合物无法形成分子分散的真溶液，只能被溶剂溶胀而不能被溶解。上述性质直接影响材料的力学性能和热性能。同时，聚合物的链段结构对于反应性高分子的立体选择性也非常重要。

（4）高分子的微观构象结构　高分子材料的构象结构是指具有相同分子结构的高分子，其分子骨架和官能团相互位置和排列指向，如分子在空间上是呈棒状、球状、片状、螺旋状还是无定形状等。高分子的微观构象结构主要取决于材料的分子间力，如范德华力、氢键力和静电力等，也与材料分子的周围环境有关。微观构象结构直接影响材料的渗透性、机械强度、结晶度、溶液黏度等性能。

（5）材料的超分子结构和聚集态　材料的超分子结构和聚集态指聚合物分子相互排列堆砌的状态，通常为热力学非平衡态，包括分子的排列方式和晶态结构等，如蛋白质等的空间二次结构、高分子液晶的液晶态结构、纤维的高取向结构等，广义上讲也包括分子的微结构（尺度在几百纳米以内），如晶胞结构、微孔结构、取向度等。该结构层次直接影响材料的某些物理性质，如吸附性、渗透性、透光性、机械强度等。高分子液晶的性能在很大程度上取决于分子的超分子结构和聚集态。

4.1.2　高分子功能材料的制备

高分子功能材料的制备是通过化学或者物理的方法，按照材料的设计要求将某些带有特殊结构和功能基团的化合物高分子化，或者将这些小分子化合物与高分子骨架相结合，从而实现预定的性能和功能，目前主要有以下4种类型。

（1）功能性小分子材料的高分子化　许多高分子功能材料是从相应的功能性小分子化合物发展而来的，这些已知功能的小分子化合物一般已经具备了部分主要功能，但是从实际使用角度来讲可能还存在许多不足，无法满足使用要求。对这些功能性小分子进行高分子化反应，赋予其高分子的功能特点，即有可能开发出新的高分子功能材料。

例如，小分子过氧酸是常用的强氧化剂，在有机合成中是重要的试剂。但是，这种小分子过氧酸的主要缺点在于稳定性差，容易发生爆炸和失效，不便于储存，反应后产生的羧酸也不容易除掉，经常影响产品的纯度。将其引入高分子骨架后形成的高分子过氧酸，挥发性和溶解性下降，稳定性提高。N，N-二甲基联吡啶是一种小分子氧化还原物质，其在不同氧化还原态时具有不同颜色，经常作为显色剂在溶液中使用。经过高分子化后，可将其修饰固化到电极表面，便可以成为固体显色剂和新型电显材料。

功能性小分子的高分子化可利用聚合反应，如共聚、均聚等，也可将功能性小分子化合物通过化学键连接的化学方法与聚合物骨架连接，将高分子化合物作为载体，甚至可通过物理方法，如共混、吸附、包埋等作用将功能性小分子高分子化。

（2）已有高分子材料的功能化

1）高分子材料的化学功能化方法。目前已有众多的商品化高分子材料，它们可以作为制备功能高分子材料前体。这种方法的原理是利用高分子的化学反应，在高分子结构中存在的活性点上引入功能性基团，从而实现普通高分子材料的功能化。

例如，可以利用接枝反应在聚合物骨架上引入活性功能基团，从而改变聚合物的物理化学性质，赋予其新的功能。聚苯乙烯结构单元中的苯环较活泼，可进行芳香环亲电取代反应，如卤化、硝化、磺化、氯甲基化、锂化、烷基化、羧基化、氨基化等，引入这些活性基团后，聚合物的活性得到增强，在活化位置可以与许多小分子功能性化合物进行反应，从而引入各种功能基团。

2）通过物理方法制备功能高分子。通过物理方法对已有聚合物进行功能化，赋予这些通用的高分子材料以特定功能，成为高分子功能材料。这种制备方法的好处是可以利用廉价的商品化聚合物，并且通过对高分子材料的选择，使得到的功能高分子材料力学性能比较有保障。聚合物的物理功能化方法主要是通过小分子功能化合物与聚合物的共混和复合来实现。聚合物的这种功能化方法可以用于当聚合物或者功能性小分子缺乏反应活性，不能或者不易采用化学方法进行功能化，或者被引入的功能性物质对化学反应过于敏感，不能承受化学反应条件的情况下对其进行功能化。

例如，某些酶的固化、某些金属和金属氧化物的固化等。与化学法相比，通过与聚合物共混制备功能高分子的主要缺点是共混物不稳定，在使用条件（如溶胀、成膜等）下功能聚合物容易由于功能性小分子的流失而逐步失去活性。

（3）高分子功能材料的多功能复合　将两种以上的功能高分子材料以某种方式结合，将形成新的功能材料，而且具有任何单一功能高分子均不具备的性能，这一结合过程被称为高分子功能材料的多功能复合过程。单向导电聚合物的制备就是这方面最典型的例子。带有可逆氧化还原基团的导电聚合物，其导电方式是没有方向性的。但是，如果将带有不同氧化还原电位的两种聚合物复合在一起，放在两电极之间，可发现导电是单方向性的。这是因为只有还原电位高、处在氧化态的聚合物能够还原另一种还原电位低、处在还原态的聚合物，将电子传递给它。这样，在两个电极上交替施加不同方向的电压，将都只有一个方向电路导通，呈现单向导电。

（4）已有高分子功能材料的功能扩展　在同一种功能材料中，甚至在同一个分子中引入两种以上的功能基团也是制备新型功能聚合物的一种方法。以这种方法制备的聚合物，或者集多种功能于一身，或者两种功能起协同作用，产生出新的功能。例如，在离子交换树脂中的离子取代基邻位引入氧化还原基团，如二茂铁基团，以该方法制成的功能材料对电极表面进行修饰，修饰后的电极对测定离子的选择能力受电极电势的控制。当电极电势升到二茂铁氧化电位以上时，二茂铁被氧化，带有正电荷，吸引带有负电荷的离子交换基团，构成稳定的正负离子对，使其失去离子交换能力，被测阳离子不能进入修饰层，而不能被测定。

4.1.3　高分子功能材料的种类

高分子功能材料兼具传统高分子材料的性能和特殊修饰基团带来的特性，现代多学科交叉的特点促进了高分子功能材料的研究与发展。高分子功能材料分为反应型功能高分子材料、光功能高分子材料、电功能高分子材料、生物医用功能高分子材料等，如图 4-1 所示。

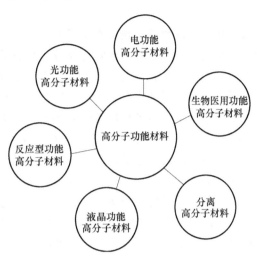

图 4-1　高分子功能材料的分类

（1）反应型功能高分子材料　反应型功能高分子材料包括高分子试剂和高分子催化剂，通过将反应活性中心或催化性中心接枝到高分子链上，实现小分子试剂或催化剂的高分子化。常见的高分子试剂根据化学活性可分为氧化试剂、还原试剂、烷基化试剂、酰基化试剂、卤代试剂和固相合成试剂等。高分子催化剂包括用于酸碱催化的离子交换树脂、过渡金属络合物催化剂、相转移催化剂和固定化酶等。反应型功能高分子材料要求具有高反应活性、高选择性和专一性，主要用于化学合成和化学反应。

（2）光功能高分子材料　光功能高分子材料是指能够对光能进行吸收存储、传输、转换的一类高分子材料。光功能高分子材料主要包括光稳定剂、光敏涂料、荧光剂、光转化材料、光致变色材料和光导电材料等。光功能高分子材料在生产生活中的应用非常广泛，比如光导纤维、太阳能、集成电路和光电池等。

（3）电功能高分子材料　电功能高分子材料是一类具有电学功能的高分子材料，广泛应用于电子和光电子领域。这些材料具有优异的导电性、介电性、电致发光性、电致变色性等电学性能。电功能高分子材料可以分为导电高分子材料、电介质高分子材料、电致发光高分子材料、电致变色高分子材料、压电和铁电高分子材料等。

（4）生物医用功能高分子材料　生物医用功能高分子材料是一种用于生理系统疾病的诊断和治疗，修复或替换生物体组织器官的高分子材料，包括医用高分子和药用高分子两大类。生物医用功能高分子材料被广泛应用于人工器官、药物释放、生物组织工程等领域。由于生物医用功能高分子材料直接应用于人体，因此要求其要无毒无害，其次要有良好的生物相容性，此外根据使用场合的不同对材料还有其他的特殊要求。

（5）液晶功能高分子材料　液晶功能高分子材料是一类具有液晶态的高分子材料，兼具液晶材料和高分子材料的特性。液晶态是一种介于液体和固体之间的物质状态，液晶功能高分子材料在这种状态下具有独特的物理和化学性能，如高机械强度、热稳定性和良好的电学、光学性能等。

（6）分离高分子材料　分离高分子材料是一类专门用于分离、提纯和净化过程的高分子材料，它们在化学工业、环境保护、生物技术、医药等领域具有广泛应用。这类材料通常具有高选择性、高稳定性和良好的再生性，能够在各种复杂体系中高效地进行分离操作。分离高分子材料主要包括膜分离材料、吸附材料、凝胶材料、离子交换树脂等。

4.2 光功能高分子材料

近些年来，现代科学技术在不断发展，在功能材料研究领域中，针对光功能高分子的研究就显得越发重要和迫切。光功能高分子材料的研究、发展以及运用受到社会各界的广泛关注。如今，光功能高分子材料的应用领域已经得到了极大的扩展，从原来的精细化工、印刷、电子等领域扩展到农业、国防、医疗、纤维以及塑料等领域中。

光功能高分子材料各种功能的发挥都与光的参与有关，所以光（包括可见光、紫外线和红外线）是研究光功能高分子材料的主要内容。从光化学和光物理原理可知，包括高分子在内的许多物质吸收光子以后，可以从基态跃迁到激发态，处在激发态的分子容易发生光化学变化（如光聚合反应、光降解反应）和光物理变化（如光致发光、光导电）。

与高分子光敏材料密切相关的光化学反应是光聚合或光交联反应、光降解反应和光异构化反应。它们都是在分子吸收光能后发生能量转移，进而发生化学反应。光聚合或光交联反应产物是分子量更大的聚合物，溶解度降低。光降解反应是生成小分子产物，溶解度增大。光异构反应是吸收光能后发生的分子构型变化。利用上述光化学反应性质可以制成许多在工业上有重要意义的功能材料。常见的作为光聚合反应的单体见表 4-1。

表 4-1 可用于光聚合反应的单体

结构名称	化学结构	结构名称	化学结构
丙烯酸基	$CH_2{=}CHCOO{-}$	乙烯基硫醚基	$CH_2{=}CH{-}S{-}$
甲基丙烯酸基	$CH_2{=}C(CH_3)_3COO{-}$	乙烯基胺基	$CH_2{=}CH{-}NH{-}$
丙烯酰胺基	$CH_2{=}CHCONH{-}$	环氧丙烷基	$\overset{O}{\underset{CH_2{-}CH{-}CH_2}{\triangle}}$
顺丁烯二酸基	$-OOCCH{=}CHCOO{-}$		
烯丙基	$CH_2{=}CHCH_2{-}$	炔基	$-CH{\equiv}CH-$
乙烯基醚基	$CH_2{=}CH{-}O{-}$		

光交联反应与光聚合反应不同，是以线形高分子，或者线形高分子与单体的混合物为原料，在光的作用下发生交联反应生成不溶性的网状聚合物。它是光聚合反应在许多重要工业应用的基础，如光固化油墨、印刷制版、光敏涂料、光致抗蚀剂等。交联反应按照反应机理可以分为链聚合和非链聚合两种。能够进行链聚合的线性聚合物和单体必须含有碳碳双键，类型包括：①带有不饱和基团的高分子，如丙烯酸酯、不饱和聚酯、不饱和聚乙烯醇、不饱和聚酰胺等；②具有硫醇和双键的分子间发生加成聚合反应；③某些具有在链转移反应中能失去氢和卤原子而成为活性自由基的饱和大分子。非链光交联反应的反应速度较慢，而且往往需要加入交联剂，交联剂通常为重铬酸盐、重氮盐和芳香族叠氮化合物。

4.2.1 光敏涂料

光敏涂料是光化学反应的具体应用之一。光敏涂料与传统的自然干燥或热固化涂料相比具有以下优点：固化速度快，可在数十秒内固化；不需要加热，耗能少；污染少；便于组织自动化生产流水作业，从而提高生产效率和经济效益。

光引发聚合是树脂在紫外线作用下生成交联网络的有效途径，具有固化速度快、表面光滑、环保等优点。光固化体系由光引发剂、低聚物和单体组成。固化过程包括光敏单体和低聚物在光引发剂的存在和紫外线照射下聚合和交联，最终产生三维结构。光敏单体是具有活性基团的小分子，可以降低黏度对光固化印刷速度和印刷结构性能的影响。丙烯酸酯和环氧树脂是目前应用最广泛的光敏单体。虽然所有这些树脂都可以用紫外线固化，但它们的固化机制不同，主要涉及自由基和阳离子聚合两种机制。常用于光固化的高分子材料的预聚物主要分为以下几类。

（1）环氧树脂型低聚物　带有环氧结构的低聚物是比较常见的光敏涂料预聚物。环氧树脂的特点是黏结力强、耐腐蚀。环氧树脂中碳碳键和碳氧键的键能较大，因此具有较好的热和光稳定性，它的高饱和性使其形成的膜层具有良好的柔顺性。图 4-2 所示为典型光固化材料的环氧树脂结构。

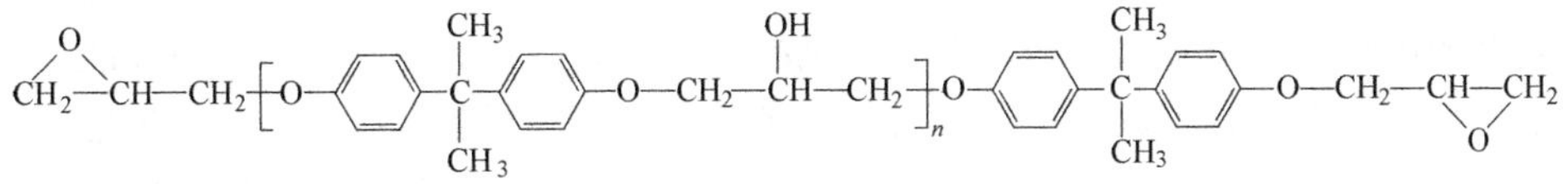

图 4-2　典型光固化材料的环氧树脂结构

这种环氧感光性材料预聚体结构中环氧基作为光聚合基团仅位于链端，可以按照阳离子聚合机理进行开环聚合。通过光聚合反应只能得到分子量更大的线性聚合物，力学性能不佳。在光敏环氧树脂中引入丙烯酸酯或者甲基丙烯酸酯结构，分子内增加的双键可以作为光交联的活性点，光固化后可以得到三维立体结构的聚合物，力学性能更好。其合成方法主要有三种：第一种方法是丙烯酸或甲基丙烯酸与环氧树脂发生酯化反应生成环氧树脂的丙烯酸酯衍生物，形成的单体化合物分子内含有多个可聚合双键供交联反应使用（见图 4-3）；第二种方法是由丙烯酸羟烷基酯、马来酸酐或其他酸酐等中间体与环氧树脂反应制备具有碳碳双键的酯型预聚体，图 4-4 所示为丙烯酸羟烷基酯与环氧树脂反应方程式。第三种方法由双羧基化合物的单酯，如富马酸单酯，与环氧树脂反应生成聚酯引入双键，提供光交联反应活性点。

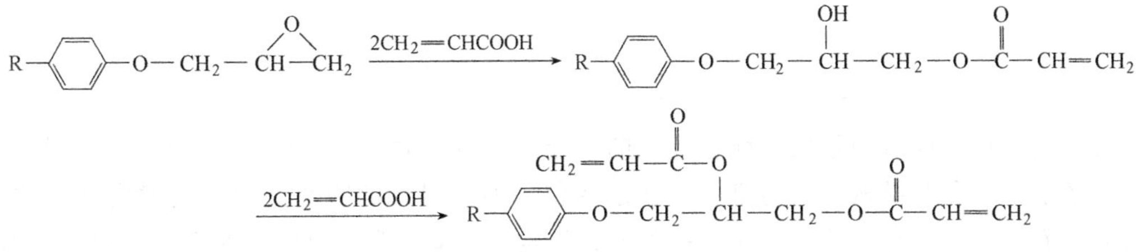

图 4-3　丙烯酸与环氧树脂发生酯化反应方程式

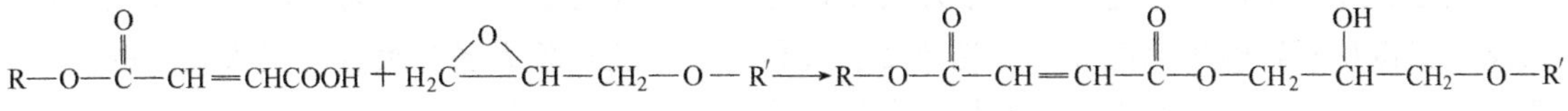

图 4-4　丙烯酸羟烷基酯与环氧树脂反应方程式

（2）不饱和聚酯　带有不饱和键的聚酯与烯类单体在紫外线引发下可以发生加成共聚反应，形成交联网络结构，完成光固化过程，从而作为光敏涂料的预聚体成分。以聚酯为原料制备的光敏涂料具有坚韧、硬度高和耐溶剂性好的特点。为了降低涂料的黏度，提高固化和使用性能，在涂料中常加入烯烃作为稀释剂。用于光敏涂料的线性不饱和聚酯一般由二元酸与二元醇缩合而成。为了引入不饱和基团，采用的聚合原料中常包含有马来酸酐、甲基马来酸酐和富马酸等含有不饱和基团结构成分。一种典型的不饱和聚酯可以由1,2-丙二醇、邻苯二甲酸酐和马来酸酐经过缩聚而成，如图4-5所示。

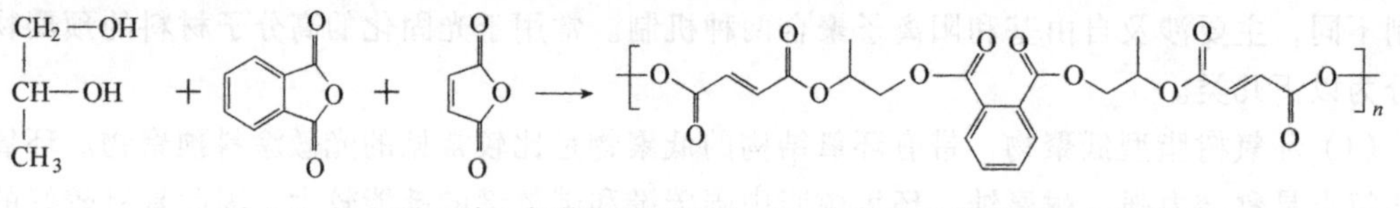

图4-5　1,2-丙二醇、邻苯二甲酸酐和马来酸酐三元共聚反应方程式

（3）聚氨酯　具有一定不饱和度的聚氨酯也是常用的光敏涂料原料，它具有黏结力强、耐磨和坚韧的特点，但是受到日光中紫外线的照射容易泛黄。用于光敏涂料的聚氨酯一般是通过含羟基的丙烯酸或甲基丙烯酸与多元异氰酸酯反应制备，其中分子中的丙烯酸结构作为光聚合的活性点。例如，可以由己二酸与己二醇反应，首先制备具有端羟基的聚酯，该聚酯再依次与甲基苯二异氰酸酯和丙烯酸羟基乙酯反应得到制备光敏涂料的聚酯树脂。

（4）聚醚　作为光敏涂料树脂的聚醚一般由环氧化合物与多元醇缩聚而成，分子中游离的羟基作为光交联的活性点，供光交联固化使用。与其他光固化材料相比，聚醚的分子间力比较小，黏度较低。例如，1,2,6-己三醇和环氧丙烷缩聚反应过程如图4-6所示。

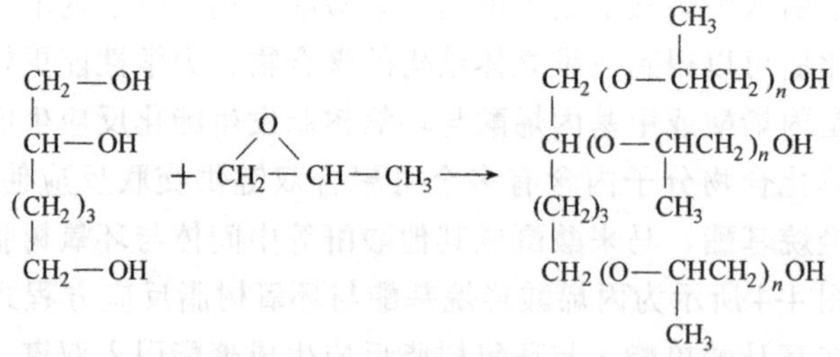

图4-6　1,2,6-己三醇和环氧丙烷缩聚反应方程式

4.2.2　光致变色高分子材料

在光的作用下能可逆地发生颜色变化的高分子材料称为光致变色高分子材料。这类材料在光的照射下，化学结构会发生某种可逆性变化，因而对光的吸收光谱也会发生某种改变，从外观上看是产生颜色变化。由于有机物质在结构上千差万异，因而光致变色机理也多有不同，宏观上可分为光化学过程变色和光物理过程变色两种。

光化学过程变色较为复杂，可分为顺反异构反应、氧化还原反应、离解反应、环化反应以及氢转移互变异构化反应等。在光致变色过程中，变色现象大多与聚合物吸收光后的结构变化有关系，如聚合物发生互变异构、顺反异构、开环反应、生成离子、离解成自由基或者氧化还原反应等。

关于光物理过程的变色行为，通常是有机物质吸光而激发生成分子激发态，主要是形成激发三线态，而某些处于激发三线态的物质允许进行三线态-三线态的跃迁，从而导致光致变色，同时特征吸收光谱发生变化。

制备光致变色高分子材料有三种途径：第一种是把小分子光致变色材料与聚合物共混，使共混后的聚合物具有光致变色功能；第二种是侧基或主链连接光致变色结构的单体发生均聚或共聚反应制备光致变色高分子材料；第三种是先制备某种高分子，然后通过大分子反应即与光致变色体反应，使其接在侧链上，从而得到侧基含有光致变色体的高分子。主要的光致变色高分子材料有以下5种。

（1）甲亚胺类 含甲亚胺结构类型的光致变色高分子，在高分子主链上含有邻羟基苯甲亚胺基团的聚合物，具有光致变色功能，其光致变色机理如图4-7所示。甲亚胺基邻位羟基氢的分子内迁移形成反式酮，然后加热异构化为顺式酮，再通过氢的热迁移返回顺式醇。需要指出的是，相对分子质量小的聚甲亚胺光致变色不明显，这是由于反式酮和顺式烯醇的共轭体系均不大，两者的吸收光谱没有较大的差别。因此，先合成邻羟基苯甲亚胺的不饱和衍生物，再与苯乙烯或甲基丙烯酸甲酯等单体共聚合才能得到光致变色高分子。

（2）含硫卡巴腙结构型 这类光致变色高分子中最为典型的是由对甲基丙烯酰胺基苯基汞二硫腙络合物与苯乙烯、甲基丙烯酸甲酯、丙烯酸丁酯和丙烯酰胺等共聚而制得的光致变色高分子。图4-8所示为其中的一种，其共聚物薄膜经日光照射由橘红色变为暗棕色或紫色。

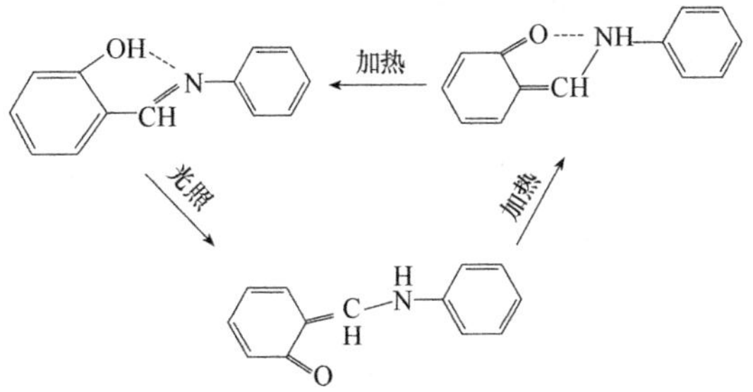

图4-7 甲亚胺类光致变色机理

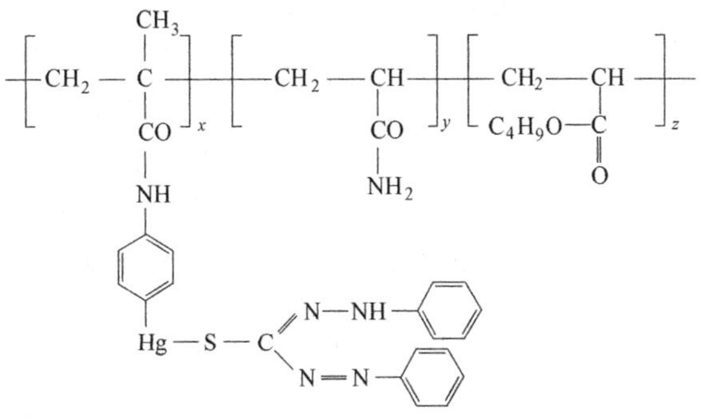

图4-8 一种含硫卡巴腙结构型光致变色高分子

（3）偶氮苯型 这类高分子的光致变色性能是偶氮苯的顺反异构引起的，在光的作用下，聚（L-谷氨酸）结构中的偶氮苯从反式转为顺式，顺式是不稳定的，在暗条件下恢复到

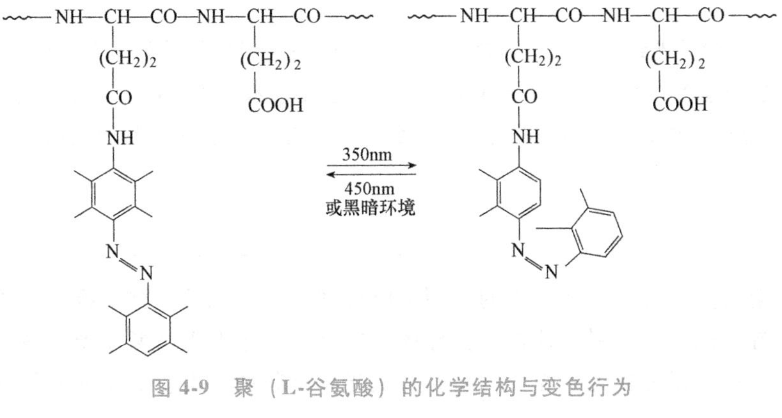

图4-9 聚（L-谷氨酸）的化学结构与变色行为

稳定的反式,如图4-9所示。含偶氮苯基元的高分子可用于光电子器件、记录储存介质和全息照相等领域。制备含偶氮苯结构的高分子有三种方法:第一种方法是合成含有偶氮基团的乙烯衍生物,均聚或与不饱和单体进行自由基共聚制得侧链含有偶氮基团聚合物;第二种方法是高分子同偶氮化合物的化学反应;第三种方法是通过共缩聚方法把偶氮苯结构引入聚酰胺、尼龙等的主链中。

(4) 含螺结构型 螺吡喃具有光致变色功能,其光致变色行为如图4-10所示。它的光致变色原理是在紫外线作用下,分子中吡喃环的C—O键断裂,使整个分子接近共平面的状态,共轭体系延长,吸收光谱因而向长波方向移动,遂变为有色。有关含螺吡喃光致变色高分子的报道很多,最具代表性的合成方法有四种:一是先合成含不饱和双键的苯并吡喃衍生物,然后使其与其他通用的单体如甲基丙烯酸甲酯共聚,便可得到光致变色高分子;二是把含不饱和双键的具有光致变色特性的螺化合物与含活泼硅氢键的聚硅氧烷反应,引入有机硅高分子的侧链上;三是通过大分子的化学反应把螺吡喃接枝到聚合物的主链上;四是通过带两个羟甲基的螺吡喃衍生物和过量的苯二甲酸氯反应,然后与双酚反应,从而把螺结构引入高分子的主链中去。

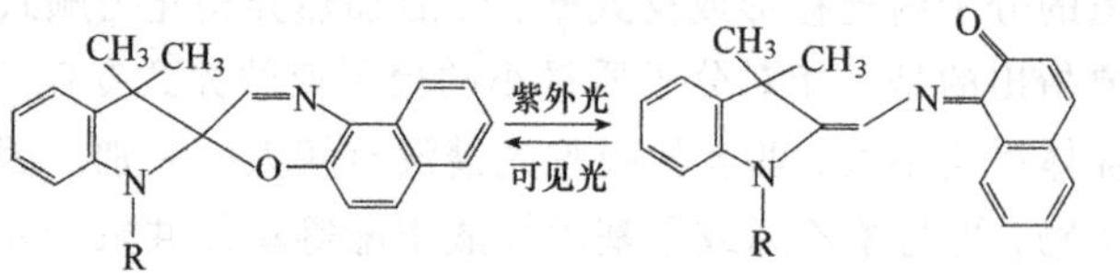

图 4-10 含螺结构型光致变色高分子的光致变色行为

(5) 二芳杂环基乙烯类 芳杂环基取代的二芳基乙烯类光致变色化合物普遍表现出良好的热稳定性和耐疲劳性,是继螺吡喃、俘精酸酐之后极有希望的新一代光致变色化合物。芳杂环基取代的二芳基乙烯具有一个共轭的六电子的己三烯母体结构,和俘精酸酐类似,它的光致变色也是基于分子内的环化反应,即在紫外线激发下,化合物1旋转闭环生成呈色的闭环体化合物2,而2在可见光照射下又能发生相反的变化。利用共轭效应,通过引入不同的取代基,也可调节分子闭环体的最大吸收波长(见图4-11)。

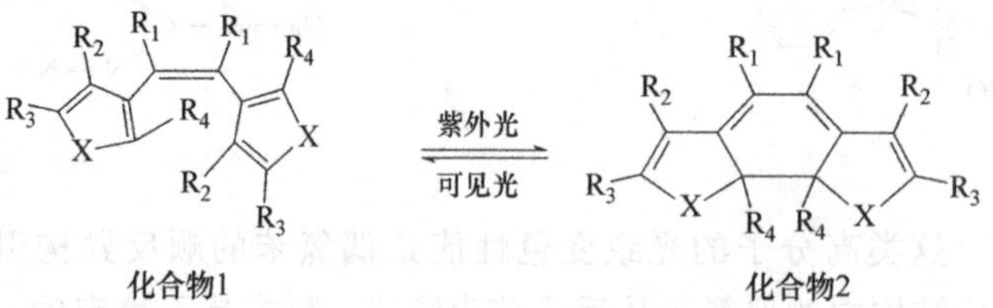

化合物1   化合物2

图 4-11 二芳基乙烯类的光致变色反应

二芳杂环基乙烯类光致变色分子的合成是将它直接键合到高分子载体上,但目前较常用的方法是将二芳基乙烯化合物掺杂在高分子基质中,如掺杂在聚苯乙烯(PS)中,利用化合物光致变色效应受PS介电常数和流动性影响的特性,得到一个温控阈值超过60℃的光致变色体系。

4.2.3 光导电高分子材料

在无光照射时为绝缘体,而在光的作用下电导率可以增加几个数量级而变为导体的高分子材料称为光导电高分子材料。这种光控导体在实际应用中有着非常重要的意义。根据材料属性,光导电材料可以分成无机光导材料和有机光导材料两大类。有机光导材料还可以细分成高分子光导材料和小分子光导材料。

目前研究使用的光导电高分子材料主要是聚合物骨架上带有光导电结构的"纯聚合物"和小分子光导体与高分子材料共混产生的复合型光导电高分子材料。从结构上划分，一般认为下列三种类型的聚合物具有光导性质。

1. 线性共轭分子光导材料

线性共轭分子光导材料的高分子主链中有较高程度的共轭结构，这一类材料的载流子为自由电子，表现出电子导电性质；线性共轭导电高分子材料是重要的本征导电高分子材料，在可见光区有很高的光吸收系数，吸收光能后在分子内产生孤子、极化子和双极化子作为载流子，因此导电能力大大增加，表现出很强的光导电性质。多数线性共轭导电高分子材料的稳定性和加工性能不好，因此在作为光导材料方面没有获得广泛应用。其中研究较多的此类光导材料是聚苯乙炔和聚噻吩。线性共轭聚合物是电子给体，作为光导材料需要在体系内提供电子受体。

2. 侧链带有大共轭结构的光导高分子材料

此类材料的高分子侧链上连接多环芳烃如萘基、蒽基、芘基等，电子或空穴的跳转机理是导电的主要手段；带有大的芳香共轭结构的化合物一般都表现出较强的光导性质，将这类共轭分子连接到高分子骨架上则构成光导高分子材料。常见的这类光导电聚合物结构如图 4-12 所示。

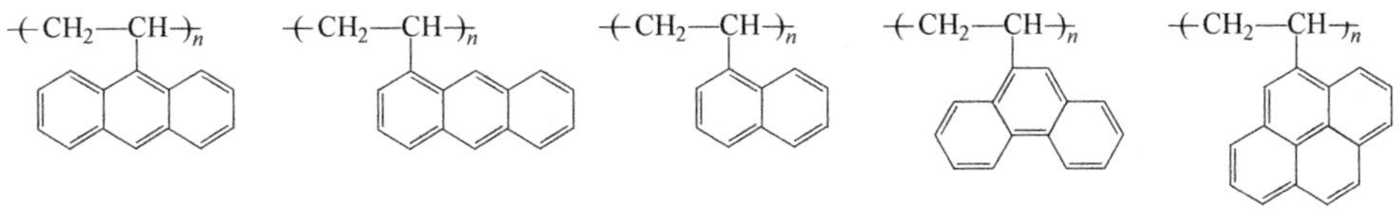

图 4-12　常见光导电聚合物结构

3. 侧链连接芳香胺或含氮杂环的光导材料

此类材料的高分子侧链连接各种芳香胺或者含氮杂环，其中最重要的是咔唑基。含有咔唑结构的聚合物可以是由带有咔唑基的单体均聚而成，也可以是由带有咔唑基的单体及其他单体共聚生成，特别是与含有光敏化结构单体得到的共聚物更有应用价值。具有这类结构的光导聚合物中，咔唑基及光敏化结构之间是通过饱和碳链相连接的。图 4-13 中列出了几种常见的此类型光导电高分子聚合物结构。

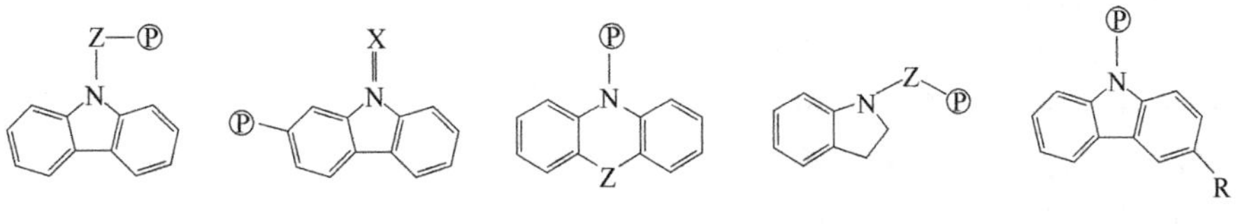

图 4-13　常见的咔唑基光导电高分子聚合物结构

聚乙烯咔唑的合成路线（见图 4-14）是以咔唑为原料，通过一系列反应在氮原子上面引入乙烯基作为可聚合基团，再经过均聚或共聚反应，得到目标光导电高分子材料。

光导电高分子作为图像传感器的关键功能材料，在医疗、军事、空间探测方面都有应用前景，除了上述领域之外，光导电高分子材料在微型光导开关、光导纤维等领域也获得了应用。

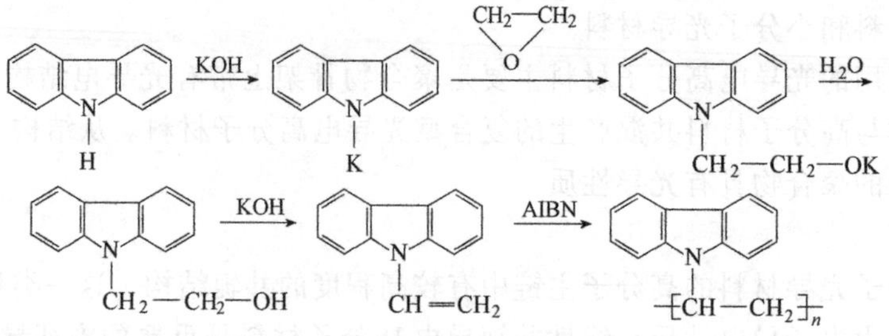

图 4-14 聚乙烯咔唑的合成路线

4.3 电功能高分子材料

电功能高分子材料在特定条件下会表现出各种电学性质，如热电、压电、铁电、光电、介电和导电等性质。根据功能，电功能高分子材料主要包括导电高分子材料、电绝缘性高分子材料、高分子介电材料、高分子驻极体、高分子光导材料、高分子电活性材料等。电功能高分子材料在电子器件、敏感器件、静电复印和特殊用途电池生产方面有广泛应用。本节以聚苯胺为例，主要介绍导电高分子材料的分类、合成制备方法和应用前景。

4.3.1 导电高分子材料的分类

导电高分子材料作为一种电功能高分子材料，兼具金属导电性和高分子材料的加工性，近年来引起了广泛的研究兴趣。导电高分子材料是由具有共轭 π 键的高分子经化学或电化学"掺杂"使其由绝缘体转变为导体的一类高分子材料。根据其化学结构和导电特性，导电高分子材料可以分为以下几类。

1）共轭导电高分子（或称本征型）：这类高分子的骨架结构中含有大量的共轭双键，电子可以在共轭体系中自由移动。典型的共轭导电高分子包括聚对苯（PPP）、聚吡咯（PPy）、聚噻吩（PTh）、聚对苯乙烯（PPV）、聚乙炔（PA）、聚苯胺（PANI）等（见图 4-15）。

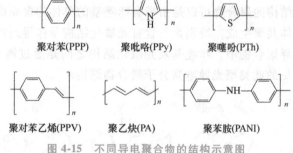

图 4-15 不同导电聚合物的结构示意图

2）离子导电高分子：这类高分子通过离子导电机制实现导电，通常用于电解质材料中。典型的离子导电高分子包括聚乙烯氧化物（PEO）、聚丙烯腈（PAN）和聚合物离子液体等。

3）复合导电高分子：将导电填料（如碳纳米管、石墨烯、金属纳米颗粒等）掺入高分子基体中，通过填料形成导电路径来提高高分子材料的导电性。

4.3.2 导电高分子材料的制备方法

在过去的十年中，聚苯胺作为一种先进的聚合物材料被用于研究，因为它是一种富含电子的聚合物，具有良好的导电性以及良好的修饰和加工能力。聚苯胺已被广泛应用于太阳能电池、锂电池、超级电容器、燃料电池、柔性电极、耐腐蚀涂层、水污染物去除、丝网印刷和传感器等领域。其制备合成方法主要有以下 3 种。

（1）电化学聚合 电化学聚合方法在制备导电聚合物方面扮演着关键角色，例如，将聚合物制备成大面积的薄膜，电化学聚合方法就显得尤为重要。这种制备导电聚合物的方法类似于金属中使用的电沉积方法。与化学方法相比，电化学聚合方法具有诸多优势：成本低廉、操作简便，可在电极上沉积出极为纯净和均匀的聚合物。制备聚苯胺的电化学聚合方法为：①在阳极处将苯胺单体氧化，形成阳离子自由基（正自由基）；②通过去质子和重新排列芳环中的电子，将第一步中生成的结构形成二聚体；③这些二聚体逐渐生长并形成新的主链结构；④最后，溶液中的酸自发地激活聚合物链，使其变性，从而获得最终的聚苯胺产物。这些步骤构成了聚苯胺电聚合的机理，如图 4-16 所示。

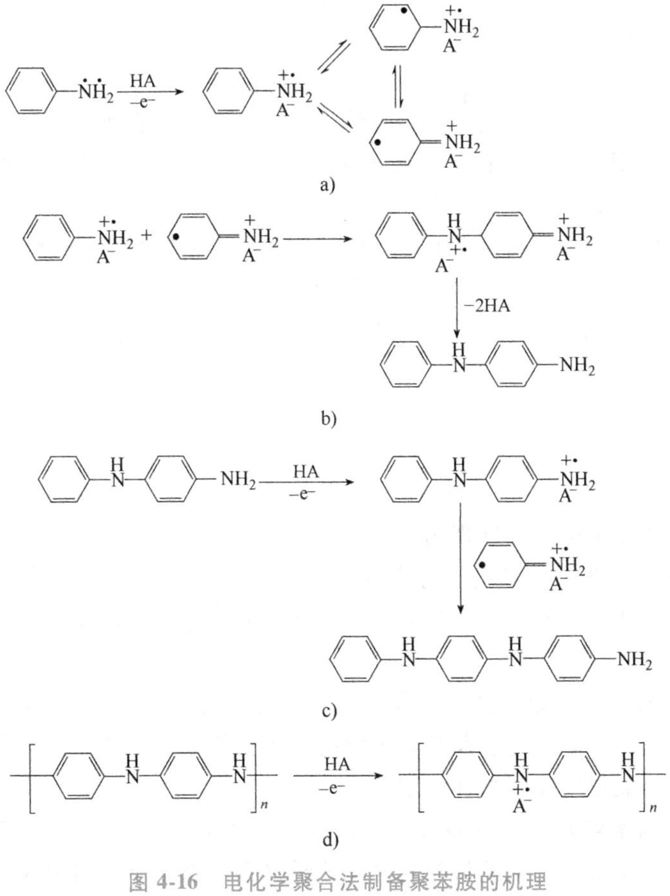

图 4-16 电化学聚合法制备聚苯胺的机理

（2）化学氧化聚合 化学氧化聚合用于制备聚合物，其特点是简单、廉价，并能够在短时间内制备大量的聚合物。迄今为止，这是许多企业用来制备聚苯胺的常用方法。在这种方法中，启动聚合的氧化过程是通过向溶液中添加化学氧化剂来提供的，如过硫酸铵 $[(NH_4)_2S_2O_8]$、钒酸钠（$NaVO_3$）、硫酸铈 $[Ce(SO_4)_2]$、过氧化氢（H_2O_2）、碘酸钾（KIO_3）、重铬酸钾（$K_2Cr_2O_7$）等。其中，过硫酸铵是这种方法中使用最广泛的氧化剂之一。通常，在酸性介质（pH≤3）条件下，聚苯胺的聚合过程中使用过硫酸铵，以用溶解苯胺，刺激聚合过程的发生，并避免产生不需要的副产物，过硫酸铵和苯胺之间的摩尔比通常小于1.2。

过硫酸铵引发的苯胺聚合机制在初始阶段与之前描述的苯胺电化学方法类似。首先，通过使用过硫酸铵捕获氮原子电子形成苯胺的自由基阳离子。然后，氮自由基阳离子与另一苯胺分子中的对位自由基阳离子发生反应，并且该反应持续进行（见图4-17）。在大多数情况下，第一个苯胺分子中的氮自由基阳离子与第二个苯胺分子中的对位自由基阳离子相互作用，但有时也会发生与第二个苯胺分子中的邻位自由基阳离子的反应，从而导致生成的聚苯胺链扭曲。

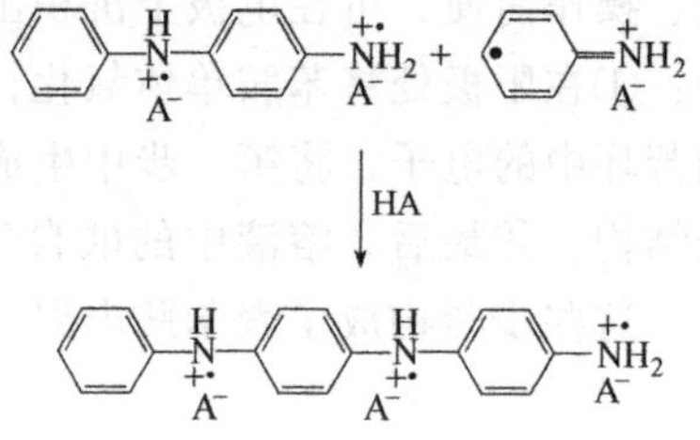

（3）酶催化聚合 近年来，研究人员开始采用酶作为催化剂，例如辣根过氧化物酶（HRP），在过氧化物存在的情况下合成一些重要的聚合物，如聚苯胺和聚吡咯。因为过氧化物会转化为水，所以这种方法被视为环境友好。

图 4-17 苯胺的化学氧化聚合

为了减少产生具有低分子量的支化聚合物，研究表明可以在聚合过程中使用电解质如聚苯乙烯磺酸（PSS），作为HRP催化的聚苯胺制备混合物中的模板，以产生规则的聚合物链。PSS在这个过程中发挥了3个作用：①PSS作为模板，可在聚合过程开始前将苯胺单体排列整齐，以便将单体排列在所需的头-尾耦合位置；②在将聚苯胺激活为电导性翠绿盐的过程中提供了重要的掺杂；③赋予了生成聚合物的水溶性。在这种方法中，聚合过程发生在酸性介质（pH=4）中，从而获得水溶性聚苯胺。良好的电解质包括聚乙烯磷酸和DNA，以及PSS。

4.3.3 导电高分子材料的应用

导电高分子材料在多个领域展现出广阔的应用前景。

（1）电子与光电子器件 导电高分子在柔性电子器件、显示器、传感器和太阳能电池中具有重要应用。例如，聚苯胺和聚吡咯由于其优异的导电性和环境稳定性，被广泛应用于传感器和电致变色器件中。

（2）能源存储与转换 导电高分子在锂离子电池、超级电容器和燃料电池等能源存储与转换设备中起重要作用。聚噻吩及其衍生物由于优良的电化学性能，被广泛应用于电极材料中，提高了电池的能量密度和循环稳定性。

（3）环境保护与水处理 导电高分子在水处理、污染物检测和环境修复中展现出巨大的应用潜力。例如，掺杂了导电填料的复合高分子材料可以用于吸附和降解有机污染物，提高了环境修复的效率和效果。

（4）生物医药 导电高分子在生物传感、药物输送和组织工程中具有重要的应用前景。其优良的生物相容性和导电性使其成为生物医学领域中一种极具潜力的材料。例如，聚吡咯和聚苯胺在生物传感器中的应用，可以实现高灵敏度的生物分子检测。

（5）智能材料与可穿戴设备 导电高分子由于其柔性和可加工性，被广泛应用于智能材料和可穿戴设备中。例如，导电织物和智能纺织品通过将导电高分子材料与传统纺织纤维结合，实现了柔性电子器件在服装和健康监测中的应用。

4.4 液晶功能高分子材料

　　液晶功能高分子材料结合了液晶材料和高分子材料的优点，具有广泛的应用前景。液晶材料因其独特的分子排列和各向异性性质而受到广泛关注，而高分子材料因其力学性能、可加工性和化学稳定性而在工业和科研中占据重要地位。液晶功能高分子材料通过将液晶基团引入高分子链中，展现出独特的结构与性能，被广泛应用于显示技术、光电器件、传感器和智能材料等领域（见图4-18）。

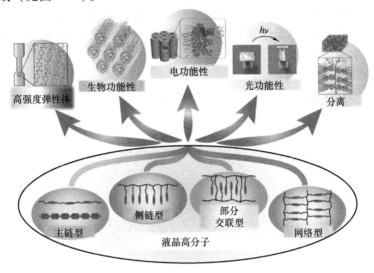

图 4-18　液晶功能高分子材料的应用

4.4.1 液晶高分子的结构与性质

　　液晶高分子是一类兼具液晶与高分子特性的材料，其分子结构中包含了刚性的液晶基元。根据液晶基元在高分子中的位置，可将其分为主链型液晶高分子（Main-chain Liquid Crystalline Polymer，MCLCP）和侧链型液晶高分子（Side-chain Liquid Crystalline Polymer，SCLCP）。

　　MCLCP 中，液晶基团直接成为高分子的主链部分。这类材料的液晶性和高分子链的刚性直接相关。MCLCP 由于其结构中刚性段和柔性段的交替排列，具有明显的各向异性和良好的热稳定性。这些特性使得 MCLCP 在高性能材料领域，如高强度纤维和高模量材料方面具有潜在应用。

　　SCLCP 中，液晶基团通过柔性链与高分子的主链相连。SCLCP 由于侧链的存在，具有较高的柔顺性和良好的成膜性。这些材料可以在较低温度下形成液晶相，且其液晶相转变温度可通过改变侧链的长度和结构进行调节。SCLCP 在显示器、光学器件和智能材料中表现出优异的性能。

4.4.2　液晶高分子的合成方法

液晶高分子的合成方法多种多样，主要包括直接聚合法和后修饰法。直接聚合法是通过液晶单体与其他单体的共聚合反应直接制备含液晶基元的聚合物。后修饰法是先合成聚合物主链，然后通过化学反应将液晶基元引入主链。以下简要介绍几种液晶高分子的合成方法。

（1）逐步聚合　逐步聚合法通过单体逐步反应形成高分子链。这种方法适用于合成具有规则结构的 MCLCP。常见的逐步聚合反应包括酯化反应和酰胺化反应。

酰基氯酯化反应是一种温和、高效的酯类化合物合成方法，可归类为酯化反应。该反应应用于合成聚硅氧烷液晶高分子，可以方便地控制含量并引入液晶基元。例如侧链上含有羧苯基的聚硅氧烷，可以通过大分子酯化反应，制备带有发色团侧链的聚硅氧烷液晶材料，反应路线如图 4-19 所示。

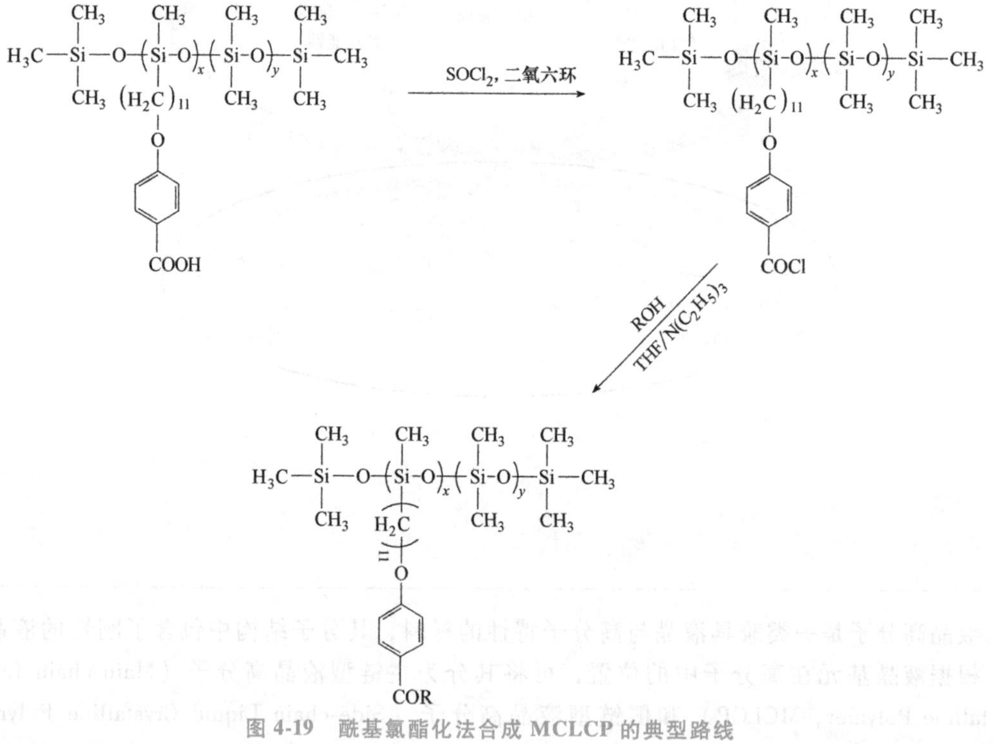

图 4-19　酰基氯酯化法合成 MCLCP 的典型路线

聚芳香胺类液晶高分子通过缩合反应形成酰胺键，将单体连接成聚合物。所有能够形成酰胺的反应方法和试剂都可能用于此类高分子液晶的合成。例如，酰氯或氨基酸苯胺与芳香胺的缩合反应是常见的方法之一。聚对氨基苯甲酰胺（PpBA）的合成以对氨基苯甲酸为原料，先与过量的亚硫酰氯反应生成亚硫酰胺基苯甲酰氯单体，然后在氯化氢作用下进行缩聚反应，得到主链型液晶分子 PpBA（见图 4-20）。

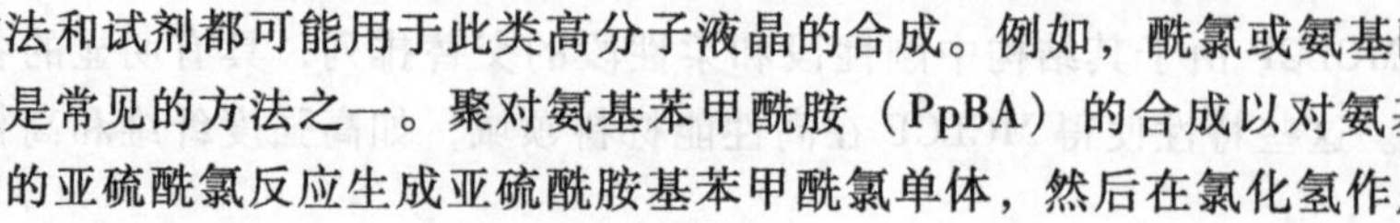

图 4-20　聚对氨基苯甲酰胺合成路线

（2）原子转移自由基聚合　原子转移自由基聚合（Atom Transfer Radical Polymerization，ATRP）是一种可控的自由基聚合方法，通过使用金属催化剂实现聚合反应的可控性。ATRP 适用于合成具有精确结构和分子量分布的 SCLCP。例如，以聚硅氧烷为骨架，氯化亚铜和 2,2′-联吡啶（bpy）为反应试剂，采用 ATRP 方法，在主链接枝聚合液晶高分子单元 6-(4′-辛基苯基醚-4″-苯氧基) 丙烯酸己酯，反应路线如图 4-21 所示，所制备的接枝液晶聚硅氧烷不含 Si-H 残基，限制了后续的残基交联反应。

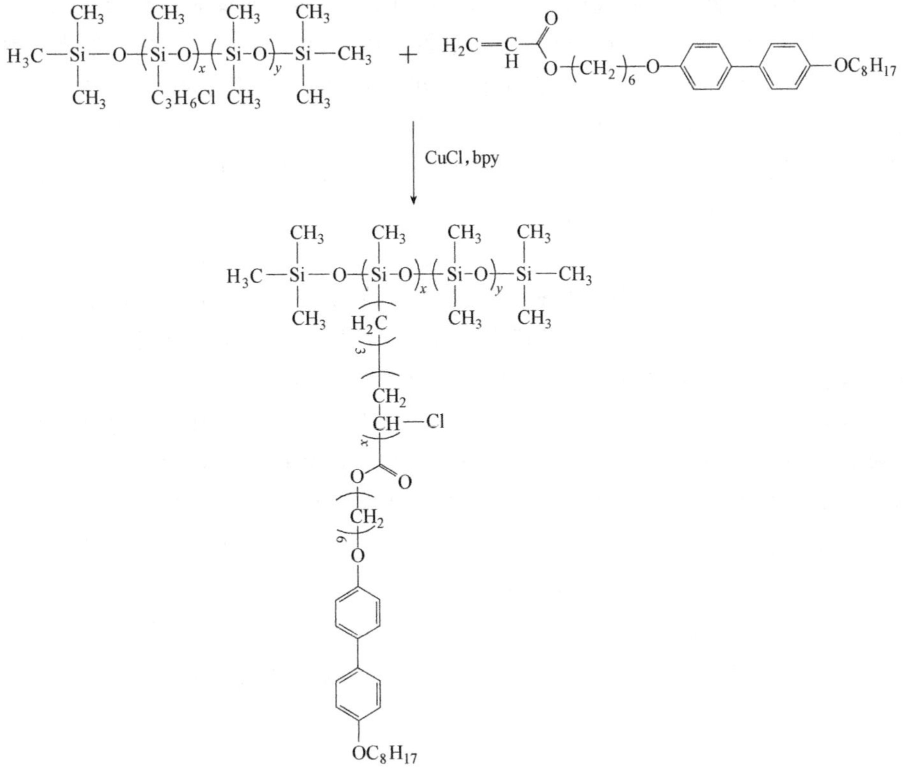

图 4-21　ATRP 法合成 SCLCP 的典型路线

（3）超分子相互作用　超分子化学研究的是比单个分子更复杂的实体，即通过分子间相互作用结合并组织起来的分子组装体。超分子体系的设计和合成超越了传统化学键的范畴，利用氢键、范德华力、偶极-偶极相互作用和 π 相互作用等将离散的构建单元聚集在一起。在液晶科学领域，利用超分子相互作用构建液晶并研究其性质和应用具有重要意义。

通过聚合物和小分子自组装，已经制备出具有明确结构（如主链型、侧链型、组合型和网络型结构）的氢键液晶高分子。引入非共价键作为形成分子组装结构的关键，产生了一种新的动态功能材料。通过适当控制氢键可以大大诱导热致液晶的分子有序性，从而获得新型侧链液晶高分子。例如，合成含有 4-烷氧基苯甲酸侧基的聚甲基硅氧烷和聚甲基共二甲基硅氧烷，这些侧基通过脂肪族间隔基与高分子主链连接，作为氢键供体聚合物，同时以芪类衍生物作为代表性的介晶或非介晶氢键受体。液晶聚合物复合物的形成是通过硅氧烷聚合物的羧酸基团与芪类化合物之间的氢键自组装

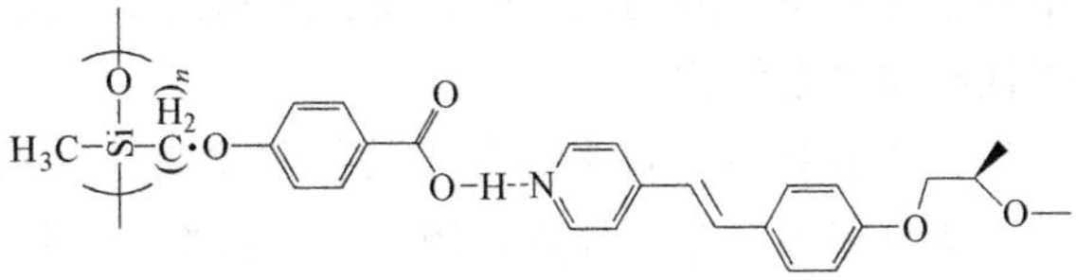

图 4-22　自组装氢键超分子 SCLCP 的结构

85

来实现的（见图 4-22）。

4.4.3　液晶功能高分子材料的应用

1）显示技术：液晶功能高分子材料在显示技术中具有广泛应用，如液晶显示器（Liquid Crystal Display，LCD）。SCLCP 由于其良好的柔顺性和成膜性，成为高性能 LCD 的理想材料。这些材料可以在低温下形成稳定的液晶相，提供优异的图像质量和低能耗。

2）光电器件：液晶功能高分子材料在光电器件中表现出优异的性能，如光导纤维、光开关和激光器。MCLCP 由于其高热稳定性和机械强度，适用于制作高性能光导纤维。SCLCP 则因其良好的光学各向异性和可调节性，被广泛应用于光开关和调制器。

3）传感器：液晶功能高分子材料在传感器领域表现出独特的优势。由于液晶材料对外界环境（如温度、压力和电场）的敏感性，液晶高分子传感器可以实现高灵敏度的检测。例如，基于液晶高分子的温度传感器可以在微小温度变化下产生显著的光学信号变化。

4）智能材料：液晶功能高分子材料在智能材料领域具有重要应用，如形状记忆材料和自修复材料。MCLCP 由于其各向异性和高模量，可用于开发形状记忆纤维和智能织物。SCLCP 则因其良好的柔顺性和响应性，被用于自修复涂层和智能薄膜。

液晶功能高分子材料结合了液晶材料和高分子材料的优点，具有广泛的应用前景。通过合理设计液晶基团和高分子链的结构，可以调控材料的液晶相行为和物理性质。合成方法的不断发展为制备具有优异性能的液晶高分子材料提供了新的途径。随着技术的进步和应用领域的拓展，液晶功能高分子材料将在显示技术、光电器件、传感器和智能材料等领域发挥越来越重要的作用。液晶功能高分子材料的研究不仅丰富了材料科学的理论体系，也为新型功能材料的开发提供了重要基础。未来，随着对液晶高分子结构与性质理解的深入和合成技术的不断创新，液晶功能高分子材料有望在更多前沿领域展现其独特的优势和广阔的应用前景。

4.5　高分子功能膜材料

高分子功能膜是指通过高分子材料制备具有特定功能或多功能性质的膜材料。这些功能包括但不限于分离、催化、传导、感应和响应等。高分子功能膜因其结构多样性和性能优越性，在化工、环保、医药和电子等领域具有广泛的应用。

4.5.1　高分子功能膜的结构与性质

高分子功能膜的结构可以分为同质膜和复合膜两大类。同质膜由单一高分子材料制成，其结构相对简单，但功能单一；复合膜则由多种高分子材料或与其他材料复合制成，具有多功能性质和复杂结构。

（1）微孔结构　许多高分子功能膜都具有微孔结构，这些微孔可以控制分子或离子的通过，从而实现选择性分离。例如，微孔膜在气体分离、液体过滤和离子交换等方面有广泛应用。

（2）层状结构　一些高分子功能膜具有多层结构，每层结构可以赋予膜不同的功能。比如，某些复合膜表层具有选择透过性，而底层提供机械支撑和稳定性。

（3）共混结构　通过将不同功能的高分子材料共混，可以制备具有综合性能的高分子功能膜。例如，将导电聚合物与常规聚合物共混，可以得到既具机械强度又具导电性的膜材料。

高分子功能膜的性质决定了其在不同领域的应用。其主要性质包括：①选择透过性，高分子功能膜能够选择性地透过特定的分子或离子，阻挡其他物质，这一特性使其在分离技术中广泛应用，如气体分离、液体过滤和渗透分离等；②机械强度，高分子功能膜必须具备足够的机械强度，以抵抗在使用过程中的各种外力和环境变化，机械强度包括拉伸强度、撕裂强度和耐磨性等；③化学稳定性，在很多应用场合，高分子功能膜需要具有优良的化学稳定性，能够在酸、碱、溶剂等腐蚀性环境中长期使用而不降解；④热稳定性，高分子功能膜在高温环境中应保持其功能和结构不变，热稳定性是评估其在工业生产和特定环境中应用的重要指标；⑤电学性质，导电性和介电性是一些特定高分子功能膜的关键性能，尤其是在传感器、电子器件和能源材料中的应用。

4.5.2　高分子功能膜的制备方法

高分子功能膜的制备方法多种多样，不同的工艺技术会显著影响膜的特性，本小节简要介绍几种传统的膜生产方法和 3D 打印方法。

传统的膜生产方法基于相转化技术、拉伸、径迹蚀刻、烧结、电纺丝和逐层成型（见图 4-23）。相转化是一种简单快速的方法，是制造膜最广泛使用的方法，其中不同类型的聚合物可用于不同的应用。在这种方法中，首先将聚合物溶解在溶剂中以形成黏稠的溶液，然后将该溶液铺在玻璃板上并固化。这种固化可以通过热或非溶剂诱导的相分离来实现。

生产多孔膜的一种方法是拉伸致密挤出膜。垂直于挤出方向拉伸致密膜会产生小裂痕，从而形成孔。拉伸技术通常用于制备微滤（Microfiltration，MF）、超滤（Ultrafiltration，UF）和膜蒸馏（Membrane Distillation，MD）膜，并且是高结晶聚合物的首选。

径迹蚀刻也是一种制造多孔膜的技术，可用于过滤和细胞培养等各种应用。它通过高能粒子辐照聚合物薄膜，形成潜在径迹，然后通过特定的化学处理将这些径迹转化为规则的孔隙，从而制备出微孔滤膜。由于使用高能辐射，所以这是一种昂贵的技术。径迹蚀刻膜最常用的材料是聚萘二甲酸乙二醇酯（PET）、聚丙烯（PP）和聚碳酸酯（PC）。

膜也可以通过烧结聚合物粉末来生产。压缩并加热颗粒至略低于其熔点的温度会引起黏结，烧结颗粒之间的空间变成孔隙。烧结主要用于制备微滤膜。所用的聚合物必须具有出色的耐化学性和耐高温性。

膜也可由通过电纺丝获得的聚合物纳米纤维制成。聚偏氟乙烯（PVDF）、聚丙烯腈（PAN）或聚苯乙烯（PS）等聚合物均可电纺丝。在此过程中，将黏弹性聚合物溶液装入与目标（或收集器）保持最佳距离的注射器中，在注射器和歧管之间施加强电压，以拉伸注射器尖端的液滴。它会产生纳米纤维射流，然后这些纳米纤维会沉淀在收集器上，形成电纺丝膜，可用于过滤和 MD 工艺。

载体涂层是膜表面处理的常规方法。例如，薄膜复合非对称膜（Thin Film Composite

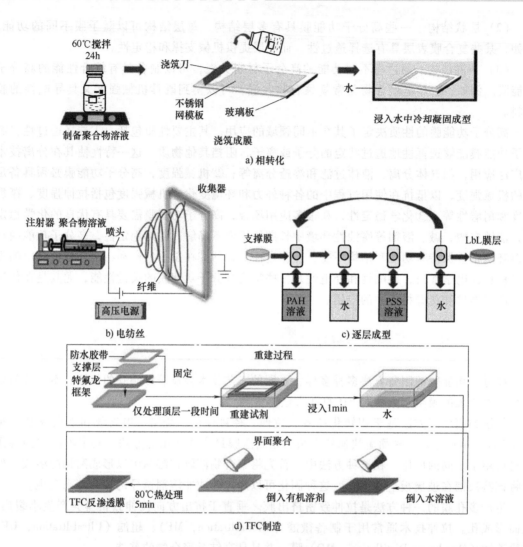

a) 相转化

b) 电纺丝

c) 逐层成型

d) TFC制造

图 4-23　传统的膜制备技术示意图

Asymmetric，TFC）是一种具有致密薄选择层的微孔膜，TFC 膜的制造依赖于界面聚合。在该过程中，首先将聚胺水溶液沉积在微孔载体上，然后将该载有胺的载体浸入二酰氯溶液中。胺和酰氯在两种溶液的界面处发生反应，形成极薄且紧密交联的膜层。膜表面也可以通过逐层（Layer by Layer，LBL）工艺进行改性，采用简单的浸没工艺，利用带电表面之间的静电相互作用来实现。LBL 还可用于制造多层薄膜。

　　增材制造是一种逐层制造工艺，能够轻松构建复杂、真实的定制物体。目前有各种 3D 打印技术可供选择，例如立体光刻、数字光处理（DLP）、熔丝沉积成形（Fused Deposition Modeling，FDM）、多喷头打印（Multijet Printing，MJP）和激光选区烧结（SLS）。所有这些工艺都基于相同的基本概念来生产最终物体。整个工艺从计算机辅助设计（Computer-Aided Design，CAD）模型开始，然后将其转换为立体光刻格式（STL）。然后，通过特定软件对获得的 3D 文件进行预处理，定义工艺参数，如 3D 零件在构建体积中的方向和切片参数，然后将信息发送到执行逐层制造的 3D 打印机。

熔丝沉积成形（FDM）3D 打印工艺通过熔融挤出高分子丝材，并通过打印喷嘴逐层沉积（见图 4-24a）。FDM 适用于制备复杂结构的高分子功能膜，如梯度多孔膜。

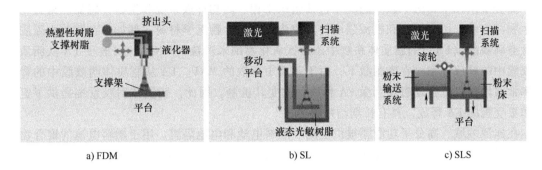

图 4-24　3D 打印制备技术示意图

立体光刻（Stereo Lithography，SL）打印技术 是使用紫外激光束逐层固化感光液态树脂。如图 4-24b 所示，构建平台最初放置在装有光聚合物树脂的槽中，距离构建窗口一层高度。激光束根据 3D 模型的横截面遵循预定路径，一层硬化后，构建平台被抬起以露出新的液态聚合物层。激光再次追踪物体的横截面，该树脂会立即黏附在硬化部分上，形成精密的膜结构。数字光处理（DLP）投影仪可以替代紫外激光来实现树脂硬化，从而降低系统成本并加快处理速度。SL 适用于制备具有高分辨率和复杂几何形状的膜。

激光选区烧结（SLS）依靠强大的激光束将粉末熔合在精确位置（图 4-24c），然后铺开一层新的细粉，再将激光熔合到上一层，逐层构建膜。SLS 适用于制备高强度和高耐化学性的功能膜。

4.5.3　高分子功能膜的应用

高分子功能膜在水处理中的应用包括超滤、纳滤和反渗透膜，用于去除污染物、脱盐和水净化。例如，由基于智能聚（N-异丙基丙烯酰胺）（PNIPAM）混合水凝胶和石墨烯组成的超分子复合物改良的聚偏氟乙烯（PVDF）膜，使水淡化在相对温和的工作条件下更加可持续和有效。在亚纳米尺度上发生协同机制，通过简单的膜界面密度电荷开关，提高淡水生产量，并且有防污和促进原位清洁功能，无需额外的化学品或处理步骤。电纺丝制备的磺化聚（醚醚酮）纳米纤维膜可择性结合溶菌酶，具有去除重金属、染料和药物成分的潜在应用。

功能化高分子膜在环境修复中的应用包括油水分离和空气净化。通过表面改性和纳米材料的引入，能够有效去除水中的油污和空气中的有害气体，展现出良好的环境友好性和高效性。工业中具有内在微孔结构的聚合物（Polymers of Intrinsic Microporosity，PIM）因其超高渗透性和选择性，显示出在 CO_2 分离中的巨大潜力，另外通过化学后修饰、交联和纳米填料的引入，可以进一步提高膜的性能和稳定性。例如，在具有内在微孔结构的聚合物膜上引入四唑、三嗪、胺、羟基和咪唑等对 CO_2 有强亲和力的特定基团，可以有效提高聚合物筛选 CO_2 的能力。这种基于溶解度控制的化学功能化是一种去除酸性气体的常见方法，也可以通过合成功能化方法引入烷基、芳基和多环芳基肟基，这些材料显示出高热稳定性和较大

89

的比表面积，同时保留了 PIM 的良好物理特性，同时肟基功能化有助于提高 CO$_2$ 亲和力，提供了更好的选择性气体分离能力。

高分子膜在生物医学领域的应用包括组织工程、药物释放系统和生物传感器。聚合物膜的生物相容性、可降解性和机械强度使其成为理想的生物医学材料。例如，在明胶水凝胶膜中含有阿魏酸（FA）的脂质体系统中添加铁氧化物纳米颗粒（MNP），可改变 FA 从脂质体明胶膜中的释放速率。在磁刺激下，由于基质中分散的 MNP，FA 从脂质体明胶膜中的释放速率常数增加，低强度磁场刺激 FA 释放并改变其机制。因此，脂质体明胶系统提供了更平滑和更受控的 FA 释放，具有长期治疗潜力。

在能源领域，高分子功能膜被广泛用于燃料电池和电池隔膜。用于燃料电池的聚合物电解质膜需要具有高离子导电性和化学稳定性。3D 打印技术在这些膜的制造中提供了新的可能性，可以精确控制膜的微观结构，从而提高其性能。例如，光辅助 3D 打印因其方法的高分辨率对膜的图案化有益，此方法制备的 4-乙烯基氯化苄交联二甲丙烯酸酯和聚乙二醇二丙烯酸酯微图案阴离子交换膜，具有更低的离子电阻，从而提高了离子的导电性。

高分子功能膜材料因其结构多样性和性能优越性，在化工、环保、医药和电子等领域具有广泛的应用前景。通过不断改进和创新制备方法，可以开发出性能更优、功能更多的高分子功能膜，以满足不同领域的需求。未来，高分子功能膜材料将在更多新兴领域展现其独特的优势和应用潜力。

思 考 题

1. 高分子功能材料按其功能可以分为哪几类？并举例说明。
2. 光化学反应主要有哪几种类型？各举一例说明。
3. 为什么绝大多数高分子材料都是绝缘体？导电性与分子结构有何关系？
4. 液晶高分子的主要组成单元是什么？有哪些常用的合成方法？
5. 如何制备多孔膜？如何制备致密膜？利用增材制造技术来制备膜材料有哪几种方法？

参 考 文 献

[1] 赵文元，王亦军. 功能高分子材料 [M]. 2 版. 北京：化学工业出版社，2013.

[2] 焦剑，姚军燕. 功能高分子材料 [M]. 2 版. 北京：化学工业出版社，2016.

[3] 王国建，刘琳. 功能高分子材料 [M]. 上海：同济大学出版社，2010.

[4] 韩超越，候冰娜，郑泽邻，等. 功能高分子材料的研究进展 [J]. 材料工程，2021，49（6）：55-65.

[5] 韩琳琳，黄笔武. 自固化脂肪族聚氨酯丙烯酸酯作为光敏齐聚体制备紫外光固化材料及其性能 [J]. 南昌大学学报（理科版），2018，42（2）：343-347.

[6] 张杰，丁玉琴，马劲，等. 有机光电功能材料的研究进展：以 Nature/Science 等高质量期刊发表的高被引论文为例 [J]. 化工新型材料，2021，49（10）：19-26.

[7] APEBENDE E A, DUBOIS L, BRUNS N. Light-responsive block copolymers with a spiropyran located at the block junction [J]. European polymer journal, 2019, 119：83-93.

[8] RAYMO F M, GIORDANI S. Digital processing with a three-state molecular switch [J]. The journal of organic chemistry, 2003, 68 (11)：4158-4169.

[9] LEISTNER A L, PIANOWSKI Z L. Smart photochromic materials triggered with visible light [J]. European journal of organic chemistry, 2022, 19：1-20.

[10] GAO W, GUO Y, CUI J, et al. Dual-curing polymer systems for photo-curing 3D printing [J]. Additive

manufacturing, 2024, 85: 104142.

[11] NAMSHEER K, CHANDRA S R. Conducting polymers: a comprehensive review on recent advances in synthesis, properties and applications [J]. RSC advances, 2021, 11: 5659-5697.

[12] 曲慕格, 张思航, 胡斐, 等. 共轭导电高分子/纳米纤维素复合材料研究进展 [J]. 化工新型材料, 2019, 47 (9): 6-10.

[13] HAO L, DONG C, ZHANG L, et al. Polypyrrole nanomaterials: structure, preparation and application [J]. Polymers, 2022, 14: 5139.

[14] LIU Y, WU F. Synthesis and application of polypyrrole nanofibers: a review [J]. Nanoscale advances, 2023, 5: 3606.

[15] BEYGISANGCHIN M, RASHID S A, SHAFIE S. Preparations, properties, and applications of Polyaniline and Polyaniline Thin Films—A Review [J]. Polymers, 2021, 13: 2003.

[16] KATO T, UCHIDA J, ICHIKAWA T, et al. Functional liquid-crystalline polymers and supramolecular liquid crystals [J]. Polymer journal, 2017, 9: 1-18.

[17] ZHANG L, YAO W, GAO Y, et al. Polysiloxane-based side chain liquid crystal polymers: from synthesis to structure-phase transition behavior relationships [J]. Polymers, 2018, 10 (7): 794.

[18] LEE G S, LEE H W, LEE H S, et al. Mechanochemical ring-opening metathesis polymerization: development, scope, and mechano-exclusive polymer synthesis [J]. Chemical Science, 2022, 13: 11496.

[19] SUN D, ZHANG J, LI H, et al. Toward application of liquid crystalline elastomer for smart robotics: state of the art and challenges [J]. Polymers, 2021, 13 (11): 1889.

[20] LOW Z X, CHUA Y T, RAY B M, et al. Perspective on 3D printing of separation membranes and comparison to related unconventional fabrication techniques [J]. Journal of membrance science, 2017, 523: 596-613.

[21] TIJING L D, DIZON J R, IBRAHIM I, et al. 3D printing for membrane separation, desalination and water treatment [J]. Applied materials today, 2020, 18: 100486.

[22] YANAR N, KALLEM P, SON M, et al. A new era of water treatment technologies: 3D printing for membranes [J]. Journal of industrial and engineering chemistry, 2020, 91: 1-14.

[23] DOYAN A, LEONG C L, BILAD M R, et al. Cigarette butt waste as material for phase inverted membrane fabrication used for oil/water emulsion separation [J]. Polymers, 2021, 13: 1907.

[24] XIAO J D, CHEN C, ZHOU K, et al. Solvent-free green fabrication of PVDF hollow fiber MF membranes with controlled pore structure via melt-spinning and stretching [J]. Journal of membrane science, 2021, 621: 118953.

第 5 章

电介质陶瓷

5.1　电介质陶瓷概述

电介质陶瓷一般是指电阻率大于 $10^8\Omega\cdot m$ 的陶瓷材料，这种材料能够承受较强的电场而不被击穿。按照材料外场中的极化特性，可将电介质陶瓷分为电绝缘陶瓷、电容介质陶瓷、压电陶瓷、热释电陶瓷和铁电陶瓷。电介质陶瓷因其具有的高强度、抗老化、耐高压和耐高温的特点，已成为电子工业中制备基础元件的关键材料。

5.2　电绝缘陶瓷

近年来，随着电子器件向大功率化、高频化、集成化方向发展，对器件的散热提出了更高的要求，而传统的电路基板已不能满足这一要求。电绝缘陶瓷由于其良好的绝缘性、导热性以及优异的化学稳定性，适应了这一发展需求。电绝缘陶瓷又称为装置瓷，常作为电子工业用的结构陶瓷。其应用领域主要包括集成电路用基片，以及在电子设备中对无线电元件和器件起到安装、固定、支撑、保护、绝缘、隔离及连接作用。

5.2.1　电绝缘陶瓷的性能

通常，对电绝缘陶瓷的要求如下：

1）电阻率高（室温下大于 $10^{12}\Omega\cdot m$），漏导损耗小；击穿场强高（大于 $10^4 kV/cm$），耐压能力强。

2）介电常数小（通常小于9）。由于电容的充电作用，线路中的信号会产生延迟。

3）高频电场下的介质损耗要小（$\tan\delta$ 一般在 $2\times10^{-4}\sim9\times10^{-3}$ 范围内）。介质损耗大，会造成材料发热，使材料温度升高。

4）机械强度要高。在实际使用工况下一般要承受机械负荷，通常要求抗弯强度为 45～300MPa，抗压强度为 400～2000MPa。

5）良好的化学稳定性，能耐风化、耐水、耐化学腐蚀，具有很好的稳定性。

5.2.2 典型电绝缘陶瓷材料

电绝缘陶瓷材料按化学组成分为氧化物系和非氧化物系两大类。氧化物系主要有 Al_2O_3 和 MgO，非氧化物系主要是氮化物陶瓷 Si_3N_4、BN、AlN 等。在这些电绝缘陶瓷中，可以作为电路基板使用的材料有 AlN、Al_2O_3、SiC、BeO、Si_3N_4 等。BeO 陶瓷基板具有高热导率和低介电常数的优势，但是缺点也很明显，其毒性会对环境和健康造成伤害。SiC 陶瓷基板的热导率在高温时会明显下降，严重影响产品性能；不良的绝缘耐压性也阻碍了其在 LED 领域中的发展；介电常数较高，会导致信号延迟，影响产品的可靠性。因此，Al_2O_3、AlN 和 Si_3N_4 陶瓷材料在电路基板中得到了较为广泛的应用。

1. Al_2O_3 陶瓷

Al_2O_3 陶瓷是广泛使用的主要基片材料，具有原料来源丰富、价格低廉、绝缘性高、耐热冲击、抗化学腐蚀及机械强度高等优点，但其热导率相对较低 [99% Al_2O_3 热导率约为 30W/（m·K）]，热膨胀系数较高。

Al_2O_3 陶瓷制备过程的关键点包括溶剂体系的选择、流延膜厚和脱黏烧结工艺参数的控制，最终决定了基板的厚度及厚度均匀性、外观质量和表面粗糙等工程应用指标。制备高质量的 Al_2O_3 陶瓷基板主要采用的是流延法，这种方法是将 Al_2O_3 粉与黏合剂、增塑剂、溶剂及分散剂混磨成悬浮性好的浆料，经真空脱泡后在刮刀的作用下在基带上流延出连续、厚度均匀的浆料层，干燥后形成柔软的膜带，而后经冲片、排黏、烧成，最终获得优质的 Al_2O_3 陶瓷基板。流延法适于大批量生产厚度为 0.4~1mm 的基板，具有生产效率高、产品一致性好和性能稳定的优点。

对于单相 Al_2O_3 陶瓷，其熔点高达 2050℃，材料以离子键或共价键的方式结合，质点扩散系数小，烧结温度超过 1750℃，且需要的烧结时间长，导致其生产效率低、成本高。此外，在高温烧结的过程中容易出现生长各向异性和异常晶粒，导致结构不均匀，内部往往存在残余孔隙，降低了晶粒间的结合强度，导致材料性能大幅度下降。可通过以下 3 种方式降低 Al_2O_3 陶瓷的烧结温度：①调控粒径，使用纳米级陶瓷粉末，提高陶瓷基板的烧结活性；②采用其他先进烧结技术，如热等静压烧结（Hot Isostatic Pressing，HIP）、放电等离子烧结（Spark Plasma Sintering，SPS）、脉冲电流烧结（Pulse Electric Current Sintering，PECS）或微波烧结（Microwave Sintering，MS），可以在更短的时间内增加烧结驱动力并实现致密化；③加入烧结助剂，烧结助剂可以通过与 Al_2O_3 形成固溶体，增加晶格畸变，提高扩散速率，从而降低 Al_2O_3 陶瓷的烧结温度，常见的烧结助剂有 MnO_2、TiO_2、Fe_2O_3 等，它们具有与 Al_2O_3 相似的晶格常数，可以与 Al_2O_3 形成不同类型的固溶体。此外，添加剂也可实现液相烧结，降低烧结温度，提高陶瓷致密度。

2. AlN 陶瓷

AlN 陶瓷基片的导热系数可达 160W/（m·K），为 Al_2O_3 陶瓷的 6~8 倍，热膨胀系数为 5.7×10^{-9}/℃，只有 Al_2O_3 陶瓷的 50%，接近 Si 芯片的值，此外还具有绝缘强度高、介电常数低、耐蚀性好等优势。除了成本较高外，AlN 陶瓷综合性能均优于 Al_2O_3 陶瓷，是一种非常理想的电子封装基片材料，尤其适用于导热性能要求较高的领域。

93

虽然 AlN 陶瓷的理论热导率为 319W/(m·K)，但是由于受晶格氧、非晶层、AlN 晶粒尺寸、晶界相及微观结构缺陷等因素的影响，AlN 陶瓷的实际热导率未达到理论值。因此，在制备工艺方面，关注点在于 AlN 粉、烧结助剂、烧结工艺、添加剂、成型工艺、脱脂/排胶工艺、烧结工艺后的退火处理等。AlN 粉需要关注比表面积、晶粒尺寸及氧含量。烧结助剂可实现液相烧结，降低烧结温度，促进坯体致密化，改善 AlN 的力学性能；另一方面，烧结助剂可以与氧反应，减少 AlN 基片中的氧杂质等各种缺陷，使晶格完整化。2017 年中国科学院上海硅酸盐研究所提出采用二元组分烧结助剂，其中 A 组分包含 TiO_2、ZrO_2、HfO_2 中的至少一种，B 组分包含 V_2O_5、Nb_2O_5、Ta_2O_5 中的至少一种。2021 年福建华清电子材料有限公司提出使用 $CaCO_3$-YF_3-La_2O_3-Dy_2O_3 四元体系作为烧结助剂，随后 2022 年又提出使用 CaC_2-TiN-ZrO_2 温烧结助剂。流延法是目前国内使用率最高的成型方法。除流延法外，挤压成型法和铸造成型法的使用率也较高。在烧结工艺方面，主要采用热压烧结（Hot Press Sintering，HPS）法和常压烧结法，近年来也出现微波烧结、等离子烧结等先进的烧结工艺，但主要是实验室研究，还未取得大规模生产化应用。

3. Si_3N_4 陶瓷

Si_3N_4 陶瓷抗弯强度达到 900MPa，耐 800℃抗热冲击温差，热膨胀系数与单晶 Si 和 SiC 晶体相近，是综合性能优异的高导热基板材料。由于晶体缺陷和杂质所引起的声子散射，Si_3N_4 热导率远远达不到理论计算值 320W/(m·K)。

Si_3N_4 陶瓷初始原料粉体包括 Si 粉和 Si_3N_4 粉两类。需要严格控制原料粉中的杂质。杂质 O 形成的晶格缺陷会增强声子散射，杂质 Al 置换 Si 固溶于晶格中，形成 SiAlON 相，使热导率降低。在制备工艺方面，由于 Si_3N_4 属于高强共价键材料，固相扩散速度很低，很难完全烧结，致密度不高，一般需加入少量的烧结助剂，生成较低熔点的共晶相，通过液相烧结，获得较高的致密度。要求烧结助剂活性好、添加量少，形成的晶界相黏度低、热导率高，减少 O 元素的引入。目前使用较多的烧结助剂是 Y_2O_3-MgO，热导率高达 177W/(m·K)，断裂韧性为 11.2MPa·$m^{1/2}$。非氧化物烧结助剂不含 O，能净化 Si_3N_4 晶体，降低晶界玻璃相，并改善导热能力以及高温力学性能，但原料难得、成本较高、烧结难度大，常用的有 $MgSiN_2$、YF_3、$ZrSi_2$、稀土金属氢化物（REH_2）及其复合助剂等。Si_3N_4 基板的主要成型方式有浇注和注射成型、轧膜、流延、磁场技术与陶瓷成型方法相结合等，流延成型是大批量工程制备常用的工艺。流延法生产的 Si_3N_4 晶粒具有各向异性，同时辅助强磁场作用，使陶瓷晶粒定向生长，在水平流延成型方向的热导率大于 150W/(m·K)，在垂直流延方向上的热导率只有 50W/(m·K)。烧结方式一般有反应烧结重烧结氮化硅（Sintered Reaction Bonded Silicon Nitride，SRBSN）、热压烧结、热等静压烧结和气压压力烧结（Gas Pressure Sintering，GPS）。

5.3 电容介质陶瓷

5.3.1 多层陶瓷电容器

随着移动互联网、5G 网络、物联网、消费电子以及自动驾驶等产业的发展，对于等效电阻低、空间体积小、比容高、介质损耗低以及可靠性高的多层陶瓷电容器（Multilayer Ceramics Capacitor，MLCC）的需求越来越大。MLCC 在电路中主要起充放电、隔直流通交流、旁路、滤波等作用，对于实现电子设备的高性能、多功能和高集成度具有重要意义。MLCC 的结构如图 5-1 所示。

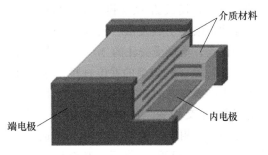

图 5-1　MLCC 的结构

MLCC 的主要构造包括端电极、内电极和陶瓷介质三部分，是将一次性高温烧结而成，印有内电极的陶瓷介质膜片以一定的错位方式叠合而得到的。端电极一般包括基层、阻挡层、焊接层三部分。其中基层常为铜金属电极或银金属电极，主要作用是与内电极连接，引出容量；阻挡层属于镍镀层，其主要实现热阻挡作用；焊接层属于 Sn 层，其主要作用是提供焊接金属层。内电极位于贴片电容内部，主要提供电极板正对面积。介质的介电常数、介质层数、厚度及内电极的有效面积决定了 MLCC 的容量大小。

MLCC 的电容量可由式（5-1）计算得到：

$$C = \frac{\varepsilon_r \varepsilon_0 A(N-1)}{d} \qquad (5-1)$$

式中，ε_r 为相对介电常数；ε_0 为真空介电常数；A 为内电极正对面积；N 为内电极层数；d 为介质层厚度。

根据 MLCC 中陶瓷介质材料温度特性的不同，可将电容介质陶瓷分为两类，一类是 I 类陶瓷电介质，另一类是 II 类陶瓷电介质。前者环境温度变化对其各项性能影响很小，损耗也很低，故一般常用在高频电路中，它们的主要成分是钛酸盐或者相应的氧化物，例如钙镁的钛酸盐、$BaO\text{-}TiO_2$ 瓷、$BaO\text{-}R_2O_3\text{-}TiO_2$（R 表示稀土元素）系等。后者通常有很大的介电常数，其介电常数与温度无线性关系，对于温度稳定性的要求不如 I 类陶瓷电介质严格，一般由铁电相物质组成，主要适用于低频电路。较大的介电常数还使得 II 类陶瓷电介质适用于容量要求较大的电路。

5.3.2　电容介质陶瓷的性能要求

作为 MLCC 重要的组成部分，电容介质陶瓷材料在性能方面有下列要求。

1）陶瓷的介电常数应尽可能高。这是电容元件小型化的趋势所要求的。

2）陶瓷材料在高频、高温、高压以及其他恶劣环境下工作的可靠性和稳定性要高。

3）介质损耗角正切要小。这对于高频电路中的应用尤为重要，可减小能量消耗，减少有功功率，减弱发热对电容元件性能的影响。

4）比体积电阻要高于 $10^{10}\Omega \cdot m$，可有效保证陶瓷在高温下的性能。

5）击穿场强要高。当陶瓷在高压和高功率下工作时，要求其具有高的耐压性能。

5.3.3　钛酸钡电容介质陶瓷

属于 II 类的陶瓷电介质，在 $25 \sim 200$℃温度范围内的高介电常数铁电材料包括钛酸钡

（BaTiO$_3$）、铌镁酸铅-钛酸铅、锆钛酸铅。但含铅材料高温下易挥发，易与电极反应，本身具有毒性，限制了其发展。目前，BaTiO$_3$ 具有高介电常数、低介质损耗、价格低廉、环保无毒等优点，是最受关注的 MLCC 介质材料之一。

BaTiO$_3$ 是一种典型的铁电材料，它具有钙钛矿结构，并存在 3 种相变过程，即在 130℃附近发生一级铁电-顺电相变，在 5℃附近发生四方-正交相变，在 -80℃附近又会发生正交—三方相变。尤其是在 BaTiO$_3$ 的居里温度 T_c（约 120℃）附近，其介电常数会发生剧烈变化，从而产生尖锐的介电峰，如图 5-2 所示。根据美国电子工业协会（Electronic Industries Association，EIA）制定的 ECA-EIA-198-1-F-2002 标准，要求符合 X7R 标准的电容器在 -55～125℃ 的范围内，电容值变化量满足 | $\Delta C/C_{25℃}$ | ≤ 15%；X8R 与 X9R 标准则分别将电容值稳定温度范围的上限提高至 150℃ 和 200℃。纯 BaTiO$_3$ 难以满足温度稳定型 MLCC 对介质材料介温稳定性的要求。因此需对其进行改性，拓宽其介电常数的温度稳定范围。

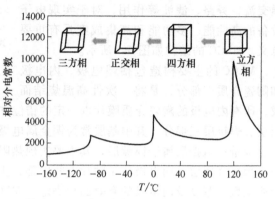

图 5-2　BaTiO$_3$ 的介温曲线与晶相转变过程

1. BaTiO$_3$ 介质陶瓷的改性

改性 BaTiO$_3$ 介温特性的手段包括晶粒尺寸调控、Ba/Ti 比调节和掺杂改性等，其中掺杂改性是最常用的手段之一。利用掺杂元素对 BaTiO$_3$ 居里峰的移峰效应、展宽效应以及掺杂元素的非均匀分布在 BaTiO$_3$ 中形成的特殊"核-壳"微观结构，可以将 BaTiO$_3$ 的介温稳定范围拓宽到 -55～120℃，使其符合 X7R 标准。由于 BaTiO$_3$ 居里温度的固有限制，单独针对 BaTiO$_3$ 进行改性通常难以进一步提升其高温段的介温稳定性，无法满足 X8R 或 X9R 标准的要求。因此，利用（Bi$_{0.5}$Na$_{0.5}$）TiO$_3$、K$_{0.5}$Na$_{0.5}$NbO$_3$、CaCu$_3$Ti$_4$O$_{12}$ 等同样具有钙钛矿型结构的化合物与 BaTiO$_3$ 形成固溶体，构建 BaTiO$_3$ 基复合钙钛矿型介质材料，使其具有弛豫铁电体的性质，并在此基础上进一步掺杂改性，已成为获取温度稳定型介质材料的研究热点。

（1）晶粒尺寸效应　BaTiO$_3$ 陶瓷的介电常数存在尺寸效应。粉体尺寸、晶粒尺寸分别在 100～140nm、1μm 处时介电常数出现介电峰。扫描电镜观察获得的证据是晶粒尺寸在 1.1μm 以上，随着晶粒尺寸的减小，介电常数增加源于畴尺寸减小、90°畴密度增大导致取向极化和离子极化增大，1μm 以下的介电常数减小源于太小的晶粒尺寸和畴尺寸引起较大的晶界应力和畴壁之间的强弹性限制了畴壁的振动。因此，可利用尺寸效应在工艺过程中调控粉体和晶粒尺寸来实现 BaTiO$_3$ 陶瓷的高介电常数。

（2）压低展宽居里峰　纯 BaTiO$_3$ 在居里温度处的尖锐居里峰是破坏 BaTiO$_3$ 陶瓷温度稳定性的最关键因素。BaTiO$_3$ 的相变弥散效应能够有效压低并展宽居里峰。通常认为，相变弥散产生的原因是在居里温度的一定范围内铁电相与非铁电相共存。BaTiO$_3$ 晶粒存在着不同相组成的微区，不同相组成的微区有不同的居里温度，介电常数与温度的关系基本满足高斯分布，T_c 峰值代表具有该 T_c 相组成的微区最多。铁电相与顺电相微区的这种分布展宽了居里峰，改善了 BaTiO$_3$ 陶瓷的温度稳定性。

（3）"芯-壳"结构　"芯-壳"结构（Core-structure）是指掺杂元素在陶瓷晶粒中非均匀分布形成的一种化学非均相结构。这一结构最早在 Nb 掺杂 $BaTiO_3$ 陶瓷中发现。具有"芯-壳"结构的温度稳定型陶瓷可以看作纯铁电相和顺电相的混合物，这一"芯-壳"结构的形成是 $BaTiO_3$ 基陶瓷具有介电常数温度稳定性的关键。$CdBi_2Nb_2O_9$ 掺杂 $BaTiO_3$ 陶瓷也具有"芯-壳"结构，经透射电子显微镜（Transmission Electron Microscope，TEM）观察可看到晶粒中心芯部区域因为自发极化而形成的条纹状铁电畴，证明晶粒芯部室温下为铁电相，而壳部区域很难看到这样的铁电畴，说明壳部主要由顺电相组成。另外，从 Bi、Nb 等掺杂元素分布状况，可以看出元素 Nb 和 Bi 几乎都集中于壳部，芯部几乎不含掺杂元素，进一步证明了掺杂元素在晶粒中的非均匀分布。

掺杂元素在 $BaTiO_3$ 晶格中具有较低的扩散速度是形成"芯-壳"结构的关键，"芯-壳"结构属于一种亚稳态结构。在 $BaTiO_3$ 陶瓷的烧结过程中，混入的掺杂元素由于其较低的扩散速度只会与 $BaTiO_3$ 的外层晶粒反应，很难进入 $BaTiO_3$ 晶体的中心区域，造成掺杂元素在壳部与芯部的非均匀分布，同时在陶瓷的晶粒生长以及烧结致密化的过程中逐渐形成晶粒壳部，又会进一步阻止掺杂元素进入晶粒内部，而未被掺杂的纯铁电相形成了芯部，同时壳层还能起到减缓晶粒生长速度、抑制晶粒长大的作用。

（4）移动居里峰　移峰剂的掺入能够改变晶体内部各离子的作用力以及晶胞参数，所以能够改变居里温度。$BaTiO_3$ 居里温度提高的本质是因为 $[TiO_6]$ 八面体的自发极化定向稳定性增强，即破坏自发极化定向需要的能量变大。一般如果取代 A 位的离子与 O^{2-} 的离子作用能变小，使得 B 位的 Ti^{4+} 与 O^{2-} 离子作用能变大，居里点会变高，Pb^{2+} 离子的取代就属于这种情况。但是，当 B 位的 Ti^{4+} 被取代后，晶体中部分有序结构会被破坏，此时晶胞间的自发极化耦合也会变得更为困难，造成居里点向低温方向移动，Sn^{4+} 掺杂就属于此类情况。目前掺杂能够明显提高居里温度的元素很少，常见的只有 Pb、Bi 等元素。

$(Bi_{0.5}Na_{0.5})TiO_3$（简称 BNT）是近几年兴起的一种能够有效提高 $BaTiO_3$ 基陶瓷居里温度且具有钙钛矿结构的移峰剂。BNT（$T_c = 320℃$）与 $PbTiO_3$ 一样具有较高的居里温度，而且还具有无铅环保的特性。BNT 掺入 $BaTiO_3$ 后，Na^+ 和 Bi^{3+} 以 1:1 的比例共同取代 Ba^{2+} 离子。在 $BaTiO_3$ 中加入 BNT，混合均匀后，可在一定温度下煅烧获得单一的具有钙钛矿结构的 $(Bi_{0.5}Na_{0.5})_{0.05}Ba_{0.95}TiO_3$ 的陶瓷，BNT 在 $BaTiO_3$ 中的固溶度可高达 30%。将 BNT 与平均粒径为 60 nm 的超细 $BaTiO_3$ 固溶后，其居里温度提高到了 176℃，已经比较接近 EIA X9R 标准的最高温度。

2. MLCC 的制备工艺（以 $BaTiO_3$ 为例）

工业上主要通过流延成型的方法生产 MLCC，生产流程如下：首先将超细陶瓷粉与分散剂、掺杂剂、黏结剂、增塑剂按照一定比例加入溶剂，经球磨得到稳定均一的浆料，采用薄带流延法将浆料流延成一层连续的薄片，通过加热挥发溶剂形成稳定的素坯，再用金属浆料印刷并通过机加工将素坯形成特定的形状，最后经封端、排胶烧结工艺和电性能测试获得多层陶瓷电容器。MLCC 制造工艺中的关键步骤是陶瓷的流延成型。流延成型技术已经有几十年的发展历史，利用这种技术能够大量生产性能良好的陶瓷膜带，其结构均匀、力学性能好、可塑性好，有利于后续工序的处理，如搬运和印刷电极。但是流延成型制备出的 $BaTiO_3$ 也有很多问题。首先，原材料的成分和组成是关键，它会影响 MLCC 的性能和可靠性。此外，排胶和烧结成瓷的工艺参数也是关键，要注意控制保温的时间和温度，避免陶瓷晶粒异常长大以及缩孔等缺陷。烧结工艺会直接影响 MLCC 的致密度，进而影响其可靠性。可通过超高压烧结、热等静压烧结等方法提高陶瓷介质的致密度。此外，使用流延法制备 MLCC 的工艺中，浆料成分和比例也是一大难点，会直接影响到是否可以流延成膜制成陶瓷片以及陶瓷电介质的质量。

值得注意的是，鉴于成本因素，电极材料由贵金属 Pd、Au、Ag 向贱金属 Ni、Cu、Fe 过渡，也带来了许多亟待解决的稳定性问题。然而使用此类贱金属电极时，需要在还原性气氛下进行烧结，Ni、Cu 等贱金属电极材料在空气气氛下烧结时容易被氧化，不能起到内电极的功能。$BaTiO_3$ 陶瓷在还原气氛中烧结比在空气中烧结时更容易部分失氧，产生氧离子空位，使 $BaTiO_3$ 半导体化，导致 $BaTiO_3$ 电阻率大幅度降低，可降低 $10 \sim 12$ 个数量级。因此，烧制抗还原的 $BaTiO_3$ 瓷料就显得十分重要。同时尺寸小型化要求介质层更薄，一旦介质层变薄，多层陶瓷电容器稳定性就会受到一定的影响，如烧结时电极和电介质收缩不匹配，高压下氧空位引起电阻降解、电击穿，其他因素如电极种类、使用环境等都是需要考虑的问题。高性能粉体材料是制备薄介质层、提高电容效率的关键，目前主要依靠进口；粉体材料制备过程中的很多因素会影响其性能，如原料配方、工艺方法、设备等。

5.4　压电陶瓷

5.4.1　压电陶瓷概述

在 20 种晶体上施加压力、张力、切向力时，则发生与应力成比例的诱导介质极化，同时在晶体两端表面内出现符号相反的束缚电荷，这一现象称为压电效应，也称正压电效应。同时，压电效应存在逆效应，即在极性晶体上施加电场引起极化，则将产生与电场强度成比例的变形或机械应力。当外加电场撤去时，这些变形或应力也随之消失。晶体是否具有压电性，是由晶体结构的对称性这个内因所决定的，具有对称中心的晶体由于正负电荷中心的对称式排列，不会在应力作用下发生正负电荷中心的分离，故而不可能产生极化。在 32 种点群中，不具有对称中心的点群有 21 种，其中具有 432 点群的晶体具有高度对称性且不具有压电性，其余具有不对称中心的 20 种点群的晶体均具有压电性。

压电效应是 1880 年物理学家居里兄弟在石英晶体上首次发现的。石英晶体具有很好的频率稳定性，但是其压电系数比较低（$d_{11} = 2.31 pC/N$）。在 20 世纪 40 年代中期，美国、苏联和日本各自独立制备出了 $BaTiO_3$ 压电陶瓷。20 世纪 50 年代，具有良好压电性的锆钛酸铅二元系压电陶瓷（$PbZr_xTi_{1-x}O_3$，PZT）被成功研制出来。自发现 PZT 陶瓷以来，压电陶瓷得到了迅速的发展，在不少领域已取代了单晶压电材料，成为研究和应用都极为广泛的新型电子陶瓷材料。同时，各种三元系和四元系压电陶瓷陆续出现。

5.4.2　压电陶瓷的性能参数

1. 压电常数

压电常数是压电材料把机械能转换为电能或电能转换为机械能的一个比例常数，反映了应力或应变与电场或电位移之间的联系，直接反映出材料机电性能耦合关系和压电效应的强弱。假设 T_j 是沿 j 方向施加的机械应力，P_i 是沿 i 方向的诱导极化强度，这两个量之间有线性关系，即

$$P_i = d_{ij}T_j \tag{5-2}$$

式中，d_{ij} 称为压电常数。应力反向会引起极化反向，同时值得注意的是，切应力也可产生诱导净极化。逆压电效应将沿 j 方向的诱导应变 S_j 和沿 i 方向施加电场 E_i 联系起来，即

$$S_j = d_{ij}E_i \tag{5-3}$$

式（5-2）和式（5-3）中的系数是相同的。

2. 机电耦合系数

机电耦合系数 k 是一个综合反映压电陶瓷的机械能与电能之间耦合关系的物理量，是压电材料进行机-电能量转换能力的反映，在实用方面有很重要的意义。外力所做的机械功只有一部分能够转换为电能，其余部分则使压电体变形，以弹性能的形式储存在压电体中；反之，如果对压电体加上电场，外电场使其极化并通过逆压电效应把输入的一部分电能转换为机械能，外电场所做的总电功也只有一部分能够转换为机械能，其余部分则使压电体极化，以电能的形式储存在压电体中。需要注意的是，k 并非能量转换效率，因为在压电体中未被转化的能量是以机械能或电能的形式可逆地存储在压电体内。

工程技术上对机电耦合系数的定义是

$$k^2 = \frac{\text{通过逆压电效应转换所得的机械能}}{\text{转换时输入的总电能}} \tag{5-4}$$

或

$$k^2 = \frac{\text{通过正压电效应转换所得的电能}}{\text{转换时输入的总机械能}} \tag{5-5}$$

数学上对机电耦合系数的定义是

$$k = \frac{U_I}{\sqrt{U_M U_E}} \tag{5-6}$$

式中，U_I 为相互作用能密度；U_M 为弹性能密度；U_E 为介电能密度。式（5-6）表明，机电耦合系数就是指压电材料中与压电效应相联系的相互作用强度（也称压电能密度）与弹性能密度和介电能密度的几何平均值之比。

压电陶瓷振子（具有一定形状、大小和被覆工作电极的压电陶瓷体）的机械能与其形状和振动模式有关，不同的振动模式将有相应的机电耦合系数。例如，薄圆片径向伸缩模式的耦合系数为 k_p（平面耦合系数），薄形长片长度伸缩模式的耦合系数为 k_{31}（横向耦合系数），圆柱体轴向伸缩模式的耦合系数为 k_{33}（纵向耦合系数）。

3. 机械品质因素

工业上很多压电元件是利用谐振效应而形成的，比如压电滤波器、超声换能器、压电谐振器。当压电体所受外施电场的频率与压电体谐振频率 f_r 一致时，会产生机械谐振，但由于必须克服晶格形变等内摩擦效应而消耗部分能量，故会产生机械损耗，Q_m 便是描述这种能量损耗的参数。

99

$$Q_\mathrm{m} = 2\pi \frac{\text{谐振时振子储存的机械能}}{\text{每一谐振周期振子所消耗的机械能}} \tag{5-7}$$

$$Q_\mathrm{m} = \frac{f_\mathrm{a}^2}{2\pi f_r R (C_0 + C_1)(f_\mathrm{a}^2 - f_r^2)} \tag{5-8}$$

式中，f_a 为压电振子的反谐振频率；f_r 为压电振子的谐振频率；R 为频率为谐振频率时的最小阻抗（谐振电阻）；C_0 为压电振子的静电容；C_1 为压电振子的谐振电容。

4. 频率常数

对某一压电振子，其谐振频率和振子振动方向长度的乘积为一个常数，即频率常数 N。

$$N = f_r l \tag{5-9}$$

式中，f_r 为压电振子的谐振频率；l 为压电振子振动方向的长度。

5.4.3 典型压电陶瓷材料

压电陶瓷与石英和其他压电晶体相比，能进行大量的生产和人工造型，且成本低。压电陶瓷的种类主要有盐酸钡系压电陶瓷，$PbTiO_3$-$PbZrO_3$ 系压电陶瓷、ABO_3-$PbTiO_3$-$PbZrO_3$ 系压电陶瓷、复合钙钛矿系压电陶瓷等。

1. PZT 陶瓷

自 20 世纪 70 年代起，以 PZT 固溶体为基体的压电陶瓷几乎垄断了整个压电陶瓷领域。PZT 陶瓷具有居里温度高、机电耦合系数和品质因数大、温度稳定性好、制备工艺简单等优点，且可通过成分调整获得特定性能的调控。鉴于 PZT 陶瓷的诸多优势，自它诞生以来就获得了最为广泛的应用。PZT 陶瓷是锆酸铅（$PbZrO_3$）和钛酸铅（$PbTiO_3$）的固溶体，它的组成是 $PbZr_xTi_{1-x}O_3$，其中 x 由固溶体的成分决定，通常为 0.5。其晶格为立方晶型，其中氧八面体中心包夹一个 Ti 或 Zr 离子，此时晶胞具有高度对称性，正负电荷中心重合。当温度降低到居里温度以下时，晶格发生转变，从立方晶系转变为对称性略低的四方晶系，氧八面体中的 Ti 或 Zr 离子由于受到挤压，且有足够的运动空间，将不再位于晶胞中心位置，而沿 Z 轴方向偏离，从而引起正负电荷中心的不重合，出现电偶极子。

PZT 压电元件通常采用典型的陶瓷烧结工艺制备。将 PZT 粉末放入模具中在高温下加压成型。在烧结过程中，陶瓷粉通过相互扩散而熔合。最终性能不仅取决于固溶体的成分，而且取决于制备工艺，这是因为制备工艺控制了陶瓷的平均晶粒尺寸和多晶结晶性。最后，电极沉积在烧结后的陶瓷片上。对于 PZT 陶瓷来说，由于陶瓷的各向同性，需要施加极化电场来极化陶瓷，以获得压电性。极化过程通常是在升高温度条件下施加一个极化电场：在强电场的作用下，偶极子沿电场方向发生高度取向排列，从而整体显示出具有净的偶极矩，即整体呈现极化状态，撤去电场后，PZT 陶瓷仍具有沿电场方向的剩余极化。当处于极化状态的 PZT 陶瓷受到机械压力时，可以改变 PZT 陶瓷的极化状态，从而对外发生电荷的存储和释放现象，表现出压电特性。

2. PZT 陶瓷的掺杂改性

虽然 PZT 陶瓷在性能和制备工艺方面具有诸多优势，但也存在一定的缺陷。首先由于材料内部含有大量 Pb 离子，因此在烧结过程中会易于挥发，造成结构的缺陷，难以获得致密烧结体；同时，准同型相界（Morphotropic Phase Boundary, MPB）区域的 PZT 陶瓷的 Zr/

Ti 组成比仅为 53/47，组成设计中容易出现偏差，较难保证性能的重复性，给实际应用带来了一定的困难。为克服上述缺点，工艺上一般对 PZT 陶瓷进行掺杂改性，主要通过一种元素去置换原组成元素，以实现所要求的介电及压电性能。PZT 基压电陶瓷的掺杂改性，是改善现有陶瓷性能、探索高性能压电材料的有效手段。目前压电陶瓷的掺杂改性主要分为两类：等价掺杂与不等价掺杂。

（1）等价掺杂　等价掺杂是指添加剂离子价态与所取代位置离子价态相同，常用碱金属离子如 Mg^{2+}、Ca^{2+}、Sr^{2+}、Ba^{2+} 等置换 A 位 Pb^{2+}。等价置换后电荷虽然平衡，固溶体也仍保持钙钛矿结构，但由于掺杂离子与原组成离子的半径不同，压电陶瓷的性能也会发生变化。例如，等价掺杂后机电耦合系数、介电系数和压电系数会有一定程度的增加，但居里温度会出现较明显的下降。掺杂碱金属离子能在一定程度上抑制高温下压电陶瓷中铅离子的挥发，有利于陶瓷材料的致密化，但这些离子的掺杂量一般不能超过 20 mol%，否则将改变材料的钙钛矿结构，使材料性能显著降低。置换 B 位（Zr^{4+}、Ti^{4+}）常用的等价离子有 Sn^{4+} 和 Hf^{4+} 等，适量引入这些离子后，将使晶轴比（c/a）降低，同时还会使介电常数和机电耦合系数的稳定性得到一定的改善，其置换量一般为 3~10mol%。

（2）不等价掺杂　不等价掺杂是在 PZT 压电陶瓷中广泛应用的一种改性手段，一般是指在压电陶瓷中加入与原有晶格离子化学价不同的离子，主要分为软性掺杂、硬性掺杂和两性掺杂。通过这些添加物，可在大范围内调节压电陶瓷的性能，达到改性的目的。

1）软性掺杂。软性添加剂的共同特点是可以使陶瓷的性能向软压电特性方面变化，也就是使陶瓷的弹性柔顺常数升高，矫顽场降低，机械品质因数 Q_m 降低，机电耦合系数 k_p、压电常数 d_{33}、介电常数、介质损耗和体电阻率 ρ_v 等增大，老化稳定性变好等。这类添加剂包括镧（La）、铌（Nb）、铋（Bi）、锑（Sb）等。软性添加剂的金属离子进入固溶体之后，可能占据 Pb^{2+} 的位置，也可能占据 Zr^{4+} 或 Ti^{4+} 的位置。对于半径较大的离子如 La^{3+}、Bi^{3+} 等，进入固溶体后，将占据 Pb^{2+} 的位置（A 位）。由于它们的化合价高于 Pb^{2+}，因此占据了 Pb^{2+} 的位置后，在晶胞中会出现超额的正电荷，为了保持电中性将产生相应的铅离子空位。对于半径较小的离子如 Nb^{5+}、Ta^{5+}、Sb^{5+}、W^{6+} 等，进入固溶体后，将占据 Zr^{4+} 或 Ti^{4+} 的位置（B 位）。由于它们的化合价比 Zr^{4+} 和 Ti^{4+} 高，占据了 Zr^{4+} 或 Ti^{4+} 位置后，在晶胞中也会出现超额的正电荷，产生铅离子空位。软性添加剂加入固溶体后，会使钙钛矿晶体中形成铅离子空位。因为 Pb 位于 ABO_3 中的 A 位，所以也把软性添加剂称为产生 A 空位的添加剂。晶胞中出现铅离子空位后会导致晶格畸变，畴壁运动较容易进行。相当小的电场或机械应力作用就能引起畴壁运动，从而使材料机电性能和介电性得以改善；但由于畴壁运动的增加，陶瓷内部的介质损耗和机械损耗也会增加。此外，极化工序处理引起的内应力可通过电畴的 90° 翻转而被释放。在软性掺杂的陶瓷中，电畴的 90° 翻转较为容易，所以在极化后经过较短的时间，其内应力就几乎全部被释放，因此材料的性能比较稳定，这也是软性压电陶瓷时间稳定性较好的原因。

2）硬性掺杂。硬性添加剂是指低价离子进入 A 位或 B 位进行取代，一般为钾（K）、钠（Na）等置换 A 位离子以及铁（Fe）、锰（Mn）、镍（Ni）、镁（Mg）等置换 B 位离子。硬性添加剂的作用与软性添加剂相反，也就是使材料的介质损耗降低、矫顽场增大、Q_m 提高、体电阻率 ρ_v 变小等。与软性添加剂不同的是，硬性添加剂会使晶格中产生氧空位而不是铅空位。从掺杂元素价态和离子半径大小角度考虑，硬性添加剂进入晶格占据 A 位或 B 位

（如 K^+ 取代 Pb^{2+}，Sc^{3+}、Fe^{3+}/Fe^{2+} 和 Mg^{2+} 等取代 Zr^{4+} 或 Ti^{4+}）后，其价态低于原有金属离子价态，会使晶格中出现超额负电荷。为了保持晶胞的电中性，会产生氧离子空位，使晶胞收缩，畴壁运动困难，从而导致材料的矫顽场增大，Q_m 提高，介电常数和介质损耗都减小。此外，硬性添加剂往往还有抑制陶瓷晶粒生长的作用，因为在晶格中只允许产生少量的氧空位，所以硬性添加剂在固溶体中只有很低的溶解度，多余的添加剂将在结晶过程中被排到晶格以外，聚集在晶界处。这使得晶界处的组分显著偏离了晶体的化学比，因而抑制了晶粒的继续生长，提高了陶瓷的致密性。

3）两性掺杂。两性添加剂既具有软性添加剂的某些特点，又具有硬性添加剂的某些特点。一般常见的两性添加剂有以铈（Ce）、铬（Cr）、铀（U）为代表的变价离子的氧化物。生产上常采用"复合掺杂"的方式，即同时掺杂两种或两种以上的添加剂，这样的效果往往比单一元素掺杂要好。但复合掺杂有时也会出现不好的效果，如彼此的作用相互抵消等。如何选择添加剂，要从材料的性能要求出发，并通过试验研究不断进行组分调控。

3. PZT 陶瓷的制备工艺

压电陶瓷的制备方法很多，与热压烧结工艺、液相合成工艺相比，常规固相反应陶瓷制备工艺具有工艺简单、投资少、易于批量生产等优点。具体工艺流程如下：①球磨，称取一定质量的原料，以酒精作为球磨介质，按照原料：球：酒精为 1∶2∶1 的比例，在行星式球磨机中充分球磨 24h，球磨后烘干；②预烧，将混合好的原料以一定的压强干压成块，以确保原料在反应过程中充分接触，预烧温度约 900℃ 保温 4h；③二次球磨，为了保证粉料颗粒的细度，预烧后的粉料研磨后需放入球磨罐中进行二次球磨，球磨工艺与一次球磨相一致；④造粒，将二次球磨的粉料干燥后，加入一定量的黏结剂，在玛瑙研钵中充分磨细，获得粒度均匀、流动性好的球形颗粒，一般选取 5wt% 的聚乙烯醇（Polyvinyl Alcohol，PVA）水溶液作为黏结剂；⑤干压成型，采用单相加压的方式，成型压力为 8MPa，保压时间 3min；⑥排胶与烧结，在 850℃ 的温度下保温 2h 进行排胶。为防止氧化铅在高温下挥发过多，采取埋烧的方式进行烧结或在原料中加入过量的氧化铅（一般过量 5~10wt%），烧结温度为 1180~1250℃，升温速率为 2℃/min，保温时间为 1~3h。

4. 压电陶瓷研究的发展趋势及研究进展

PZT 压电陶瓷材料在室温范围内具备良好且稳定的压电性能，长期以来占据商业应用的主导地位。商品化高性能的 PZT 陶瓷有 PZT-4 和 PZT-8。另外，对 PZT 进行掺杂改性，引入第三和第四组元的典型产品 PCM 压电陶瓷系列，包括 PCM-5 压电陶瓷 $Pb(Mg_{1/3}Nb_{2/3})_A Ti_B Zr_C O_3$ 和 PCM-80 压电陶瓷 $Pb(Zn_{1/3}Nb_{2/3})_A(Sn_{1/3}Nb_{2/3})_B Ti_C Zr_D O_3 + MnO_2$。另外，还有 SPM 压电陶瓷 $Pb(Co_{1/3}Nb_{2/3})-PbZrO_3-PbTiO_3$ 系列等，使得压电材料广泛地应用于各种类型的水声、超声、电声换能器和基于压电等效电路的振荡器、滤波器和传波器。随着水声通信技术的发展，高性能压电陶瓷成为水声换能器中重要的发射与接收材料。

但需要注意的是，长期使用或不当处置高含铅量的铅基压电陶瓷会对人体和环境造成严重负面影响。因此，各个地区和国家均积极投入了大量资源进行高性能无铅压电陶瓷研发。无铅压电陶瓷也被称为环境协调型压电陶瓷，在诸多无铅压电陶瓷体系中，钛酸钡（$BaTiO_3$，BT）和铌酸钾钠（$K_{0.5}Na_{0.5}NbO_3$，KNN）陶瓷的机械品质因数和居里温度较高，成了众多从事压电材料科研人员的研究热点，以期取代铅基压电材料。通过离子或化合物掺杂、改进制备工艺等方式实现对 BT 和 KNN 基压电陶瓷多态相变的有效调控，可大幅提升两类陶瓷在室温范围的压电性能。

通过调控组分比例，可构建始于三相点（C-R-T）且对温度和组分变化敏感的 R-T 相界以及始于四重临界相点（C-R-O-T）且具有连续 R-O 和 O-T 多态相变共存的宽相界区。通过掺杂改性，在室温范围构造相界的方法，可有效提升 BT 基陶瓷压电性能。如在 Ba$(Ti_{0.8}Zr_{0.2})O_{3-x}$（$Ba_{0.7}Ca_{0.3}$）$TiO_3$（BZT-$x$BCT）陶瓷中，获得的压电常数 d_{33} 可达 620 pC/N。但同时不可忽略的是，虽然 BT 基陶瓷的压电性能在室温附近得到了显著的提升，但是其退极化温度低，限制了这类材料的实际应用。通过对 BT 基压电陶瓷的制备方法进行改性也可有效提升其压电性能，发现织构化（$Ba_{0.94}Ca_{0.06}$）（$Ti_{0.95}Zr_{0.05}$）O_3 陶瓷的压电常数（$d_{33} \approx 755pC/N$）和压电应变常数（$d_{33}^* = 2027pm/V$）与商用 PZT4 陶瓷相当。织构化技术的关键在于通过精心控制陶瓷的微观结构，实现陶瓷内部晶粒的定向有序排列，从而显著提高其铁电压电性能。然而，织构化陶瓷在工业生产中面临成本昂贵、制备工序复杂、可复现性低等挑战，因此从经济效益和工业化程度方面考虑，传统的固相法仍然是最切实可行的选择。

另外一个值得关注的无铅压电陶瓷体系是 KNN 基压电陶瓷。这类材料具有较高的居里温度和良好的压电性能。KNN 基压电陶瓷克服了 BT 基压电材料退极化温度低的局限性，但是其压电性能比 BT 基陶瓷要差一些。未经掺杂的 KNN 压电陶瓷的 d_{33} 为 80 pC/N，居里温度高于 400℃，然而烧结特性差和烧结温区狭窄等不利因素限制了纯 KNN 压电陶瓷的广泛应用。因此，研究者更多的关注点在于提升 KNN 基压电陶瓷的压电性能。

虽然众多研究者对无铅压电陶瓷展开了一系列的研究，但从目前的研究状况来看，具有高压电性能的材料还是集中在铅基压电陶瓷体系中。西安交大电子陶瓷与器件教育部重点实验室徐卓、李飞教授团队设计了具有高压电效应的铁电陶瓷材料，通过引入局部结构无序，首次合成出了稀土元素 Sm 掺杂的 Pb（Mg，Nb）O_3-$PbTiO_3$ 压电陶瓷，获得高达 1500 pC/N 的压电系数，是商用软性压电陶瓷的两倍。

5.5　热释电陶瓷

在 32 种点群中，有 10 类没有对称中心的极性晶体具有热释电效应。在常温常压下，由于热释电材料具有极性，其内部存在着很强的未被抵消的电偶极矩，当温度改变时自发极化很容易受到温度的影响。热释电材料内部存在自发极化，但是对外却不显电性，这是由于在材料表面吸附电荷，内部自发极化建立的电场被完全屏蔽。这些吸附电荷有的来自材料中与微弱导电性相关的自由电子，还有的来于大气中吸附的异号离子。一旦温度发生变化，极化强度也发生一定的变化，导致屏蔽电荷跟不上极化电荷的变化，从而显示出电性。

常见的热释电陶瓷有 $BaTiO_3$、钛酸锶钡（$Ba_xSr_{1-x}TiO_3$）、锆钛酸铅（$Pb_xZr_{1-x}TiO_3$）、镧掺杂锆钛酸铅（PLZT）等。需要注意的是，热释电陶瓷在使用前须经极化处理，使其从各向同性体变成各向异性体，具有剩余极化，显现出热释电效应。

5.5.1　热释电陶瓷的性能参数

1. 热释电系数 p

当热释电陶瓷的温度发生改变时，会诱导陶瓷极化状态发生变化。极化强度随温度的变

化率为热释电系数。其定义为

$$p = \frac{\mathrm{d}P}{\mathrm{d}T} \tag{5-10}$$

式中，P 为极化强度；T 为温度，p 为热释电系数 $[C/(m^2 \cdot K)]$。

2. 电流响应优值 F_i

电流响应优值为

$$F_i = \frac{p}{C_V} \tag{5-11}$$

式中，C_V 为热释电材料单位体积的热容；p 为热释电系数。显然，p 越大，F_i 越大，意味着面束缚电荷变化率越高。常用热释电材料的 C_V 约为 $2.5 \times 10^6 J/(m^3 \cdot K)$。

3. 电压响应优值 F_u

$$F_u = \frac{p}{C_V \varepsilon_0 \varepsilon_r}$$

式中，ε_0 为真空自由介电常数，$\varepsilon_0 = 8.85 \times 10^{-12} F/m$；$\varepsilon_r$ 为相对自由介电常数。

4. 探测度优值 F_M

$$F_M = \frac{p}{C_V (\varepsilon_r \tan\delta)^{1/2}} \tag{5-12}$$

式中，$\tan\delta$ 为热释电材料的损耗角正切。

从这些性能参数可以发现，一种好的热释电材料需要有高的热释电系数、低的体积比热容、小的介电常数和介质损耗。除此之外，考虑到热释电性能的温度稳定性，还需要这种材料具有较高的居里温度。

5.5.2　典型热释电陶瓷材料

1. $PbTiO_3$ 系钙钛矿型热释电陶瓷

$PbTiO_3$ 具有热释电系数较大 $[接近 6 \times 10^{-8} C/(cm^2 \cdot K)]$、介电常数 ε_r 小、居里温度高（490℃）、热释电系数 p 和介电常数 ε_r 的温度系数小等优点，是一种高灵敏度的红外传感器材料，特别是 c 轴（极化轴）取向的 ε_r 低（约为 100）。用改性后的 $PbTiO_3$ 陶瓷制成的热释电探测器，探测温度可达到 TGS 探测器同一数量级。经过改性后的 $PbTiO_3$ 热释电陶瓷已成功应用于人造卫星上的红外地平仪和热释电红外辐射温度计。

而 PZT 陶瓷在 Zr/Ti>65/15 时，由低温铁电相转变为高温铁电相时，自发极化发生突变，变化值约为 $0.5 \times 10^{-2} C/m^2$，热释电系数达到 $4.0 \times 10^{-6} C/(cm^2 \cdot K)$，介电常数在 200~500 之间，且相变前后变化不大，使得这类材料具有较好的热释电优值。对 PZT 陶瓷进行改性，添加第三组元如 $Pb(Nb_{1/2}Fe_{1/2})O_3$、$Pb(Ta_{1/2}Sc_{1/2})O_3$ 等，可使相变温度移动到室温附近，有效提高了室温附近的热释电系数。同时，通过加入高价离子化合物（如 Nb_2O_5 等）可以减少热滞，使得 PZT 陶瓷具有更佳的热释电性能。这类材料已制成单体探测器，在红外探测和热成像系统中得到应用。另外，在 PZT 陶瓷中掺杂 La^{3+} 离子 $[Pb_{1-x}La_x(Zr_yTi_{1-y})_{1-x/4}O_3]$ 可提升陶瓷材料的居里温度，使其具有良好的热释电温度稳定性，同时其热释电系数高，可达 $17 \times 10^{-8} C/(cm^2 \cdot K)$。

随着 La 掺杂量的增加，热释电系数增加。但是这类材料的介电常数和介质损耗较大，对热释电探测器的电压灵敏度不利。

2. 无铅系热释电陶瓷

目前得到广泛应用的热释电探测器和红外探测器，其核心部件是 PZT 热释电陶瓷，由于 PZT 热释电陶瓷的主要成分是氧化铅，含铅量大，不利于环保，因此无铅热释电陶瓷越来越受到研究者的关注。目前常用的无铅热释电陶瓷材料可以分为钛酸钡（BT）基、铌酸锶钡（SBN）基、铌酸钠钾（KNN）基和钛酸铋钠（BNT）基四大类。

BT 陶瓷是研究最早、应用最广的一类无铅铁电材料，具有优异的铁电性能。虽然通过构筑相界可以对其性能进行优化，但由于它具有较大的介电常数、较低的居里温度（120℃）、较低的热释电系数和较小的热释电优值因子，对温度变化的灵敏度不高，因此在热释电应用方面并不具备天然优势。SBN 陶瓷是 $SrNb_2O_6$ 和 $BaNb_2O_6$ 二元固溶体，是典型的非充满型四方钨青铜结构，可以在较宽的组分和结构范围内对材料性能进行调节。但是其居里温度仅有84℃，且在室温以上时热释电系数随温度的变化较大，热稳定性差，难以满足常规热释电探测稳定性的要求。KNN 陶瓷也是一类重要的无铅铁电材料。采用织构化和相界设计是制备高压电性能 KNN 陶瓷的手段之一。但是室温下其热释电系数较低，对其在热释电方面的应用研究还处于起步阶段。而 BNT 基铁电陶瓷的居里温度可以达到 320℃，且兼具较高的热释电系数、较低的介电常数和较大的热释电优值因子，成为最有可能取代铅基陶瓷的无铅材料之一。

纯 BNT 的退极化温度可以达到 200℃，热释电系数为 $2.5 \times 10^{-4} C/(m^2 \cdot K)$。多元固溶是进一步提升 BNT 陶瓷材料热释电性能的重要手段。BNT-BT 体系中，在 MPB 处热释电系数可达 $3.15 \times 10^{-4} C/(m^2 \cdot K)$。通过调整 Bi/Na 比以及 La、Ta、Zr 等离子掺杂可有效提高 BNT 基陶瓷的热释电系数，但有时也会由于掺杂导致退极化温度的降低。如在 BNT-BKT 体系中，半径较大的 Zr^{4+}（0.72Å）取代半径较小的 Ti^{4+}（0.605Å），产生的晶格扭曲，降低离子位移激活能，增强了铁电畴活性，进一步提高热释电系数，但是会降低铁电相-弛豫相的相变温度，这可能与畴运动活性的增高有关。由此可见，热释电系数的提高往往以退极化温度的降低为代价。研究发现，Mn 加入形成的缺陷偶极子可对电畴进行钉扎，使材料在保持较大热释电系数的同时，有效提升退极化温度。从目前的研究状况来看，虽然国内外学者在无铅热释电陶瓷材料领域开展了大量的研究并取得了一系列进展，但仍然存在一些问题，至今还未发现一种在退极化温度和热释电性能方面全面赶超 PZT 陶瓷、可真正代替 PZT 陶瓷应用于实际生活中的无铅热释电陶瓷材料。

5.6　铁电陶瓷

铁电体是一类具有自发极化的介电晶体。自发极化是铁电晶体的根本性质，而且其自发极化的取向能随外加电场方向的改变而改变。在 32 个晶体学点群中，有 10 个点群具有特殊极性方向，只有属于这些点群的晶体才可能具有自发极化。因此铁电材料同时又是热释电材料和压电材料。

铁电体只有在极化后才能表现出热释电性。铁电体都具有热释电性，但与非铁电体的热释电性的微观机理不尽相同。以电气石为代表的非铁电体的热释电性是其本身固有的，不需要人工处理而得到。它们由于微观结构对称性太低，每个晶胞会出现非零的自发极化强度

P_s，并且所有晶胞的自发电偶极矩同向排列，使得宏观极化强度 $P=P_s$。这类晶体的电偶极矩只有唯一的一个可能取向，并且一直到晶体温度升到熔点或在晶体完全破坏之前，电偶极矩都不会消失，可以认为整个晶体就是一个"电畴"。而铁电体，如硫酸三甘氨酸（TGS），在未经特殊处理前，热平衡状态下的宏观极化强度恒定于零。但经过人工极化后，使微观电偶极矩沿极化方向的分量占优势，产生宏观持久的极化强度 P。经过极化的铁电体是处于亚稳态的，它的热释电效应只在不太高的温度范围内才可以重现，当温度升高到高于居里温度时，自发极化消失，热释电效应消失。

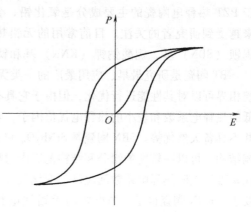

图 5-3 铁电体的电滞回线

铁电陶瓷是具有铁电性的陶瓷材料。铁电性是指在一定温度范围内具有自发极化且极化强度可以因外电场而反向，而且电位移矢量与电场强度之间的关系呈电滞回线现象的特征，电滞回线是判别铁电性的一个重要标志，如图 5-3 所示。

铁电陶瓷还有一个特点，就是它具有许多电畴。在一个电畴范围内，永久偶极矩的取向都一致。因此，凡是具有电畴和电滞回线的介电陶瓷就称为铁电陶瓷。

5.6.1 铁电陶瓷的性能参数

1. 充电储能密度

$$W = \int_0^{P_{max}} E \, dP \tag{5-13}$$

式中，W 为充电储能密度（J/cm^3）；E 为电场强度（kV/cm）；P_{max} 为最大极化强度（$\mu C/cm^2$）；P 为极化强度（$\mu C/cm^2$）。

2. 放电储能密度

$$W_{rec} = \int_{P_r}^{P_{max}} E \, dP \tag{5-14}$$

式中，W_{rec} 为放电储能密度（J/cm^3）；P_r 为剩余极化强度（$\mu C/cm^2$）。

3. 放电储能效率

$$\eta = \frac{W - W_{loss}}{W} \tag{5-15}$$

式中，η 为储能效率；W_{loss} 为能量损耗（J/cm^3）。

5.6.2 典型铁电陶瓷材料

1. 钛酸钡

钛酸钡（$BaTiO_3$）是一种典型的钙钛矿结构铁电体陶瓷，被广泛应用于制造多种类型的电容器，但其击穿强度低，损耗较大。通过添加 $Sr_{0.7}Bi_{0.2}TiO_3$ 和 $LiCO_3$ 对 $BaTiO_3$ 进行改性，击穿场强可达 $300kV/cm$，W_{rec} 可高达 $2.5J/cm^3$。

2. 钛酸铋钠

钛酸铋钠也是一种具有钙钛矿结构的典型铁电体陶瓷，有高的饱和极化值（约为 $40\mu C/cm^2$），同时 A 位存在无序的 Bi^{3+} 和 Na^+，具备固有的弛豫铁电性，因此被认为在储能陶瓷领域具有极高的研究价值。BNT 陶瓷的剩余极化强度和漏导电流大，这制约了其在储能领域的应用。通过掺杂改性和降低晶粒尺寸，可有效提升 BNT 陶瓷的储能性能。采用多种 ABO_3 组元，如 $SrTiO_3$、$NaTaO_3$、$BiTi_{0.5}Zn_{0.5}O_3$、$Bi(Zn_{2/3}Nb_{1/3})O_3$、$Sr_{0.7}Bi_{0.2}TiO_3$、$NaNbO_3$ 和 $AgNbO_3$，打破 BNT 中原有的铁电长程有序结构，生成极性纳米区（Polar Nanoregion，PNR），以降低剩余极化强度 P_r。另外，击穿场强 E_b 与陶瓷晶粒尺寸 G 有关（$E_b \propto 1/G^{1/2}$），因此可以通过降低晶粒尺寸来提高 BNT 陶瓷的击穿场强。与此同时，将弛豫体和反铁电体进行组合也可实现高能量密度和储能效率。如将具有反铁电性的 $NaNbO_3$ 加入 BNT 中，获得的 0.78BNT-0.22NaNbO_3 弛豫铁电陶瓷的储能密度高达 $7.02J/cm^3$，储能效率为 85%。通过离子掺杂，如 La^{3+}、Nd^{3+}、Dy^{3+}、Ta^{5+} 和 Zr^{4+} 等离子分别在 A 位和 B 位进行掺杂，可有效破坏铁电长程有序，降低 P_r，并通过降低晶粒尺寸提高击穿场强 E_b。

思 考 题

1. 论述 MLCC 的制备工艺过程及其工艺关键点。
2. 论述介电稳定型 $BaTiO_3$ 电容介质陶瓷的改性方法。
3. 论述 PZT 压电陶瓷硬性和软性掺杂改性的目的和方法。

参 考 文 献

[1] 周静. 功能材料制备及物理性能分析 [M]. 2 版. 武汉：武汉理工大学出版社，2021.
[2] 邓少生，纪松. 功能材料概论：性能、制备与应用 [M]. 北京：化学工业出版社，2012.
[3] 李延希. 功能材料导论 [M]. 2 版. 长沙：中南大学出版社，2023.
[4] 张良莹，姚熹. 电介质物理 [M]. 西安：西安交通大学出版社，1991.
[5] 王春雷，李吉超，赵明磊. 压电铁电物理 [M]. 北京：科学出版社，2009.
[6] 萨法·卡萨普. 电子材料与器件原理下册 应用篇 [M]. 3 版. 汪宏，等译. 西安：西安交通大学出版社，2009.
[7] 李美娟，白罗，张颖，等. 高电容且稳定钛酸钡基多层陶瓷电容器综述 [J]. 中国陶瓷，2022，58 (2)：7-19.
[8] 汪丰麟，张为军，毛海军，等. 温度稳定型 $BaTiO_3$ 基复合钙钛矿型介质材料研究进展 [J]. 材料导报，2022，36 (1)：57-63.
[9] 郭卫红，汪济奎. 现代功能材料及其应用 [M]. 北京：化学工业出版社，2002.
[10] 陈玉安，王必本，廖其龙. 现代功能材料 [M]. 重庆：重庆大学出版社，2008.
[11] 王春富，黎俊宇，李彦睿，等. 高介薄型陶瓷芯片电容制备工艺研究 [J]. 电子元件与材料，2022，41 (9)：1001-1006.
[12] 许子皓. "工业大米"陶瓷电容因车再火 [N]. 中国电子报，2022-10-11 (7).
[13] 李龙. 复合掺杂钛酸钡基陶瓷的制备及电学性能研究 [D]. 哈尔滨：哈尔滨理工大学，2023.
[14] 周馨我. 功能材料学 [M]. 北京：北京理工大学出版社，2002.

[15] 胡婉兵. 温度稳定型 BaTiO₃ 基多层陶瓷电容器介质材料的研究与制备 [D]. 广州：华南理工大学，2021.

[16] BUESSEM W R, KAHN M. Effects of grain growth on the distribution of Nb in BaTiO₃ ceramics [J]. Journal of the American ceramic society, 1971, 54 (9)：455-457.

[17] KAHN M. Preparation of small-grained and large-grained ceramics from Nb-doped BaTiO₃ [J]. Journal of the American ceramic society. 1971, 54 (9)：452-454.

[18] WADA N, HIRAMATSU T, TAMURA T, et al. Investigation of grain boundaries influence on dielectric properties in fine-grained BaTiO₃ ceramics without the core-shell structure [J]. Ceramics international, 2008, 34 (4)：933-937.

[19] RANDALL C A, WANG S F, LAUBSCHER D, et al. Structure property relationships in core-shell BaTiO₃-LiF ceramics [J]. Journal of materials research, 1993, 8 (4)：871-879.

[20] JEON S C, LEE C S, KANG S. The mechanism of core/shell structure formation during sintering of BaTiO₃-based ceramics [J]. Journal of the american ceramic society, 2012, 95 (8)：2435-2438.

[21] HENNINGS D, ROSENSTEIN G. Temperature-stable dielectrics based on chemically inhomogeneous BaTiO₃ [J]. Journal of the american ceramic society, 1984, 67 (4)：249-254.

[22] 于洪全. 功能材料 [M]. 北京：北京交通大学出版社，2014.

[23] 樊慧庆. 功能介质理论基础 [M]. 北京：科学出版社，2012.

[24] 张静，江平，王安玖. 掺杂对 PZT 压电陶瓷的影响及研究进展 [J]. 佛山陶瓷，2021, 30 (1)：8-10.

[25] 诸爱珍. PZT 二元系压电陶瓷的掺杂改性 [J]. 江苏陶瓷，1995 (3)：31-34；30.

[26] KOH D, KO S W, YANG J I, et al. Effect of Mg-doping and Fe-doping in lead zirconate titanate (PZT) thin films on electrical reliability [J]. Journal of applied physics, 2022, 132 (17)：174101.

[27] 孙华君，刘晓芳，陈文，等. Sr 取代量对 PMNS-PZT 压电陶瓷的影响 [J]. 电子元件与材料，2007, 26 (7)：7-10.

[28] XUE L, WEI Q, WANG Z J, et al. Electrical properties of Sb₂O₃-modified BiScO₃-PbTiO₃-based piezoelectric ceramics [J]. RSC Advances, 2020, 10 (23)：13460-13469.

[29] HAYET M, NECIRA Z, BOUNEB K, et al. Structural and electrical characterization of La³⁺ substituted PMSPZT (Zr/Ti：60/40) ceramics [J]. Materials science-poland, 2018, 36 (1)：1-6.

[30] ZHAO C H, DONG H, CHING C C, et al. Deconvolved intrinsic and extrinsic contributions to electrostrain in high performance, Nb-doped Pb (ZrₓTi₁₋ₓ) O₃ piezoceramics (0.50≤x≤0.56) [J]. Acta materialia, 2018, 158 (1)：369-380.

[31] KIM H T, JI J H, KIM B S, et al. Engineered hard piezoelectric materials of MnO₂ doped PZT-PSN ceramics for sensors applications [J]. Journal of Asian ceramic societies, 2021, 9 (3)：1083-1090.

[32] 贺连星，高敏，李承恩. 铬掺杂对 PZT-PMN 陶瓷材料性能的影响 [J]. 无机材料学报，2001, 6 (2)：337-343.

[33] DU Z Z, YANG Y T, LIU Y X, et al. Electrical properties and temperature stability of CeO₂ and MnCO₃ co-doped Pb₀.₉₅Sr₀.₀₅ (Mn₁/₃Nb₂/₃)₀.₀₅ (Zr₀.₄₈Ti₀.₅₂)₀.₉₅O₃ piezoceramics with high mechanical quality factor [J]. Journal of materials science：materials in electronics, 2021, 32 (3)：2895-2905.

[34] 赵宁，乔双，马雯，等. 热释电材料性能及应用研究进展 [J]. 稀有金属，2022, 46 (9)：1225-1234.

[35] 王艺瞳，王文静，常园园，等. 高性能无铅热释电材料的研究与制备 [J]. 科技视界，2019 (17)：73-74.

[36] 高山良一，富田佳宏，阿部惇，等. PbTiO₃ 系热释电材料的薄膜化 [J]. 压电与声光，1989 (3)：

69-73.

[37] 卢朝靖, 邝安祥, 王世敏, 等. PbTiO$_3$薄膜的热释电特性研究 [J]. 科学通报, 1994 (6): 502-504.

[38] 符小荣. 非制冷红外探测器用PbTiO$_3$系铁电薄膜的Sol-Gel法制备及性能研究 [D]. 上海: 中国科学院上海微系统与信息技术研究所, 2002.

[39] 何爽, 郭少波, 姚春华, 等. 钛酸铋钠基铁电陶瓷的热释电性能研究进展 [J]. 红外, 2022, 43 (12): 1-6.

[40] 上阳超. 储能电容器用弛豫铁电陶瓷充放电性能研究 [D]. 西安: 陕西科技大学, 2024.

[41] 姚晓明. 用流延法生产优质Al$_2$O$_3$陶瓷基板 [J]. 电子元件与材料, 1994 (4): 59-62.

[42] 钟玉姣, 曹苏恬, 温馨. AlN陶瓷基片专利技术分析 [J]. 中国科技信息, 2024 (4): 20-22.

[43] 王琳, 解帅福, 路萌萌, 等. 高性能Si$_3$N$_4$陶瓷基板制备工艺与性能研究进展 [J]. 科技与创新, 2023 (6): 62-64.

[44] 王建军. 高导热氮化硅陶瓷基板制备与性能研究 [D]. 淄博: 山东理工大学, 2023.

[45] 徐玉茹. NBT-KBT基高温陶瓷电容器瓷料的构建及性能研究 [D]. 北京: 北京工业大学, 2020.

[46] PAN M J, RANDALL C A. A brief introduction to ceramic capacitors [J]. IEEE electrical insulation magazine, 2010, 26 (3): 44-50.

[47] HOSHINA T, TAKIZAWA K, LI J, et al. Domain size effect on dielectric properties of barium titanate ceramics [J]. Japanese journal of applied physics, 2008, 47 (9): 7607-7611.

[48] HONG K, LEE T H, SUH J M, et al. Perspectives and challenges in multilayer ceramic capacitors for next generation electronics [J]. Journal of materials chemistry C, 2019, 7 (32): 9782-9802.

第 6 章
半导体材料

6.1　半导体材料概述

　　半导体材料是一类电导率介于导体和绝缘体之间的材料，在电子学和光电子学领域中扮演着重要的角色。半导体材料价带和导带之间存在带隙，使其具有众多独特的物理学性质。此外，基于半导体的能带结构特性，半导体材料能够通过掺杂来改变其电学性质，掺杂可以引入额外的自由电子或空穴改变其载流子浓度、载流子迁移率、能带结构、光电学特性等，是实现各种半导体器件功能的关键步骤之一，为半导体技术的发展和应用提供了重要的基础。本章首先讲述了半导体的分类、特点，进一步介绍了几种重要半导体的制备技术，为半导体材料的学习和研究提供参考。

6.1.1　半导体材料的分类及应用

　　半导体材料的种类众多，根据其结构和性质主要可以分为以下几种。

　　（1）元素半导体、化合物半导体和有机半导体　　元素半导体是由单一元素构成的半导体材料，其中最常见、应用最广泛的元素半导体是硅（Si），此外锗（Ge）、锑（Sb）、硒（Se）和砷（As）等元素半导体也被广泛应用于众多领域。元素半导体具有稳定性高、制备工艺成熟、应用广泛等特点，是电子器件制造最重要的材料之一。

　　化合物半导体是由两种或多种不同元素组成的半导体材料。常见的化合物半导体主要有砷化镓（GaAs）、氮化镓（GaN）、碳化硅（SiC）等。这些化合物半导体具有较高的电子迁移率和光电性能，因此在高频、高功率电子器件和光电器件中有重要应用。

　　有机半导体是由碳基分子组成的半导体材料。它们多为碳链、环状结构等，分子结构通常包含碳、氢、氧、氮等元素，如聚苯乙烯、聚 3-己基噻吩、聚 3,4-乙烯二氧噻吩、扁平芳香族化合物和芳香族烃等。碳纳米材料虽然不严格符合有机半导体的定义，但碳纳米管和石墨烯等材料具有优异的电学性能和独特的结构特点，适用于制备各种电子器件，也可以被近似看作半导体材料。有机半导体具有良好的可塑性和柔性，在柔性电子、柔性显示、光电器

件等领域有着广泛的应用。

（2）n型半导体和p型半导体 n型半导体是一种掺杂能够提供自由电子杂质（施主）的半导体材料。在n型半导体中，施主杂质通常是Ⅴ族元素，如磷（P）或砷（As）。这些施主杂质原子取代了部分半导体晶格中的原子，这使得周围的4个共价键中有1个失配的电子，形成了额外的自由电子，从而导致其导电性能增强。n型半导体常用于二极管、场效应晶体管、太阳能电池等电子器件中。

p型半导体是通过掺杂受主杂质（提供空穴）而形成的半导体材料，受主杂质通常是Ⅲ族元素，如硼（B）或铟（In）。这些受主杂质原子取代了部分半导体晶格中的原子，并在晶格中留下一个空穴，形成额外的空穴载流子从而使其具有良好的导电性能。

（3）单晶半导体和多晶半导体 单晶半导体是由整块单一晶体构成的半导体材料，如单晶Si、单晶SiC等。在单晶半导体中，晶格结构是高度有序的，所有原子都排列在一个个连续的晶格中。晶体结构的完整性和原子排布的高度有序性可以减少电子和空穴的散射，从而提高了载流子的迁移速度和载流子寿命，因此单晶半导体通常具有高度的电子迁移率和良好的电学性能。由于单晶半导体的制备过程更加复杂，并且半导体的价格昂贵，因此它们通常用于高性能电子器件的制造，如微处理器、光电器件等。

多晶半导体是由多个小晶体或晶粒组成的半导体材料，如多晶Si、多晶SiC等。这些晶粒之间的晶界存在着结构上的不完整性，且不同晶粒之间的生长取向不同（整体上的原子排布不具有周期的有序性）。尽管多晶半导体的电学性能不及单晶半导体，但由于多晶半导体的制备通常比单晶半导体更简单且成本更低，同时还兼具良好的电学性能，因此也广泛应用于许多电子器件如太阳能电池、液晶显示器、电池等中。需要说明的是，往往同一种材料根据制备方法不同可以获得单晶或多晶形态。

（4）直接带隙半导体和间接带隙半导体 直接带隙半导体是指其导带最小值（导带底）和价带最大值（价带顶）在k空间中处于同一位置的半导体。在这种情况下，电子可以通过吸收或发射一个光子而不改变动量进行跃迁。由于电子和空穴之间的跃迁不需要改变动量，因此直接带隙半导体在吸收和发射光子时具有较高的效率，这使得它们在光电器件中具有重要应用，如激光器和光电二极管。直接带隙半导体主要有GaAs、磷化镓（GaP）、砷化铟（InAs）、磷化铟镓（InGaP）、磷化铟砷（InAsP）、GaN等。

间接带隙半导体的能带结构中，导带最小值（导带底）和价带最大值（价带顶）在k空间中的不同位置。这意味着电子在跃迁时必须改变动量，通常需要通过声子（晶格振动）来实现。由于电子和空穴之间的跃迁需要改变动量，因此间接带隙半导体在吸收和发射光子时的效率较低。尽管如此，间接带隙半导体如Si的制备工艺成熟，制备成本相对较低，晶体质量较好，有利于提高器件的性能和稳定性。此外，间接带隙半导体的晶体结构相对稳定，不易受环境影响，有利于器件的长期可靠运行。因此，在集成电路、太阳能电池等领域，间接带隙半导体具有广泛的应用前景。间接带隙半导体主要有Si、Ge等。

（5）大带隙半导体（宽禁带半导体）、中等带隙半导体、小带隙半导体（窄禁带半导体） 大带隙半导体具有较大的能带隙，通常大于2eV。这些材料中的电子需要较高的能量才能从价带跃迁到导带，因此它们通常在室温下不易导电。由于能带隙较大，大带隙半导体通常在高温下工作，具有较高的电子迁移率和较低的载流子浓度。SiC、氧化锌（ZnO）、GaN是常见的大带隙半导体材料。

小带隙半导体具有较小的能带隙，通常小于 1eV。这些材料在室温下通常具有良好的导电性，因为它们的导带和价带之间的能隙较小，电子易于跃迁到导带中。小带隙半导体通常用于制造红外光电探测器、激光器、太阳能电池等器件。常见的小带隙半导体材料包括砷化镉（CdTe）、硒化铟（InSe）等。

中等带隙半导体具有介于大带隙和小带隙半导体之间的能带隙，通常在 1~2eV 之间。这些材料在室温下通常具有一定的导电能力（但相对较弱）。它们通常被用于一些特定的应用，如光电二极管、光敏电阻等。例如，硒化镉（CdSe）和 GaAs 等材料可以归类为中等带隙半导体。

6.1.2 半导体材料的制备方法

半导体材料的制备方法多种多样，具体选择的方法通常取决于材料的特性、成本、规模以及应用条件等因素。以下是几种常见的半导体材料制备方法。

（1）Czochralski（CZ）法　CZ 法是一个受控的固液转变过程，其原理基于在熔融的晶体原料中浸入晶体种子，然后逐渐提拉晶体种子并控制温度梯度，使熔体逐渐凝固形成单晶。该方法由波兰科学家扬·丘克拉斯基（Jan Czochralski）于 1916 年首次提出，是制备单晶硅（Monocrystalline Silicon）最重要的方法，可用于大直径、高品质半导体晶体的制备。在制备单晶材料时，外加磁场还可以影响晶体表面的形态和生长速率，从而控制晶体的形状、尺寸以及提高其质量。这对于生长特定形状、尺寸及高性能的晶体非常重要（该方法也被称为 MCZ 法）。因此，近年来强磁线圈的引入是制备高质量单晶块体材料的重要方法。图 6-1 所示为西安理工大学刘丁教授团队采用直拉法生长单晶 Si 的原理示意图。

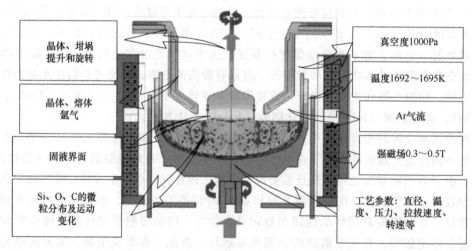

晶体、坩埚提升和旋转

晶体、熔体氩气

固液界面

Si、O、C 的微粒分布及运动变化

真空度1000Pa

温度1692~1695K

Ar气流

强磁场0.3~0.5T

工艺参数：直径、温度、压力、拉拔速度、转速等

图 6-1　直拉法晶体生长单晶 Si 的原理示意图

（2）区熔法　区熔（Zone Melting，ZM）法是一种制备高纯度单晶材料的技术。它通过使用一个加热器在多晶棒上形成一个熔区，并使这个熔区沿着棒的长度移动，逐渐重新结晶形成单晶。这种方法不需要坩埚，避免了坩埚材料的污染，因此特别适合制备高纯度的单晶硅（Si），并广泛用于生产高电阻率的半导体材料，如用于功率电子器件和高频应用的高纯度单晶硅和其他半导体材料。区熔法的装置示意图如图 6-2 所示。

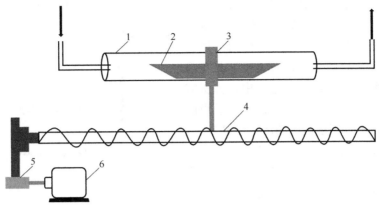

图 6-2　区熔法的装置示意图

1—石英管　2—舟和熔料　3—热源　4—导向螺杆　5—涡轮及齿轮组　6—电动机

（3）梯度凝固法　梯度凝固（Gradient Freezing，GF）法也是一种常见的用于制备单晶材料的方法。在梯度凝固法中，通过在原料中创建一个温度梯度，使原料在固化时形成单晶结构。这个过程可以通过在原料上施加一个温度梯度或通过控制固化的速度来实现。在梯度凝固法中，原料被熔化，然后在温度梯度的作用下逐渐凝固。在凝固的过程中，单晶的结构在温度梯度的影响下逐渐形成。通过适当的设计和控制，可以在块体中形成单晶结构。

上述几种方法主要针对制备高质量的单晶块体半导体材料，如单晶 Si、单晶 Ge、单晶 GaAs 等。

（4）气相沉积技术　气相沉积（Vapor Deposition，VD）技术是一种常用的半导体薄膜制备方法，通过将气体中的原料物质沉积在基板表面来形成薄膜。这种技术主要分为物理气相沉积（PVD）和化学气相沉积（CVD）两类。在 PVD 中，使用物理手段将固态材料从源中蒸发或溅射，并通过真空环境将其沉积在基板表面上。常用的 PVD 技术包括热蒸发、电子束蒸发、磁控溅射等。PVD 通常用于制备金属、合金、氧化物等材料的薄膜。在 CVD 中，通过气相中的化学反应来生成气态前体，然后在基板表面上发生化学反应，生成所需的固态薄膜。常用的 CVD 技术包括金属有机化学气相沉积（MOCVD）、原子层沉积（Atomic Layer Deposition，ALD）、热/低压/激光/气相输运 CVD 等。CVD 广泛应用于制备复杂化合物、合金、半导体等材料。

（5）分子束外延技术　分子束外延（Molecular Beam Epitaxy，MBE）技术是一种高真空下的半导体薄膜生长方法，通过在基底表面逐个热蒸发和沉积材料分子来生长单层晶体。在MBE 过程中，利用分子束的高度定向性和精确的控制能力，可以实现对薄膜原子层级别的精确控制（可以将原子一个一个地直接沉积在衬底上），从而制备出具有精确厚度、组成和结构的复杂异质结构、量子点等。分子束外延虽然也是一个以气体分子论为基础的蒸发过程，但它并不以蒸发温度为控制参数，而以系统中的四极质谱仪、原子吸收光谱等现代仪器精密地监控分子束的种类和强度，从而严格控制生长过程与生长速率。该方法既不需要考虑中间化学反应，又不受质量传输的影响，并且利用快门可对生长和中断进行瞬时控制，膜的组分和掺杂浓度可随要求的变化做迅速调整。因此，这种方法被广泛应用于制备高质量的半导体器件、超晶格结构以及纳米材料，是研究和开发纳米电子学和光电子学领域的重要工具之一。图 6-3 所示为 MBE 技术的原理示意图。

（6）溶液生长技术　溶液生长（Solution Growth, SG）技术是一种利用溶液中的溶质在适当条件下结晶生长的方法，通常用于制备晶体或半导体薄膜材料。在这个过程中，将所需的溶质溶解在溶剂中，形成溶液，并在适当的温度和压力条件下控制溶液中的溶质结晶生长。随着溶液中溶质的结晶生长，可以通过调节溶液成分、温度、压力等参数来控制晶体或薄膜的形貌、尺寸和结构。这种方法通常用于制备金属氧化物、有机晶体、生物晶体等材料。该

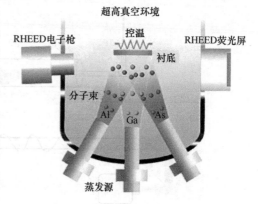

图 6-3　MBE 技术的原理示意图

方法具有成本低和操作简单的特点，在科学研究和工业生产中得到广泛应用。SG 技术还可以分为 Sol-Gel 法、溶液旋涂（Spin Coating）法、溶剂热（Solvent Thermal）法等。

（7）脉冲激光沉积（PLD）技术　PLD 技术是一种利用高能量、短脉冲激光束照射到目标材料表面，导致其局部蒸发并沉积到基底表面上形成半导体薄膜的制备方法。通过调节激光能量、频率以及靶材与基底的距离等参数，可以实现对薄膜厚度、成分和结构的精确控制。这种技术被广泛应用于制备复杂的多元化合物薄膜、纳米结构和功能性材料，具有高度的工艺可控性，在微电子、光电子、传感器、光学器件等领域有着广泛的应用前景。

（8）气相掺杂技术　气相掺杂（Gas Phase Doping, GPD）技术是一种半导体制备方法，用于向半导体材料中引入高浓度的杂质原子，以改变其电性质。在该过程中，通常通过将气态杂质源（如气体或挥发性化合物）送入高温反应室中，并与半导体晶片表面相互作用，使杂质原子嵌入半导体晶体内部。其包括离子注入（Ion Implantation）、化学气相深度掺杂等方法。这种技术可以调节半导体中的电子浓度和类型，以实现特定的电子器件性能需求，如控制晶体管的导电性或太阳能电池的光吸收能力等。

6.2　元素半导体的制备

6.2.1　单晶硅

Si 的晶体结构为面心立方（Face-Centered Cubic, FCC），结构示意图如图 6-4 所示。在 Si 晶体中，每个硅原子与其周围 4 个硅原子形成共价键，并排列成面心立方的晶格结构。单晶硅是硅原子按一定规律周期性重复排列所形成的有序结构，是制造集成电路芯片最重要的半导体材料。现如今超过 90% 的半导体器件和集成电路的制作是基于单晶硅进行的，单晶硅已经成为微电子、光伏、通信和航空航天等领域最重要的材料。Si 的物理、化学性质依据不同晶向有所不同，多数硅器件（如晶体管、集成电路

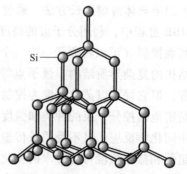

图 6-4　Si 的晶体结构示意图

等），大都采用［111］晶向的硅片；表面器件（如 MOSFET、CCD 等）和太阳能电池大都采用［100］晶向的单晶硅。

从 19 世纪开始，研究者们已经开发出了多种制备单晶硅的方法，如 CZ 法、区熔法、外延法、焰熔法、水热法等。

（1）CZ 法（通常也叫直拉法）　该方法的原料采用多晶硅（Polycrystalline Silicon），多晶硅材料的制备方法通常是先将硅石（SiO_2）在电炉中高温还原为冶金级硅（纯度为 95% ~ 99%），然后将其变为硅的卤化物或氢化物，经提纯以制备高纯度的多晶硅，再通过 CZ 法获得单晶硅。其具体流程可简述如下。

首先将多晶硅原料放入石英干锅中并加热使其熔化形成熔体，随后在液面上浸入籽晶（直径几毫米），然后逐渐旋转提拉籽晶。同时控制提拉速度和旋转速度，籽晶提拉过程中由于吸附作用液体也会跟着向上运动并形成过冷状态，致使熔体沿着晶体表面凝固形成单晶。控制炉内的温度梯度，使得晶体与熔体之间的交界处保持在一个特定的温度，以控制晶体生长的速率和质量。一旦晶体达到所需尺寸和形态，停止提拉并让晶体完全凝固。然后，晶体可以从种子棒上切割下来，进行后续加工和制备。在晶体生长的过程中，可以向熔体中添加适当的掺杂物，以改变晶体的电学性质。

单晶炉是用于生长单晶体的关键设备，其主要构造包括炉体、机械运动装置、熔融池、温度控制系统、气氛控制系统、水冷系统、真空系统以及磁场源等，其结构示意图如图 6-5 所示。炉体是单晶炉的主要结构，通常由高温材料（如石墨）制成，能够耐受高温环境，为晶体生长提供密闭环境和一定的机械支撑，其内部通常有加热元件（例如加热线圈）用

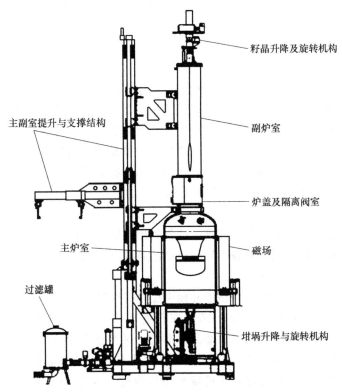

图 6-5　单晶炉的结构示意图

于提供必要的温度。机械运动装置通常包括籽晶旋转、籽晶提升、坩埚提升和坩埚旋转 4 套独立的驱动单元。其中，坩埚提升是为了补偿熔体液面的下降，而坩埚旋转是为了搅拌熔体，并消除热场的不对称性对晶体生长的影响。熔融池是装载原料并将其熔化的区域。在单晶生长过程中，晶体种子部分浸入熔融池中，并与熔体接触，从而形成单晶。温度控制系统用于确保炉内温度的稳定性和均匀性，这是单晶生长过程中非常关键的因素。某些单晶生长过程需要在特定的气氛条件下进行，例如氧化硅单晶的生长需要控制氧气浓度。气氛控制系统负责提供和维持所需的气氛条件。由于单晶硅的生长是在 1000℃ 以上的高温下进行的，因此需要对炉膛、籽晶轴、坩埚等部件进行水冷。在进行拉晶前使用真空系统将炉膛内的空气抽出，以保护炉内晶体和硅原料不被氧化。在晶体生长过程中通常还需要通入一定流量的高纯氩气维持炉膛压力。因此，该真空系统中还配有真空测试仪表、高精度流量仪表以及阀门等部件。此外，随着单晶硅向大尺寸发展，投料量急剧增加，这将会导致在腔体内产生严重的热对流，进而影响样品的质量。磁场的引入可以有效地控制熔体的流动方向，改善晶体内部杂质缺陷，减弱对流对样品的影响，使晶体生长得更加均匀。

根据 CZ 法晶体生长工艺，单晶炉内的晶体生长过程可以具体分为以下流程：①抽空/捡漏，通过真空系统抽掉腔体里的空气并通入氩气，反复进行此过程对炉膛进行清洗，待清洗完成后抽真空并检查炉膛的气密性；②熔化硅原料，将硅原料放入石英坩埚中，在高温下（通常超过硅的熔点约 1414℃）熔化硅原料，石英坩埚和加热元件会提供所需的高温；③拉晶，缓慢提升籽晶，并在适当的条件下使之旋转，通过控制温度梯度和晶体提升速度，从液态材料中生长出单晶棒，通过控制熔融硅的温度、磁场和其他参数，确保晶体生长过程中的温度分布和流动状态是稳定的，该过程还涉及缩颈、放肩、转肩等径生长以及收尾等过程；④降温停炉，晶体生长完成后控制加热器程序使炉膛温度逐步降低，防止过快的降温引起晶体开裂，待晶体完全冷却后取出晶体；⑤切割与加工，将生长好的单晶棒切割成合适尺寸的晶片，并对晶片进行化学处理、清洗和其他加工步骤备用。

（2）区熔法 区熔（MZ）法也是一种常用于制备单晶硅的方法，其核心原理是在高温环境下将硅原料加热至熔点以上，形成液态硅池，并在硅池和种子晶体之间施加恰当的温度梯度和拉晶速度，使液态硅逐渐凝固并在种子晶体上生长成单晶硅棒。这一过程中，需要精确控制各项工艺参数，以确保获得高质量、高纯度的单晶硅，满足半导体行业的需求。区熔法因其适用于小批量生产、能够生长直径较大的单晶硅棒等特点，在特殊应用和研究领域中具有重要意义。区熔法和 CZ 法都是用于制备单晶硅的常见方法，它们在工艺和应用方面存在一些异同点。

两种方法的相似点：在原理上，两种方法都利用熔融硅的特性，在种子晶体上生长单晶硅；在用途上，两种方法都用于制备半导体级别的高纯度单晶硅，用于集成电路、太阳能电池等半导体器件的制造。

不同点：①生长方式，区熔法在整个硅棒中加热硅原料，通过控制硅棒中的温度梯度和拉晶速度，在液态硅表面形成单晶硅；CZ 法在石英坩埚中熔化硅原料，然后将种子晶体沉入熔液中，在液态硅表面形成单晶硅；②晶体形态，区熔法产生的单晶硅棒直径通常较大，可用于直接切割成较大尺寸的硅片，CZ 法通常产生直径较小的单晶硅棒，需要进行多次拉晶和切割，以获得所需尺寸的硅片；③纯度和晶格结构，CZ 法由于晶体生长的过程中可以控制气氛和搅拌方式，因此通常可以获得较高的晶体质量和更高的纯度，区熔法由于其生长方式的特殊性，可能存在较大的晶格位错和杂质分布，因此在纯度和晶格结构上可能略逊于 CZ 法；④适用性，CZ 法适用于大规模生产，可以连续生长较长的单晶硅棒，因此在工业化生产中被广泛采用，区熔法通常用于小批量生产或特殊要求的场合，例如需要大直径单晶硅棒的特殊应用或研究。

（3）薄膜或薄片状单晶硅的制备方法　化学气相淀积（CVD）是一种常用的薄膜硅的制备方法，通过将硅源气体（通常是硅烷（SiH_4）、氯硅烷（$SiCl_4$）或其他含硅化合物）在高温下分解，使其在衬底上沉积生成薄膜或片状单晶硅（基底通常使用硅片、玻璃、石英等），热分解温度通常在 600~1100℃ 之间。这个过程通常在真空或惰性气体环境下进行，以确保高纯度和无杂质的单晶硅生长。该工艺过程中前驱体气体和载气的流量需要精确控制，例如硅烷流量可能在几 sccm（标准立方厘米每分钟）到几百 sccm 之间，载气流量则更高，通常在 L/min 量级。另一种常用于制备薄膜或片状单晶硅的方法是气相转移法。该方法利用气相的化学反应，在适当的温度和压力下（工艺温度通常在 1000~1500℃ 之间），在衬底上沉积单晶硅。通常使用硅源气体（如硅氢化合物）和载气（如氢气）的混合物，然后通过适当的条件控制沉积在衬底上的硅层的晶格结构。

6.2.2　多晶硅

多晶硅由多个晶粒组成，晶粒之间存在晶界，其晶体结构不如单晶硅完美，但制备成本更低，适用于太阳能电池、液晶显示器等应用。多晶硅的常见制备方法有：①化学气相沉积（CVD），在沉积过程中，将硅原料气体（通常是硅氢化合物）送入反应室，通过热化学反应或热分解将硅原料沉积在基板上形成多晶硅薄膜；②溅射沉积（Sputtering Deposition）法，通过溅射方法在基板表面沉积硅原子，形成多晶硅薄膜，这种方法通常使用固态硅靶材和惰性气体离子束来产生硅原子；③区熔（MZ）法，通过在硅棒上施加电流并移动加热区域，使硅棒局部熔化，然后逐步凝固形成多晶硅；④溶液生长（Solution Growth）法，利用溶解了硅原料的溶液，通过化学反应或热处理使硅沉积在基板上形成多晶硅；⑤激光结晶（Laser Crystallization）法，通过激光束对非晶硅薄膜进行局部加热，使其熔化并在基板表面形成多晶硅。

此外，还有非晶硅材料，该材料没有长程的有序结构，其原子排列呈无序状态。非晶硅常用于液晶显示器、薄膜太阳能电池等领域。非晶硅的常见制备方法和多晶硅的类似，只是采用了更低的热处理温度，使硅不晶化。

6.2.3　锗

锗和硅的制备方法在某些方面相似，但在其他方面也存在显著的差异。区熔（MZ）法、梯度凝固（GF）法和气相外延（Vapor Phase Epitaxy，VPE）法都可以实现单晶锗的生长（这和制备单晶硅的方法相似，这里不再重复介绍）。由于锗的物理和化学性质与硅不同，因此 CZ 法不适用于单晶锗的生长。在 CZ 法中，通过将硅原料熔化并在恒定的温度下拉出，形成单晶硅棒。但是，单晶锗的生长需要更高的温度和更高的拉出速度，而且锗的熔点比硅高很多。相比之下，区熔法是一种更适合于单晶锗生长的方法。区熔法通过在熔融锗中控制电流和磁场来生长单晶锗，这种方法可以更好地满足单晶锗生长的特殊要求，并且更为常见和可靠。在锗薄膜的制备方面化学气相沉积、激光热解法等也可以用来制备单晶、多晶或非晶锗薄膜。区熔法制备单晶锗的基本步骤如下。

1）准备坩埚（通常为石英坩埚），将高纯度的锗原料（通常为多晶锗块）放入坩埚中。确保坩埚和原料的纯度和质量良好，以保证最终单晶的质量。

2）将坩埚和锗原料放置在熔炉中，充入惰性气氛（如氩气）以防止其氧化。将熔炉加热至适当的温度（通常在1200~1400℃之间），使锗原料熔化。熔炉的温度控制非常关键，通常需要在高温下维持均匀的熔化状态。

3）在熔化的锗表面缓慢地降下预先生长好的单晶锗棒（称为种晶），种晶的选择和降温速度会影响最终单晶的质量和取向。

4）通过逐渐向上拉升坩埚，使熔融的锗在种晶的表面结晶生长。随着坩埚的拉升（拉升速度通常在1~10mm/h之间），单晶锗会逐渐形成，并在种晶上延伸生长。在生长过程中，需要严格控制温度、拉升速度和气氛等参数，以确保单晶锗的取向和纯度，过程中的微小变化都可能对单晶的质量产生影响。

5）当单晶锗生长到一定长度后，停止拉升坩埚，让单晶锗自然冷却固化。在固化过程中，锗晶体会逐渐形成完整的单晶结构。

6）最终得到的单晶锗棒可能需要经过切割和磨削等工艺处理，以得到所需尺寸和表面质量的单晶锗片。此外，还有一些常见的元素半导体如硒、砷和锡，这些半导体的制备方法和硅、锗相近，具体不再赘述。

6.3 化合物半导体

6.3.1 氮化镓和砷化镓

（1）氮化镓（GaN） 目前大多数的芯片都是由高纯度硅（Si）制作的，Si具有资源丰富、工艺成熟、稳定性较高等优势，在芯片半导体等产业占据着重要的地位。但由于Si不耐高压、易击穿，在高功率器件的应用领域有明显的不足，因此需要一种耐高压的宽禁带半导体来代替Si，如GaN。GaN是一种宽禁带的直接带隙半导体，它有着宽直接带隙、高击穿场强和热导率以及优异的物理和化学稳定性等优点（熔点在2500℃以上）。此外，如同其他Ⅲ族元素的氮化物，GaN对电离辐射的敏感性较低，在光电子器件（如发光二极管）、功率电子器件（如电力转换和电动汽车）、射频器件（如通信、雷达和无线基础设施）、传感器（如气体传感器、压力传感器和光学传感器）等领域有着重要的应用价值。

理论上，可以在高温高压下把金属镓和氨气反应合出GaN，其反应化学方程式为

$$2Ga+2NH_3 \longrightarrow 2GaN+3H_2 \tag{6-1}$$

然而，芯片的晶体管要在高纯度、低缺陷的单晶材料上制作，而GaN单晶的提纯和制备工艺还不完善，不仅生产成本高且所获得的单晶缺陷也较多。所以大多数GaN器件都是直接在Si、SiC、蓝宝石（Al_2O_3）等衬底上外延获得，其制作方法主要有金属有机物气相外延、分子束外延、溶液热反应、氢化物气相外延、碳纳米管限制反应等。这里主要介绍两种最为常见的GaN的制备方法。

1）金属有机物化学气相外延
（MOCVD）。CVD 是以物质从气相向固相
转移为主的外延生长过程。含外延膜成分
的气体被气相输运到加热衬底或外延表面
上，通过气体分子热分解、扩散以及在衬
底附近或外延表面上的化学反应，并按一
定的晶体结构排列形成外延膜或者沉积层。
这里选取以三甲基镓（TMG）和氨气
（NH_3）作为 Ga 源和 N 源，以（001）取
向的蓝宝石为衬底，在标准大气压下外延

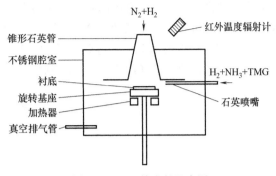

图 6-6　GaN 的生长示意图

GaN 为例说明其工艺流程，GaN 的生长示意图如图 6-6 所示。

蓝宝石衬底在使用之前依次在丙酮、乙醇和去离子水中清洗，最后在 N_2 中进行干燥，
使衬底表面干燥无污染；在薄膜生长前将衬底在 H_2 流中加热至略高于 1000℃（如
1050℃），然后将衬底温度降低到 1000℃以生长 GaN 膜；在沉积过程中，主流的 H_2、NH_3
和 TMG 的流速分别约为 1.0L/min、5.0L/min 和 54μmol/min。子流的 H_2 和 N_2 的流速分别
保持约为 10L/min；在适当的温度和压力下，金属有机化合物和氮源在衬底表面发生化学反
应，生成 GaN 薄膜，并逐渐生长到所需厚度［反应方程式如式（6-2）所示］；然后进行退
火处理以提高薄膜的结晶质量和晶体结构，随后冷却反应室和样品并去除样品待用。通过调
节反应条件（如温度、压力、气体流量和反应时间等），可以控制 GaN 薄膜的性质，如晶体
结构、取向、厚度和掺杂浓度等，以满足不同应用的要求。

$$Ga(CH_3)_3 + NH_3 \longrightarrow GaN + 3CH_4 \tag{6-2}$$

2）分子束外延（MBE）。MBE 是一种常用的制备 GaN 薄膜的方法之一，它通过在真空
环境中使用热蒸发的方式将金属源和氮源分子束引入衬底表面来实现，通常用于制备高质
量、低缺陷密度的 GaN 薄膜，适用于研究和特殊应用领域。

在 MBE 过程中，通过热蒸发的方法将金属源（通常是金属镓）和氮源（通常是 N_2 或
NH_3）分子束引入衬底表面，从而在其上形成 GaN 薄膜。直接采用 NH_3 作为氮源的 MBE，
被称为气源分子束外延（GSMBE 或 RMBE）。采用 N_2 等离子体作为氮源的有射频等离子体
辅助分子束外延（RF-MBE）和电子回旋共振等离子辅助分子束外延（ERC-MBE）两种。

MBE 系统主要包括真空系统、生长系统、原位监控系统、冷却水循环系统、电源系统、
气路系统、机电控制系统等，其实物图如图 6-7 所示。MBE 制备 GaN 的工艺可简述如下：
准备高质量的衬底，通常是具有晶面取向的蓝宝石（Al_2O_3）或 Si 基底，并进行清洗和表面
处理（依次在三氯乙烯、丙酮和异丙醇的超声浴中清洗以去除表面残留物，最后在去离子
水中进行漂洗，用 N_2 进行吹干），以确保表面光滑、清洁；将 MBE 系统抽空至高真空状态
（$10^{-11} \sim 10^{-10}$ Torr），以排除空气和杂质，并确保稳定的工作环境；将衬底加热至适当的温
度，通常在 600~1000℃之间，以准备 GaN 的生长；将金属源（通常是金属镓）和氮源（通
常是 N_2）加热至高温，使其蒸发并形成分子束，然后将这些分子束引入衬底表面；在适当
的温度和压力下，金属源和氮源分子束在衬底表面发生化学反应，形成 GaN 晶体结构并逐
渐生长成薄膜；通过调节生长温度、压力、流量和衬底取向等参数，控制 GaN 薄膜的晶体
结构、取向、厚度和掺杂浓度等特性；然后进行退火处理以优化薄膜的结晶质量和晶体结
构，随后冷却反应室和样品并去除样品待用（图 6-8 所示为不同炉腔温度与所制备的 GaN

表面粗糙度的关系，可以看出随着炉腔温度的升高，GaN 的表面质量变好）；对生长的 GaN 薄膜进行表征和分析，包括使用 X 射线衍射（XRD）、扫描电子显微镜（SEM）、透射电子显微镜（TEM）等技术来检查薄膜的结构、形貌和性能。由图 6-8 的 MBE 外延反应测试图可以看出，随着炉腔温度的升高，GaN 的粗糙度降低。

图 6-7　MBE 系统实物图

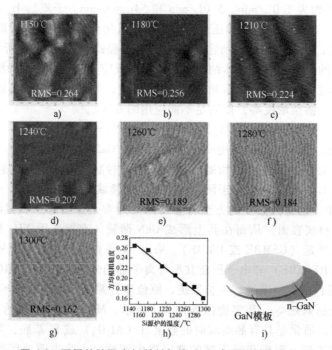

图 6-8　不同炉腔温度与所制备的 GaN 表面粗糙度的关系

（2）砷化镓（GaAs）　由于 GaAs 具有电子迁移率高（是 Si 的 5~6 倍）、禁带宽度大（约为 1.43eV，Si 为 1.1eV）且为直接带隙（通过吸收或放出光子能量，电子从价带直接跃迁到导带，从而有较高发光效率），它的光发射效率比硅、锗等半导体材料高，不仅可以用来制作发光二极管、光探测器，还能用来制备半导体激光器，广泛应用于光通信等领域。此外，GaAs 材料还具有耐热、耐辐射及对磁场敏感等特性。使用该材料制造的器件常常具有特殊用途，许多应用已延伸到硅、锗器件所不能达到的领域。

目前主流的 GaAs 工业化生长工艺包括液封直拉（Liquid Encapsulation Czochralski，

LEC）法、水平布里其曼（Horizontal Bridgman，HB）法、垂直布里其曼（Vertical Bridg-man，VB）法以及垂直梯度凝固（Vertical Gradient Freeze，VGF）法等。在实验室中通常采用分子束外延（MBE）法、气相外延（VPE）法和液相外延（LPE）法。

1）液封直拉（LEC）法。LEC法是生长高质量非掺半绝缘GaAs单晶的主要工艺，目前市场上80%以上的半绝缘GaAs单晶是采用LEC法生长的，LEC法示意图如图6-9所示。该方法通过在高温下从熔融的原材料中拉出单晶，以获得

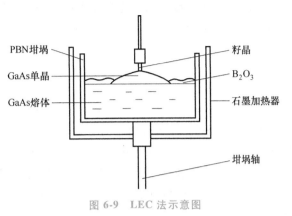

图6-9　LEC法示意图

高纯度和高质量的晶体，其主要工艺可描述如下：进行单晶生长前，清洁所需设备，特别是生长炉及生长用的籽晶和坩埚都需要深度清洁处理；根据工艺要求，计算和称量所需的原料Ga和As（Ga/As=0.98），放入坩埚中（通常使用石墨坩埚）；在坩埚中放入适量高纯度的硼氧化物（B_2O_3）形成一层液封，这层液封用来防止高温下砷的挥发和氧气的进入，保持生长环境的纯净；将所有这些原料装进生长炉内，经过检测和抽真空后通电进入加热程序，抽真空程序结束后生长炉膛内一般充入一定量的H_2以保证GaAs单晶的生长，当温度加热至约820℃时，As开始熔化并与Ga反应，继续升温至GaAs熔点（约1238℃）以上，使砷和镓完全熔融，形成均匀的熔体；将一根预先制备好的GaAs单晶晶种垂直接触熔体的表面，保持晶种在熔体表面的温度略高于熔点，使得晶种和熔体之间形成一个小的液体界面；缓慢提升和旋转晶种，同时逐渐降低温度，使晶体从熔体中逐渐生长出来，拉伸速度和旋转速度需要精确控制，以确保晶体的质量和结构均匀性；当晶体达到所需长度时，缓慢降低温度，使晶体完全固化，然后将晶体和坩埚从炉中取出，去除硼氧化物液封；对生长出的GaAs单晶进行切割、研磨和抛光，制成所需的晶圆或其他形状的材料待用。

2）垂直梯度凝固（VGF）法。VGF工艺是通过连续调节和程序化控制加热器，获得精确的热分布使熔融原料在垂直坩埚中逐渐结晶的技术，通过控制加热器的加热功率，产生具有理想温度梯度的温场，驱动晶体生长。VGF工艺要求盛于管状垂直容器中的熔融材料由底部向上可以精确控制地凝固，这一凝固过程由各个独立可控加热元件组成的炉子来完成，调整加热元件功率以控制所需热分布，固-液界面平缓上升，实现熔融原料的结晶。VGF的具体工艺要求可描述如下：将高纯度的砷和镓按照化学计量比（1:1）称量好，一般要求纯度在99.9999%（6N）以上；将砷和镓放入坩埚中，坩埚通常被涂上一层氮化硼（BN）以防止GaAs与坩埚反应；将装有原料的坩埚放入VGF炉中，在坩埚上方安装籽晶，籽晶通常是已经生长好的GaAs单晶，用于引导新晶体的生长；将炉温升高至GaAs的熔点以上（1240~1300℃），使坩埚中的原料完全熔化，在高温下保持一段时间，以确保原料充分混合和反应，形成均匀的GaAs熔体；在坩埚的上下两部分设置一个温度梯度（通常是10~50℃/cm），以促进晶体从熔体中逐渐凝固，温度梯度由控制加热器和冷却系统来维持；逐渐降低坩埚底部的温度，使得GaAs熔体从底部开始逐步凝固，形成单晶，在此过程中，需要精确控制降温速率和温度梯度，以防止晶体内产生缺陷；当晶体完全凝固后，逐步降低整

图中标注：PBN坩埚　GaAs单晶　GaAs熔体　籽晶　B_2O_3　石墨加热器　坩埚轴

121

个系统的温度至室温；取出生长好的 GaAs 单晶，进行后续的切割、研磨和抛光。晶体进行质量检测，如 X 射线衍射、光学显微镜检查等，以确保晶体质量符合要求。通过上述步骤，利用 VGF 法可以制备出高质量的 GaAs 单晶，适用于制造半导体器件、光电子器件等高科技产品。

6.3.2 碳化硅

碳化硅（SiC）半导体材料具有宽带隙、高临界击穿电场、高热导率、高载流子饱和漂移速度、高温稳定性、高耐蚀性和抗辐射性能等优良的物理、化学及电学性能，成为制造高温、高频、大功率和抗辐射等微电子器件的优选材料。SiC 还是一种重要的半导体发光材料和极端工作条件下微机电系统的主要候选材料，其对环境的适应性要优于硅等传统半导体，使其在微电子、光电子等领域得到广泛应用。同时，因 SiC 与 Si 同属立方晶系的同质异形体，可与硅工艺技术相结合制备出适应大规模集成电路需要的硅基器件。近年来，国内外对 SiC 薄膜制备方法的研究主要可以分为化学气相沉积（CVD）法和物理气相沉积（PVD）法两大类，这里主要介绍这两种方法的工艺进展。

1. 化学气相沉积（CVD）

CVD 法制备硅基 SiC 薄膜的研究最初采用常压 CVD，然而该技术通常需要高温（1050℃以上），这限制了 SiC 薄膜在各种材料上的生长，且不适合与集成电路进行单片集成。针对这些限制，人们做出了多项努力来开发在比常压化学气相沉积更低的温度下合成 SiC 薄膜的方法，例如低压 CVD（Low Pressure CVD，LPCVD）和等离子体增强 CVD。这些方法能够生长出厚度均匀、纯度高、台阶覆盖保形且成本低廉的 SiC 薄膜。此外，激光 CVD（Laser CVD，LCVD）法、热丝 CVD 法和金属有机化学气相沉积（MOCVD）法等方法也被用于制备 SiC 薄膜。除了 CVD 工艺取得进展外，最近还有关于 SiC 原子层沉积的报道，但鲜有在与半导体器件制造兼容的温度下对 SiC 进行原子层沉积工艺的研究。随着 SiC 基器件的临界尺寸不断减小，传统的 CVD 工艺变得难以集成，采用原子层沉积工艺可能是一种潜在的替代方案。

（1）低压化学气相沉积（LPCVD）　尽管与常压 CVD 工艺相比，LPCVD 工艺中 SiC 薄膜的沉积速率要低得多（在 nm/min 数量级），但由于真空系统易于扩展且基片支架中温度分布更均匀，所以可以制备更大面积的表面涂层。由于 LPCVD 采用了真空系统，其压力比大气压低几个数量级，这会增加气相扩散率从而提高沉积膜的均匀性，还会降低气相成核速率和由此产生的颗粒以及减少沉积膜中的杂质。X. A. Fu 等人采用该方法以二氯硅烷和乙炔为前驱体制备了具有低残余应力和低应力梯度的多晶 SiC。此外，甲基硅烷、二乙基硅烷、二乙基甲基硅烷、四甲基硅烷、六甲基二硅烷、二叔丁基硅烷、硅环丁烷、二甲基二氯硅烷（DMDCS）、1，3-二硅环丁烷和 1，3-二硅杂丁烷也常用于沉积 SiC 薄膜。LPCVD 的基本工艺流程可简述如下（图 6-10 为装置示意图）。

1）基底准备：使用化学试剂（如 HF 溶液）和去离子水对基底进行清洗，去除表面污染物和氧化层。特殊情况视需要也可以进行表面氮化处理，以提高薄膜的附着力。

2）基底装载：将清洗后的基底放入 LPCVD 反应室，固定在基底台上，确保基底稳定和均匀受热。

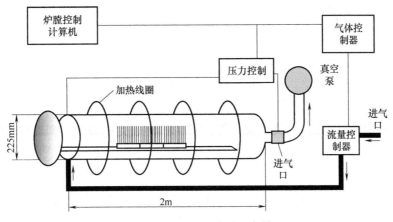

图 6-10 LPCVD 装置示意图

3）反应室抽真空：使用机械泵和分子泵将反应室内的压力降至所需的低压范围，通常为 0.1~10 Torr。

4）反应室预热：将反应室加热到设定的反应温度，通常在 800~1100℃之间，并保持恒温以确保反应的稳定性。

5）引入反应气体：如引入硅烷或甲基三氯硅烷等硅源气体，同时引入乙烯、丙烯或甲烷等碳源气体。使用质量流量控制器精确控制各气体的流量，确保正确的化学计量比。

6）SiC 薄膜沉积：在设定的温度和压力条件下进行 SiC 薄膜的沉积，通常需要数小时。使用传感器和在线监控设备持续监控反应条件，如温度、压力和气体流量，确保沉积过程的稳定性。反应终止后关闭反应气体的供应，停止前驱体气体和碳源气体的流入。逐渐关闭加热装置，让反应室自然冷却至室温。等待反应室冷却至室温取出沉积有 SiC 薄膜的基底，以避免基底因急剧冷却而破裂。

7）后处理（可选）：使用适当的溶剂和去离子水对沉积完成的基底进行清洗，去除可能的表面残留物，并可根据需要进行后续热处理（如退火），以改善薄膜的结晶质量和应力状态。

在采用 LPCVD 制备 SiC 时还需要注意一下细节：温度——反应温度对 SiC 薄膜的结晶质量和沉积速率有显著影响，较高的温度有助于提高薄膜的结晶质量，但可能增加应力和缺陷；压力——反应压力影响气相反应物的浓度和反应速率，较低的压力有助于提高薄膜的均匀性，但可能降低沉积速率；气体流量比——硅源气体与碳源气体的流量比影响 SiC 的化学计量比和薄膜质量，前体从低流速到高流速也会导致不同生长机制的转变，从而影响表面粗糙度和晶粒尺寸（X. A. Fu 等人发现随着二氯硅烷流速的增加所获的 SiC 的表面粗糙度有所降低，所制备的扫描电子显微镜照片如图 6-11 所示）；基底温度均匀性——基底温度的不均匀会导致薄膜厚度和性质的变化，因此需确保基底均匀受热；沉积时间——沉积时间直接影响薄膜的厚度，较长的沉积时间可获得较厚的薄膜，但可能导致应力累积和缺陷增加。

（2）激光化学气相沉积法（LCVD） LCVD 法在制备 SiC 薄膜方面也具有显著优势。由于激光能量可以有效分解前驱气体，减少杂质的引入，因此该方法可以实现高纯度和高结晶质量的 SiC 薄膜。激光局部加热的特点使得该方法能够在低基底温度下进行沉积，从而避免基底材料的热损伤。此外，该方法具有良好的可控性，通过调整激光参数和反应气体流量，可以精确控制 SiC 薄膜的厚度和组分，从而满足不同应用的需求。S. Zhang 等人采用该方法

123

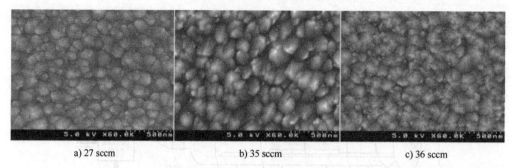

a) 27 sccm   b) 35 sccm   c) 36 sccm

图 6-11   不同二氯硅烷流速下制备的 SiC 的扫描电子显微镜照片

制备的 SiC/石墨烯超级电容器的电容比之前报道的高了 15 倍，在经过 10000 次循环后该电容器仍保持极好的稳定性和电容保持率。LCVD 过程可以分为以下几个方面。

LCVD 中激光的选择依赖于前驱体的吸收特性和工艺要求。常用的激光类型包括：二氧化碳激光器（波长为 10.6μm）、氩离子激光器（波长 351~528.7nm）、固态激光器（如 Nd：YAG 激光器，波长为 1064nm）。选择含有硅和碳的化合物作为前驱体，如硅烷（SiH_4）、甲烷（CH_4）、二甲基二氯硅烷 [$Si(CH_3)_2Cl_2$]、三氯甲基硅烷（CH_3SiCl_3）等。常用的反应气体有氢气（H_2）或氩气（Ar），作为载气帮助前驱体汽化并输送到反应区域；基底材料通常选择与 SiC 有良好匹配的材料，如 Si、SiO_2、石英、碳化钨等。基底的温度、表面清洁度和平整度对 SiC 薄膜的质量有重要影响，因此需要对基底进行清洁处理，以去除表面杂质，保证薄膜附着质量；将腔体抽真空或低压（通常在 10^{-3}~10^{-1} Torr 范围内，有助于提高反应速率和薄膜质量），加热基底至所需的沉积温度范围。由于局部加热效果使得基底整体温度可以相对较低（基底温度控制在 300~800℃）。在制备 SiC 时，反应温度直接影响 SiC 薄膜的生长速率和晶体结构，较高的温度通常会导致更快的生长速率和更高的结晶度，但如果温度过高可能会导致杂质的引入或者薄膜表面的粗糙。随后通入前驱体气体（零点几个至十几 sccm），并通过载气输送到反应区域（几十到几千 sccm）。较高的供应速率可能导致过饱和或不均匀的生长，从而影响薄膜质量；选择合适的激光功率，通过调整激光扫描速度、扫描路径和光斑尺寸控制薄膜厚度和均匀性，常见扫描速度范围为 1~10mm/s。通过调节前驱体气体流量和载气流量控制反应气氛和沉积速率；样品制备完成后停止激光照射和气体供应，冷却基底至室温并取出所制备的样品进行检测、待用。CVD 过程中的沉积速率主要取决于气体进出反应区的扩散。在 LCVD 中，扩散路径分布在衬底上聚焦激光光斑上方的三维半球形区域，而不是传统 CVD 中的一维扩散路径，因此 LCVD 的沉积速率明显高于 CVD 法。而且利用激光的光、热效应可提高前驱体的利用率和反应速率，连续大功率激光直接照射基板表面，也使初期成核更加容易，薄膜生长速率也因此显著提高。LCVD 设备结构示意图如图 6-12 所示。

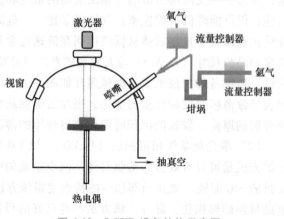

图 6-12   LCVD 设备结构示意图

2. 物理气相沉积（PVD）

PVD 法是在真空环境下，通过热蒸发、辉光放电或弧光放电等物理过程，将镀料（固体或液体）表面汽化成原子、分子或部分电离成离子，并通过低压气体（或等离子体）在基体表面沉积薄膜的技术。该技术具有沉积过程对基底材料影响较小，可实现低温沉积，沉积层厚度、结构、性能可调节性较大，几乎不造成环境污染等优点。但该技术所使用的设备较复杂，成本相对较高。PVD 技术主要包括磁控溅射（MS）法、脉冲激光沉积（PLD）法、蒸镀法以及分子束外延（MBE）法。磁控溅射技术是 PVD 中一种常用的薄膜制备技术，该技术能够高效、大面积制备综合性能优异的薄膜，下面介绍该方法制备 SiC 薄膜的工艺过程。

（1）薄膜溅射过程　将 SiC 靶材装在磁控溅射仪阴极靶台，衬底放在基片台，并将溅射腔内气压抽至真空状态（约 2×10^{-5} Pa）。设定溅射薄膜所需参数，即预溅射时间、溅射时间和射频溅射功率。抽完真空后，往腔室内引入一定压强的高纯度 Ar 气，这将会提高了薄膜的沉积效率和质量。但随着溅射气压的升高，薄膜结晶质量会变差，这是由于随着溅射气压的增大，Ar 分子增多，导致了溅射原子与 Ar 分子的碰撞概率增加，在碰撞过程中会使溅射原子的能量大量损失，溅射原子到达基片的数目减少。

（2）薄膜退火过程　薄膜的退火过程是通过管式炉完成的，在退火过程中，高温有助于提高 SiC 薄膜的结晶度，促进晶体的重新排列和生长，从而改善薄膜的晶体结构和晶粒尺寸。通过退火可以促进应力的释放和减缓，降低薄膜的应力水平。通常把 SiC 放在 Ar 气中进行退火处理，然后自然降到室温取出样品。退火温度对 SiC 薄膜的结构和性能有很大的影响，通常随着退火温度的升高，SiC 的结晶质量将会越来越好，晶粒也会长大。

6.4　二维半导体

6.4.1　二硫化钼

近年来，过渡金属硫化物薄膜材料和器件引起了人们的广泛关注。二硫化钼（MoS_2）作为其中极具代表性的化合物，因其独特的光电特性、可调节的能带结构以及广泛的应用前景而引起了广泛关注。MoS_2 具有 3 种不同的晶体结构，分别为 $1T\text{-}MoS_2$、$2H\text{-}MoS_2$ 和 $3R\text{-}MoS_2$。其中，只有 2H 相呈现稳定的半导体态，其他晶体结构均为亚稳态，可通过加热退火转化为稳态的 2H 相 MoS_2。MoS_2 是一种间接带隙的半导体材料，其禁带宽度约为 1.25eV。随着从块状材料向单层的变化，其能带由间接带隙向直接带隙转变。当层数减少至单层时，直接带隙可以达到 1.9eV。这种能带的变化会引起发光强度的增加，对于制备 MoS_2 光致和电致发光器件具有重要意义。单层 MoS_2 具有良好的电学性能、光学透明性和机械灵活性，可以用于新一代电子和光电子器件。与石墨烯相比，MoS_2 具有合适的带隙，与硅基半导体相比没有悬挂键，几乎不存在短沟道效应。MoS_2 半导体沟道具有很强的调制能力，室温下开关比高达 10^8，同时具有优异的静电控制能力，能有效减少能耗。MoS_2 为代表的二维半导体有望取代硅成为新的沟道材料或与硅集成满足现有科技需求。

化学气相沉积（CVD）直接生长单层 MoS_2 是一种较简单的方式，通过原料发生化学反应可以直接在衬底上生长出单层 MoS_2，生长时间在数小时内，适合大规模批量制备，并且兼容现有的半导体技术。对于大规模合成 MoS_2 薄膜，传统的（CVD）方法通常涉及低蒸气压的固体前驱体，如 MoO_3 和 S。由于固体前驱体具有低蒸气压的特性，必须将它们加载到反应堆腔的加热区内，这对气相组成和沉积速率产生了一定的限制。相比之下，金属有机物化学气相沉积（MOCVD）方法通过有效控制固体前驱体的蒸发速率，可以更加可靠地调节输送到衬底的前驱体浓度和质量流率。这种方法显著改善了对成核密度、薄膜厚度和覆盖率的控制能力。MOCVD 法沉积制备 MoS_2 的具体步骤如下。

（1）预处理基底　将 c-蓝宝石基底 Al_2O_3（0001）在 1000℃的空气中预热 1h，以获得干净、原子级光滑的表面。制备过程中的温度可以影响材料的生长速率和结晶性质，较高的温度可能导致更快的生长速率，但也容易增加缺陷的形成。

（2）辅助材料放置与 Mo 前体吸附　初步加热基底，当温度达到约 600℃时将 $Mo(CO)_6$ 前体引入炉腔，使基底暴露在前驱体气氛中以实现 Mo 的最佳吸附。这一过程可以提前在蓝宝石基底上放置一定量的 KI 或 NaCl 以促进 Mo 物种的吸附和反应。图 6-13a 和图 6-13b 展示了二硫化钼（MoS_2）在不同生长条件下的形貌特征。图 6-13a 为蓝宝石上采用无 NaCl 生长获得的 MoS_2 的 SEM 图像，可以看出所获得的 MoS_2 为尺寸较小且分布密集的颗粒。图 6-13b 是采用在 NaCl 辅助生长的 MoS_2 的 SEM 图像，可以看出所获得的 MoS_2 为尺寸较大且分布稀疏的多边形颗粒。无 NaCl 辅助的条件下，MoS_2 成核较随机导致颗粒较小且分布密集。而 NaCl 辅助生长显著改变了 MoS_2 的成核和生长特性，减少了成核点的数量，形成了较大的 MoS_2 晶体。

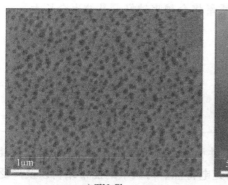

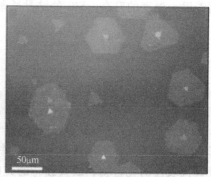

a) 无NaCl　　　　　　　　　　　　　b) 有NaCl

图 6-13　有无 NaCl 辅助的 MoS_2 的生长特性

（3）MOCVD 过程　将预处理后的基底放置在热处理炉中央区域，首先在 Ar 气氛下将基底加热至 700~1020℃的生长温度，向石英管中引入 1~3sccm 的 H_2S，使基底在硫富集的气氛中退火 15min；然后使用 Ar 载气（几十至几百 sccm）将 $Mo(CO)_6$ 引入石英管中，$Mo(CO)_6$ 的流量为 1~2sccm。待生长一定时间后关闭 $Mo(CO)_6$ 流量，并在 H_2S 和 Ar 的恒定流动下使炉冷却至室温，以在硫富集的环境中生长 MoS_2。

6.4.2　石墨烯

在某些情况下，可以将石墨烯视为一种半导体，尤其是在特定的掺杂或结构调控下。虽然石墨烯本身是一种零带隙材料，但通过引入杂质、施加电场或制备特定结构的石墨烯，可以改变其电子结构，从而形成能带结构和带隙。这种调控可能会使石墨烯表现出半导体的特性，例如具有可调控的电导率和能隙。因此在特定条件下，可以将其视为一种半导体。石墨烯凭借其优异的热学、电学、力学、光学性能，受到了科学家们的广泛关注。下面将详细介绍两种石墨烯的制备方法。

（1）机械剥离法　由于石墨烯是由碳原子单层排列而成的二维晶体，碳原子之间的键强度非常高，而层与层之间依靠范德华力结合（层间距为 0.34nm，范德华作用能约为 $2eV/nm^2$），这种弱的相互作用力使得石墨烯层之间能够相对自由地滑动和剥离，因此可以通过使用胶带或其他黏性材料，将石墨晶体逐渐剥离至单层（石墨烯的结构见图 6-14b）。这一方法不需要复杂的设备和昂贵的材料，但通常需要反复的剥离步骤以获得高质量的石墨烯。其生产率相对较低，因此其生产规模受限，所以该方法仅仅被广泛应用在实验室研究中。

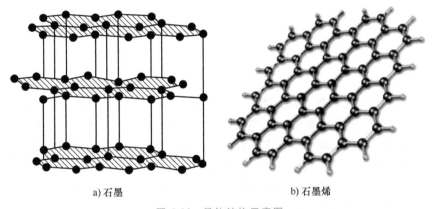

a) 石墨　　　　　　　　　　　　　　b) 石墨烯

图 6-14　晶体结构示意图

127

　　以高定向热解石墨为原料，制备石墨烯的步骤如下。首先获得高定向热解石墨。使用高纯度的天然石墨或人工石墨块作为原料，这些石墨块通常需要具有高度晶体结构特性；将石墨块置于高温炉中，通常在数千摄氏度的高温下进行加热，这一步旨在使石墨块热解，从而形成高度定向的石墨晶体；在加热过程中，通过控制炉内的气氛（通常使用惰性气体如氩气）或真空以避免氧气的影响，还可以在加热过程中向炉内引入一些特定的气体（如氢气或水蒸气），以调节石墨晶体的形貌和性质；加热过程完成后，需要逐渐降温，以确保石墨晶体的稳定性和结构完整性；制备完成后的高定向热解石墨可能需要进行磨削和表面处理，以满足具体应用的要求，如调整其厚度、表面粗糙度和形状等。其次胶带剥离获得石墨烯。采用离子束在一定厚度的高定向热解石墨表面进行氧化等离子处理，在表面刻蚀出一定宽度（一般 $20\mu m \sim 2mm$）和一定深度（一般约 $5\mu m$）的微槽；随后将刻槽内的石墨用胶粘到玻璃衬底上，随后使用胶带进行反复撕揭，在玻璃上获得单层或少层石墨烯（也可以把粘在胶带上的石墨烯通过另一面胶带反复撕揭获得单层和少层石墨烯，此时石墨烯的大小和形状不易控制）；再次，将粘有石墨烯薄片的玻璃衬底放入丙酮溶液中超声，石墨烯与玻璃分离（或胶带溶解在有机溶剂中）。随后再用相应的基板（比如硅片）把石墨烯捞起，由于范德华力或毛细力的作用石墨烯将会附着在基板上；最后再使用溶剂（如异丙醇、乙醇等）对样品进行清洗后在氮气流下干燥。

　　图 6-15 所示为 G.S.Shmavonyan 等人采用胶带法制备的石墨烯的光学照片。还有一种机

械剥离是将石墨表面在另一个固体表面上摩擦，使石墨烯层片附着在固体表面上，该方法虽然操作简单，但石墨烯的尺寸不易控制。

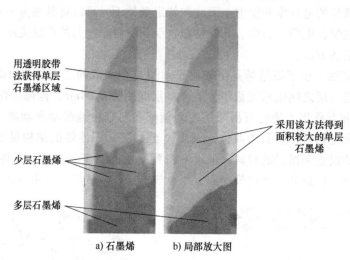

图 6-15　采用胶带法制备的石墨烯的光学照片

（2）化学气相沉积法　气相法是指在气态或等离子态中直接生长石墨烯的方法，主要包括化学气相沉积法、等离子增强、火焰法以及电弧放电法等，其中化学气相沉积法是制备石墨烯最常用的方法之一。该方法以实现石墨烯在更低的生长温度、更多样化的生长衬底上以更快的生长速度制备合成，从而能够有效降低能耗，提高制备效率。

制备过程多采用有机气体、液体或固体作为碳源，碳源在精密流量泵的带动下进入反应室。碳源在高温反应区中分解出碳原子并在基底上沉积并逐渐生长成石墨烯薄膜。这里以甲烷（CH_4）、H_2 和 Ar 为反应气源为例介绍化学气相沉积法制备石墨烯的工艺，用于制备石墨烯的化学气相沉积装置如图 6-16 所示。

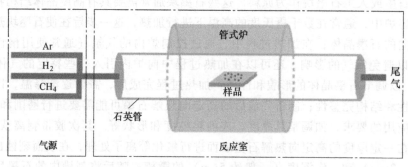

图 6-16　化学气相沉积装置

石墨烯在不同的基底上生长机制不同。金属基底通常具有良好的导热性和催化活性，能够促进碳源气体在表面的解离和沉积，有助于石墨烯的生长。此外，金属基底上的金属原子可以作为催化剂参与到石墨烯的形成过程中。下面以铜基底为例，采用高纯甲醇（CH_4）气体作为前驱体碳源，高纯氢（H_2）作为载气，具体的实验过程为：首先将铜箔裁剪成约 $10mm \times 10mm$ 的正方形小片，放在烧杯中，并覆盖上保鲜膜，经过稀盐酸溶液、丙酮、异丙醇、酒精、去离子水浸泡以及超声清洗，清洗完毕后使用氮气吹干待用；将基底放置于石英载玻片中，并将其推送到加热炉的恒温区中心，装好端口阀门；打开机械泵抽真空至压力表数值不变时，冲入氮气至常压，如此重复 3 次；抽真空并开始加热程序；到达目标温度后保温 15~20min，使石英管内基底达到目标温度；打开氢气的阀控开关，稳定 2min，打开射频电源（提前打开预热 15min），进行预清洗，一般功率是 100W，时间为 5min；将氢气和甲烷调节至目标流量，打开射频，调至目标功率，开始计时；设定时间到达后关闭射频开关和加热程序，关闭甲烷和氢气并打开氩气阀控，等待降到室温后，关闭机械泵，冲入氩气至常压，打开阀门取出样品。

这里需要说明的是可控的生长非枝晶状结构的高质量六边形石墨烯单晶一直是科学家们关注的焦点，主要实验方法可以归纳为如下两类：

1）通过调控化学气相沉积过程中的生长气氛压力、比例等来改善石墨烯质量。

2）改良金属衬底的表面质量，如物理化学抛光、使用单晶衬底或无氧衬底等。

然而，即便是金属基底，也存在不同的生长机制。例如在镍基底上，石墨烯的生长通常是通过碳源气体在高温下与镍表面的化学反应形成的，催化剂作用主要是通过镍表面的碳原子扩散和聚合来实现。而在铜基底上，石墨烯的生长机制更倾向于层间扩散，其中碳原子首先在铜表面吸附形成碳-铜化合物，然后通过层间扩散形成石墨烯层。这是因为碳和铜不互溶，碳原子不必经过渗碳再析出的过程，而是直接在铜晶面上吸附沉积。碳原子在铜的催化作用下，在铜的晶面上形核生长成二维的石墨烯。当一层石墨烯生长并覆盖在铜箔表面后，多余的碳原子由于无法和铜接触，大部分被氩气带走或生成非晶碳附着在石墨烯薄膜的表面。在这一过程中反映温度和气氛纯度对晶体生长至关重要，一般热处理温度约为 1000℃，送气气氛一般为高纯氩气。

直接沉积在金属基底上的石墨烯一般是不能直接被应用的，需要把它转移到其他基体上如 Si 基板，一种常见的方法是利用聚甲基丙烯酸甲酯（PMMA）来帮助转移（流程图见图 6-17），以 Cu 基底为例，其具体步骤为：首先将 PMMA 溶解在丙酮中，然后将溶液均匀涂在石墨烯表面，PMMA 会包裹石墨烯；将上述铜箔浸入氯化铁等腐蚀剂中，使铜蚀掉留下石墨烯/PMMA 复合物；基底放置在 PMMA/石墨烯复合物上，然后用温和的加热或化学处理去除 PMMA，石墨烯就被转移到了目标基底上；转移后的石墨烯可能需要进一步处理，例如退火以去除残留的 PMMA，或者进行其他表征和功能化处理。

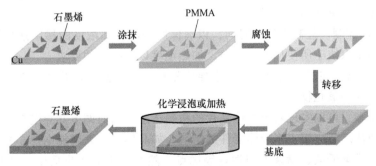

图 6-17　石墨烯转移流程图

此外，石墨烯的制备方法还有氧化还原法、超声分散法、溶剂剥离法、有机合成法、火焰法和电弧放电法等。

6.5 半导体的掺杂和半导体 PN 结

6.5.1 半导体的掺杂

本征半导体中的载流子数目极少,其导电能力较差,难以应用于实际的电子器件中。半导体掺杂是为了改变半导体材料的导电性质而向其内部引入外部杂质原子或分子的过程。掺杂可以调节半导体的电子结构,以实现对器件性能的调控和优化。一般而言通过掺杂,可以形成 N 型或 P 型半导体,其中 N 型半导体通过引入多余的自由电子增加了电子浓度,而 P 型半导体通过引入空穴增加了空穴浓度。通过精确控制掺杂剂种类和浓度,可以实现对半导体材料导电性能的调节,从而满足不同器件对其电学性能的要求。

(1) 扩散法 扩散法是一种常用的半导体掺杂技术,用于在半导体中引入外部杂质,以调节其电子结构和导电性能。在扩散过程中,通常将半导体样品暴露于含有所需掺杂物的气体或液体环境中,并通过高温处理使掺杂物在半导体中扩散和分布。这一过程通常发生在几百到一千摄氏度的温度下。当掺杂物原子进入半导体晶体后会占据晶格空位或替代半导体晶格中的原子,从而改变了半导体的导电性能。例如,当掺入五价元素(如磷、砷等)时,会形成 N 型半导体,而掺入三价元素(如硼、铝等)时,会形成 P 型半导体。扩散法的基本工艺可描述如下。

1) 准备半导体晶片和掺杂源。首先,需要准备待掺杂的半导体晶片。这些晶片通常是 Si 或其他半导体材料的单晶片或多晶片。随后,选择适当的掺杂源,通常是含有所需杂质的固体或液体物质。常用的掺杂源包括磷化硼、磷化锑等。

2) 清洁表面。在进行掺杂之前,需要对半导体晶片表面进行彻底的清洁,以去除表面的杂质和氧化物。

3) 涂覆掺杂源。将选定的掺杂源涂覆在半导体晶片表面。掺杂源可以是固体薄膜、气相沉积物或液体溶液,具体选择取决于掺杂的特定要求和实验条件。

4) 加热扩散。将半导体晶片在高温下加热,通常在 $800 \sim 1200 \,℃$ 之间,以促进掺杂源中的杂质原子与半导体晶片中的原子相互扩散。在此过程中掺杂源中的杂质原子会通过半导体晶片表面的固体扩散进入晶片内部。

5) 扩散时间控制。控制扩散的时间,以确保所需深度和浓度的掺杂达到预期目标。扩散时间的长短通常取决于所使用的掺杂源、加热温度以及掺杂的要求。

6) 冷却和清洁。在扩散完成后,将半导体晶片冷却至室温,并对其进行清洁处理,以去除残留的掺杂源和氧化物。

通过以上步骤,可以实现对半导体晶片的精确掺杂,从而调节其导电性能,满足不同器件的需求。扩散法广泛应用于半导体器件的制造,如晶体管、太阳能电池、光电器件等。它具有工艺简单、成本低廉、掺杂均匀性好等优点。然而,扩散法也面临一些挑战,例如掺杂深度的控制、掺杂剂的选择以及对半导体晶体结构和性能的影响控制等方面的技术难题。随着技术的发展,人们也在不断研究和改进扩散法,以满足日益增长的半导体器件制造需求。

（2）离子注入法　离子注入是一种常用的半导体掺杂技术，用于向半导体材料中引入外部杂质原子或分子，从而调节其电子结构和导电性能。该技术通过在高能离子束中加速杂质离子，并将其注入半导体晶体表面或体内。在离子注入过程中，杂质原子被加速到高能级，形成离子束，然后通过一个称为"离子枪"的装置，将这些离子束聚焦并注入半导体晶体中。一旦离子进入晶体，它们会与晶体原子相互作用，并在晶体中形成掺杂层。

该工艺通常采用的杂质离子有磷、硼、砷等。为了使掺杂层更加稳定和均匀，通常需要对晶片进行热处理，以促进离子在晶体中的扩散和结晶。离子注入可以实现对掺杂层深度、浓度和分布的精确控制，从而满足不同器件对掺杂性能的要求。该工艺还可以实现局部掺杂，从而在半导体晶片上形成复杂的器件结构和功能区域。

离子注入是一种高效快速的掺杂技术，可以在短时间内实现对大面积晶片的掺杂处理，适用于各种半导体材料如硅、砷化镓、磷化铟等和半导体器件结构中，如场效应晶体管的掺杂区域、太阳能电池中的 PN 结、半导体激光器的掺杂层等。

此外，化学气相沉积、离子束辐照法、分子束外延法、原子层沉积法等技术也可以实现对半导体表面的精确掺杂。

6.5.2　半导体 PN 结

PN 结是半导体器件中的一种结构，由 P 型半导体和 N 型半导体结合形成一个电子富集区和一个空穴富集区。当 PN 结处于正向偏置时，电子从 N 区流向 P 区，空穴从 P 区流向 N 区，形成导通状态；而当 PN 结处于反向偏置时，电子和空穴被阻挡在结区域形成耗尽层，导致器件处于截止状态。PN 结具有单向导电性（也称为整流特性），由此构成的二极管或整流器被广泛应用于各种电子器件中。这里介绍应用极为广泛的 Si 半导体 PN 结的制备方法。

（1）扩散法　和前面介绍的制备掺杂半导体的工艺类似，扩散法是利用杂质在高温下向半导体内部扩散，使 P 型杂质进入 N 型半导体或 N 型杂质进入 P 型半导体来形成 PN 结的。扩散法是目前最常用的一种制造 PN 结的方法，该种方法制备的 PN 结有很多优点，如能精确控制 PN 结的结深和结面积，结面平整且能精确控制杂质浓度等。该种方法制备 PN 结的主要工艺可描述如下。

1）材料准备。选用一定尺寸的 P 型或 N 型硅片（电阻率通常为 $1\sim3\Omega\cdot cm$，厚度约为几百微米），并对硅片进行清洗（丙酮、去离子水），去除衬底表面的污染物如尘埃、油脂、金属离子等。

2）氧化。在高温氧气环境中进行热氧化，形成一层 SiO_2 保护层。该层可用于掩蔽不希望扩散的区域。随后使用光刻工艺刻蚀掉需要扩散区域的 SiO_2 保护层，使 Si 层漏出（不需要扩散的区域由 SiO_2 保护）。

3）扩散。将硅片放入高温扩散炉中，并引入掺杂气体或蒸汽（如磷酸或硼氧化物）也可以是提前沉积在 Si 片上的掺杂杂质。在高温下，掺杂剂原子通过固体扩散进入硅片，形成掺杂区。通过控制温度和时间，以达到所需的掺杂浓度和深度。

4）退火。扩散后进行退火处理，修复晶格缺陷，提高掺杂剂的活性。

5）去除氧化层。使用湿法刻蚀去除表面的二氧化硅层，暴露出 PN 结表面，并清洗掉表面残留的化学物质。

（2）生长法　生长法又可分为单晶生长法和外延生长法两种。单晶生长法是最原始的方法，在生长单晶时先在半导体中掺入施主型杂质，使得先生长出来的部分晶体是 N 型的，然后再掺入受主型杂质，它的浓度要远高于先掺入的施主型杂质，使得后生长出来部分的晶体为 P 型，形成 PN 结。然而这种 PN 结的制造方法存在很多缺点，如工艺复杂、结面不平整、控制困难等。外延生长法是大家比较熟悉并被普遍采用的一种方法，它是利用 CVD 或 MOCVD 技术，在 P 型或 N 型 Si 衬底上生长掺杂硅层，形成 PN 结，该方法广泛应用与集成电路以及某些大功率晶体管中，基本步骤可描述为：使用 P 型或 N 型 Si 单晶片或多晶片作为基板，对 Si 片进行表面清洗和去除氧化层等预处理工作，以确保表面干净和平整；将预处理好的 Si 片放入 MOCVD 或 CVD 反应室中，控制反应室中的气氛和温度，通常在高温下进行，使用掺杂气体（如磷化氢和二甲基硅烷）作为原料气体，生长掺杂硅层；控制掺杂气体的流量和生长时间，以调节掺杂硅层的厚度和浓度，使之在硅衬底上形成 PN 结并控制 PN 结的形成位置和特性；对生长好的 PN 结进行后续处理，包括退火处理、清洗等步骤，以提高 PN 结的质量和性能。

（3）离子注入法　扩散法虽然优点很多，但随着半导体器件的发展，对器件的要求也越来越高。扩散法形成 PN 的精度已不能满足某些器件的要求。而且，由于扩散通常在 1000℃ 左右的高温中进行，这会导致晶格缺陷增多，器件性能下降。另外，用扩散法制造结深较浅的 PN 结也有困难。

离子注入法是一种较新的工艺，这种方法是先把杂质原子变成电离的杂质离子，然后杂质离子流在极强的电场下高速地射向硅片，并进入硅片内部。电场强度越强，杂质离子射入硅片就越深。离子流密度越大，轰击硅片的时间越长，则进入硅片的杂质就越多。适当控制电场强度、离子流密度和轰击时间，就可精确地得到所要求的结深和杂质浓度的 PN 结。另外，离子注入法还可以任意改变半导体内的杂质分布。

离子注入法的缺点是设备较复杂而且价格昂贵，生产效率比扩散法低，不适用制造结深较深的器件。但是，由于离子注入法具备一些独特的优点，所以它在一些特殊要求的器件中应用越来越广泛。下面介绍一种离子注入法制备 Si 基 PN 结的具体步骤：衬底选用 N 型或 P 型 Si，Si 的尺寸一般为几英寸、厚度为几百微米（电阻率通常为 $2 \sim 4\Omega \cdot cm$）；在进行离子注入、退火处理之前，首先所用 Si 片进行清洗处理，如可以用酒精擦洗 Si 片表面去除表面灰尘，随后在稀氢氟酸（$HF : H_2O = 1 : 10$）溶液中浸泡去除表面氧化层，在约 80℃ 的温度下、氨水中水浴 $10 \sim 15min$ 去除表面有机物，最后用去离子水洗净，并放置在滤纸上烘干；使用离子注入机进行离子注入，注入能量一般为 30keV，剂量在 $1 \times 10^{13} \sim 1 \times 10^{16} cm^{-2}$ 之间，离子束和硅片之间的角度要求小于 10°，顺着抛光面注入；离子注入后，把样品在石英腔管式炉中进行退火，温度约为 1000℃，退火时间为 $20 \sim 30min$，一般用氮气或氢气作保护气体。

思　考　题

1. 半导体有哪些种类？分类的标准是什么？

2. 哪些方法适合制备半导体薄膜？哪些方法适合制备半导体单晶块体？查阅相关书籍并结合本章内容，解释强磁场在单晶制备过程中的作用。

3. 在制备单晶的方法中，直拉法和区熔法有哪些相同点和不同点？

4. 如何对半导体进行掺杂？半导体掺杂技术有哪些应用？

参考文献

[1] 刘恩科，朱秉升，罗晋生. 半导体物理学 [M]. 7版. 北京：电子工业出版社，2011.

[2] 王如志，刘维，刘立英. 半导体材料 [M]. 北京：清华大学出版社，2019.

[3] 刘丁. 直拉硅单晶生长过程数值模拟与工艺优化 [M]. 北京：科学出版社，2020.

[4] WAN Y, LIU D, LIU C C, et al. Data-driven model predictive control of Cz silicon single crystal growth process with V/G value soft measurement model [J]. IEEE transactions on semiconductor manufacturing, 2021, 34 (3)：420-428.

[5] 姚丽. 区域熔化法纯制金属铋 [J]. 化学世界，1981，8：225-226.

[6] 赵兴凯，韦华，叶晓达，等. 梯度凝固法晶体生长应用磁场的研究进展 [J]. 云南化工，2023，50 (4)：15-20.

[7] 梁晓娟，顾国瑞，邵明国，等. 垂直梯度凝固法生长 PbWO$_4$：（F，Y）晶体的光学性能 [J]. 硅酸盐学报，2014，42 (10)：1274-1278.

[8] QUIRK M, SERDA J. 半导体制造技术 [M]. 韩郑生，等译. 北京：电子工业出版社，2015.

[9] 麻蒔立男. 薄膜制备技术基础 [M]. 陈国荣，刘晓萌，莫晓亮，译. 北京：化学工业出版社，2009.

[10] 王占国. 半导体光电信息功能材料的研究进展 [J]. 新材料产业，2009，1：65-73.

[11] 陈永刚，彭程，支书播，等. 氮化镓功率器件在宇航电源中发展与应用 [J]. 电子设计工程，2024 (22)：1-8.

[12] 郝跃. 高效能半导体器件进展与展望 [J]. 重庆邮电大学学报（自然科学版），2021，33 (6)：885-890.

[13] 王占国. 半导体光电信息功能材料的研究进展 [J]. 新材料产业，2009，1：65-73.

[14] 陈翔. Si 基 GaNHEMT 结构 MOCVD 生长研究 [D]. 北京：北京工业大学，2014.

[15] NAKAMURA S, HARADA Y, SENO M. Novel metalorganic chemical vapor deposition system for GaN growth [J]. Applied physics letters, 1991, 58 (18)：2021-2023.

[16] WANG J X, SUN D Z, WANG X L, et al. High-quality GaN grown by gas-source MBE [J]. Journal of crystal growth, 2001, 227：386-389.

[17] MOUSTAKAS T D, LEI T, MOLNAR R J. Growth of GaN by ECR-assisted MBE [J]. Physica B：condensed matter, 1993, 185 (1-4)：36-49.

[18] MEIJERS R, RICHTER T, CALARCO R, et al. GaN-nanowhiskers：MBE-growth conditions and optical properties [J]. Journal of crystal growth, 2006, 289 (1)：381-386.

[19] WANG W, WANG H, YANG W, et al. A new approach to epitaxially grow high-quality GaN films on Si substrates：the combination of MBE and PLD [J]. Scientific reports, 2016, 6 (1)：24448.

[20] HE Y, WAN Z, SHIN K, et al. Defect-induced visible-light emission in GaN nanocrystals synthesized through a solution-based route [J]. Journal of the Korean physical society, 2012, 61：1505-1508.

[21] XIE Y, QIAN Y, WANG W, et al. A benzene-thermal synthetic route to nanocrystalline GaN [J]. Science, 1996, 272 (5270)：1926-1927.

[22] 吴耀政. GaN 基材料的分子束外延及其发光器件的制备与表征 [D]. 南京：南京大学，2020.

[23] RUDOLPH P, JURISCH M. Bulk growth of GaAs an overview [J]. Journal of crystal growth, 1999, 198/199：325-335.

[24] NROPKA D, FRANK-ROTSCH C. Accelerated VGF-crystal growth of GaAs under traveling magnetic fields [J]. Journal of crystal growth, 2013, 367：1-7.

[25] JURISCH M, BÖRNER F, BÜNGER T, et al. LEC-and VGF-growth of SI GaAs single crystals—recent developments and current issues [J]. Journal of crystal growth, 2005, 275 (1-2): 283-291.

[26] FAIEZ R, NAJAFI F, REZAEI Y. Convection interaction in GaAs/LEC growth model [J]. International journal of computational engineering research, 2015, 5 (7): 2250-3005.

[27] FU X A, DUNNING J L, MEHREGANY M, et al. Low Stress Polycrystalline SiC Thin Films Suitable for MEMS Applications [J]. Journal of the electrochemical society, 2011, 158: H675-H680.

[28] SUN Q Y, TU R, XU Q F, et al. Nanoforest of 3C-SiC/graphene by laser chemical vapor deposition with high electrochemical performance [J]. Journal of power sources, 2019, 444: 227308.

[29] 刘之壮. 激光 CVD 制备石墨烯/SiC 薄膜的结构控制与性能研究 [D]. 武汉：武汉理工大学, 2021.

[30] 都智. 磁控溅射法制备 SiC 薄膜及其性能研究 [D]. 合肥：合肥工业大学, 2011.

[31] KIM H, OVCHINNIKOV D, DEIANA D, et al. Suppressing nucleation in metal-organic chemical vapor deposition of MoS$_2$ monolayers by alkali metal halides [J]. Nano letters, 2017, 17 (8): 5056-5063.

[32] LOTYA M, HERNANDEZ Y, KING P J, et al. Liquid phase production of graphene by exfoliation of graphite in surfactant/water solutions [J]. Journal of the American chemical society, 2009, 131 (10): 3611-3620.

[33] YANG L, WANG D, LIU M, et al. Glue-assisted grinding exfoliation of large-size 2D materials for insulating thermal conduction and large-current-density hydrogen evolution [J]. Materials today, 2021, 51: 145-154.

[34] 李斌. 化学气相沉积法制备石墨烯薄膜及其光谱表征 [D]. 郑州：郑州大学, 2019.

[35] YU H, ZHU H, DARGUSCH M, et al. A reliable and highly efficient exfoliation method for water-dispersible MoS$_2$ nanosheet [J]. Journal of colloid and interface science, 2018, 514: 642-647.

[36] BUDANIA P, BAINE P T, MONTGOMERY J H, et al. Effect of post-exfoliation treatments on mechanically exfoliated MoS$_2$ [J]. Materials research express, 2017, 4 (2): 025022.

[37] SHMAVONYAN G S, SEVOYAN G, AROUTIOUNIAN V. Enlarging the surface area of monolayer graphene synthesized by mechanical exfoliation [J]. Armenian journal of physics, 2013, 6 (1): 1-6.

[38] 成健, 廖建飞, 杨震, 等. 太阳能电池多晶硅表面激光制绒技术研究进展 [J]. 材料导报, 2023, 37 (6): 12-21.

[39] 熊志军, 甘卫平, 周健, 等. 高方阻晶硅太阳能电池正面电极的匹配设计与烧结工艺 [J]. 粉末冶金材料科学与工程, 2014, 19 (4): 608-614.

[40] 贾洁静, 党继东, 辛国军, 等. 多步扩散制备太阳电池 PN 结工艺的研究 [J]. 太阳能学报, 2015, 36 (1): 102-107.

[41] 李旺, 唐鹿, 田娅晖, 等. 低表面浓度磷掺杂的高方阻 P-N 结发射极制备工艺 [J]. 人工晶体学报, 2022, 51 (1): 132-138.

[42] 何一芥. M125 硅太阳能电池生产工艺的研究 [D] 长沙：湖南大学, 2013.

[43] SUH D. Efficient implementation of multiple drive-in steps in thermal diffusion of phosphorus for PERC solar cells [J]. Current applied physics, 2018, 18 (2): 178-182.

[44] 袁志钟. 离子注入制备硅基发光材料及其性能研究 [D]. 杭州：浙江大学, 2007.

2022 年 6 月，波音 E5? 客机，采用 SLV 客机采色系统 ... 机舱光 ...（见图 7-1d），客户可通过旋转 ... 旋钮，精确控制 ... 的透明度，从 ... 透明 ... 到遮光，实现分级式转换（见图 7-1d）...

2023 年 9 月，国内首款电致变色智能天幕汽车 ... 采色智能 ... 天幕 ... 透明度，为用户提供更舒适 ... 电致变色智能天幕 ...

第 7 章

电致变色材料

7.1 电致变色材料概述

电致变色（EC）是指材料的光学属性（反射率、透射率、吸收率等）在外加电场的作用下发生稳定、可逆颜色变化的现象，在外观上表现为颜色和透明度的可逆变化。具有电致变色性能的材料称为电致变色材料，分为无机和有机两大类。无机电致变色材料的典型代表是氧化钨和氧化镍等，其中，以 WO_3 电致变色薄膜为对象开展的科学研究最为彻底。目前基于 WO_3 薄膜的电致变色器件已经得到了产业化应用。有机电致变色材料主要有导电聚合物类、紫罗精类等。以紫罗精类材料的电致变色器件也已经得到了实际应用。

7.2 电致变色材料的应用

目前，电致变色技术已成为国内外研究的前沿热点之一。与此相关的产业化进展也日新月异。已经实现的产业应用涉及具有节能效应的电致变色智能窗、智能汽车光感天幕、汽车防眩目后视镜、集成采光/遮阳双功能飞机舷窗、具有颜色智能响应的手机后盖、电致变色眼镜等。此外，电致变色材料也有望在电致变色显示屏、柔性电子、军事伪装等领域实现大规模产业化应用。

例如 2008 年 7 月，波音 787 客机舷窗淘汰了传统的推拉式遮阳挡板，转而选择了美国 PPG 公司生产的电致变色舷窗系统（见图 7-1a）。客户可通过旋转舷窗旋钮，精确控制舷窗的透明度，从完全透明到遮光，实现分级式转换。

2019 年 3 月投入使用的腾讯（北京）总部办公大厦的天顶同样采用了电致变色玻璃（见图 7-1b），通过外部驱动电压设置，实时调整大厦顶部的采光量，在保证美观的基础上还为节能环保做出了巨大贡献。

2020 年年底，国内知名手机品牌 OPPO 推出 Reno5 Pro+ 艺术家限定版智能手机，创新性地将电致变色技术应用于手机后盖（见图 7-1c）。用户双击后盖时，手机盖就会"接受指令"而变换颜色，尽显智能感和科技感。

2022 年 6 月,蔚来 ES7 发布,该智能 SUV 全系搭载光羿科技生产的自动防眩目后视镜(见图 7-1d),可智能控制后视镜的反射光强,如遇后车远光灯时,在常规模式下,后视镜反光强烈(见图 7-1d 左),而此时自动开启光线强吸收模式(见图 7-1d 右),可防止眩目。

2023 年 9 月,阿维塔 12 智能电动汽车搭载的全球首款智能光感前风挡与智能光感全景天幕一经发布,立刻引起了业界的轰动。全系电致变色技术不仅将该车科技感拉满,更是有效解决了传统汽车难以协调采光与遮阳的矛盾问题。该车的前风挡和全景天幕可根据人们对采光和视野的需求,自主调控玻璃对光线的吸收量,进而实现采光(见图 7-1e 上)和遮阳(见图 7-1e 下)的可逆转换。

同样是 2023 年 9 月,消费级 AR 眼镜品牌 XREAL 在我国推出了 XREAL Air 2 系列新品(见图 7-1f)。在该产品中,企业创新性地加入了电致变色技术,以适应不同光线,实现全天候使用。这也是全球首款实现电致变色镀膜技术量产应用的 AR 眼镜。

a)飞机舷窗　　　　　　　　b)办公大楼天顶　　　　　　　　c)手机后盖

d)汽车后视镜　　　　　　　　e)汽车天窗　　　　　　　　f)AR眼镜

图 7-1　电致变色材料典型应用

7.3　有机电致变色材料的合成与制备

7.3.1　导电聚合物电致变色材料

导电聚合物在交变电场作用下可引起材料能带结构和光学性质发生可逆的变化。该变化与期间发生的可逆电化学氧化还原反应相关。其氧化还原活性来源于可逆的掺杂与脱掺杂过程。导电聚合物的合成工艺简便、加工性好、颜色丰富并且可调性强,因而得到了广泛关注,是目前研究最多的有机电致变色材料之一。当前研究较多的导电聚合物有聚苯胺、聚吡咯、聚噻吩及它们的衍生物。下面分别就以上几种导电聚合物的合成方法及其相关结果进行详细介绍。

1. 聚苯胺及其衍生物

聚苯胺具有原料便宜、合成简单、加工性好等特点。它在电化学氧化还原过程中可稳定显示出多种颜色，分别是全还原态（Leucaemeraldine Base，LEB）的淡黄色，到部分氧化态（Emeraldine Salt，ES）的绿色和蓝色及全氧化态（Pernigraniline Salt，PS）的紫色。当施加的电压过高，聚苯胺处于全氧化态时，其氧化还原反应和电致变色过程就不再具有可逆性。但通过选择合适的氧化还原电压范围，聚苯胺的颜色可表现出稳定的可逆变化。聚苯胺在不同氧化还原态下的分子结构如图 7-2 所示。

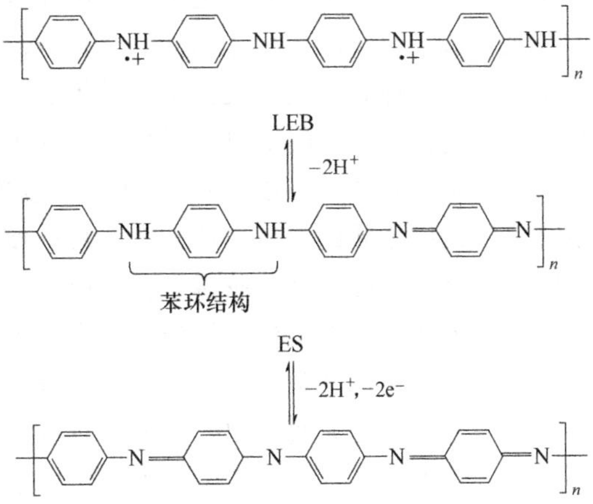

图 7-2　不同氧化还原态下聚苯胺的分子结构

聚苯胺可以很方便地采用化学氧化法或电化学氧化法进行制备。对于电致变色器件的组装，化学氧化法和电化学氧化法各有优势。为了方便聚苯胺的成膜，化学氧化法中常以大分子酸作为掺杂剂，制备可溶性的聚苯胺。在组装电致变色器件时只需将聚苯胺溶液通过旋涂、喷涂或打印等方式在透明导电玻璃上形成电致变色层薄膜。该种方法可一次性制备大量的聚苯胺溶液，成本低廉、加工性好、重复性好。电化学氧化法可以直接在透明电极上通过电化学聚合得到电致变色层，方便对活性层的电化学测试与分析，但对制备大面积变色层薄膜的成本较高。

（1）化学氧化法制备聚苯胺　化学氧化法制备聚苯胺都是让苯胺单体在酸性介质中通过氧化剂氧化进行聚合得到的。根据聚合过程中产物所处的形态不同，可分为沉淀聚合法、溶液聚合法和乳液聚合法等。不管是采用哪种方法进行制备，为了方便聚苯胺在透明电极上成膜，均需得到聚苯胺的溶液或分散液。

1）沉淀聚合法。沉淀聚合法是制聚苯胺最常用的方法，一般是将一定量的苯胺单体分散在一定浓度的盐酸或硫酸溶液中，以过硫酸铵或三氯化铁为氧化剂进行氧化聚合制备。聚合后的聚苯胺通过加入丙酮或乙醇使聚苯胺沉淀下来。但作为电致变色材料使用时，还必须经过氨水脱掺杂后再用 N，N-二甲基吡咯烷酮溶解进行成膜，有时还需要对聚苯胺膜进行再掺杂以保证其稳定性。

2）溶液聚合法。聚苯胺溶液也可直接由溶液法聚合得到。常用的方法是以聚苯乙烯磺酸为掺杂剂制备水溶性聚苯胺，具体制备过程与沉淀法类似，只是将盐酸或硫酸等小分子酸换成聚苯乙烯磺酸类的有机大分子酸，利用大分子酸的阴离子诱导增溶效应制备水溶性的聚苯胺，该溶液可以直接用于电致变色层的涂膜。

3）乳液聚合法。利用乳液聚合法可以获得二甲苯溶解的聚苯胺。乳液聚合法是在一个由水和二甲苯组成的两相体系中，以有机大分子酸十二烷基苯磺酸为掺杂剂和乳化剂，使水相中的氧化剂（过硫酸铵）进入油相乳液中引发苯胺单体聚合，最后经破乳后可得到聚苯胺的二甲苯溶液，该溶液具有极好的加工性。

（2）电化学氧化法制备聚苯胺　电化学氧化法（电化学沉积法）可在电极上直接形成固态薄膜，而不需要再被转移到其他基片上，使得聚苯胺的制备过程即为电致变色器件组装过程的开始，所以常用 ITO 透明玻璃作为聚合时的工作电极。以电化学氧化法制备聚苯胺的反应体系中常包括电极体系、电解液及电压施加系统。电极系统通常为三电极体系，分别是以 ITO 玻璃或 ITO/PET 为工作电极，铂电极为对电极，Ag/AgCl 或 Hg⁺/Hg 等为参比电极。电解质体系由单体、溶剂及支持电解质组成。支持电解质可以为各种无机酸或无机盐类，也可是电致变色器件工作时的电解质体系，如 $LiClO_4$/乙腈、$LiClO_4$/碳酸丙烯酯等。一个常用的苯胺电化学聚合体系可以是 $0.1mol/L$ 苯胺单体溶解到 $1mol/L$ H_2SO_4 的水溶液中。电压施加系统可以提供不同的电压施加方案，目前使用最多的是循环伏安法和恒电位法。循环伏安法可以得到质量更好的聚苯胺薄膜，但由于对电极也可能处于较高的氧化电位，在对电极上也会形成聚苯胺。恒电位法直接施加一个正电压（如 $0.8V$）到工作电极上实现苯胺的氧化聚合。电化学氧化法制备的聚苯胺因不具有可转移性，所以要制备大面积的器件，需要同样面积的工作电极及更大面积的电解池，对电解液等的消耗量也较大，所以不太适合大面积器件的制备。但因其是直接在透明电极上形成电致变色活性层，可以很方便地对其电化学性能进行测试与研究。

另外，也可采用其他方法，如气相类沉积技术制备聚苯胺。但这些方法应用较少，非制备聚苯胺常规的技术，在这里就不再赘述。

2. 聚吡咯及其衍生物

聚吡咯具有五元环芳杂环分子结构，1965 年首次由 MacNeill 采用电化学法制备。与聚苯胺相似，聚吡咯具有合成简便、原料便宜且环境稳定性好等优点，更重要的是它具有良好的生物相容性，因此在生物、离子检测、电化学修饰电极等多方面被广泛应用。聚吡咯的电致变色特性也与聚苯胺相近，也是阳极电致变色材料，在还原态时表现为黄绿色，在氧化态时呈蓝紫色。但由于聚吡咯膜的吸收系数大，因此底色较强，只有在薄膜很薄时才易清楚显示出其还原态，当薄膜较厚时，氧化态与还原态的对比不明显。它在不同氧化还原态时的分子结构如图 7-3 所示。

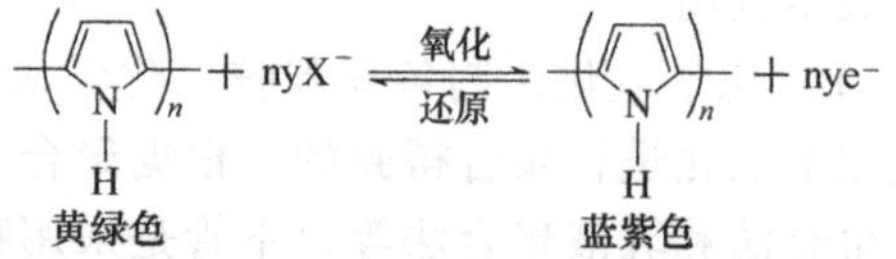

图 7-3　不同氧化还原态时聚吡咯的分子结构

与聚苯胺相同，聚吡咯可采用电化学氧化法和化学氧化法进行制备，其聚合机理也是自由基反应机理。

（1）化学氧化法制备聚吡咯　化学氧化法制备聚吡咯是在溶液体系中添加化学氧化剂实现的，与苯胺聚合过程相同，也需添加掺杂剂来掺杂获得具有高导电性的聚吡咯。常用的氧化剂有过硫酸铵、三氯化铁、过氧化氢及含 Cu^{2+}、Cr^{6+}、Ce^{4+}、Ru^{3+} 和 Mn^{7+} 等离子的盐溶液。采用化学法制得的聚吡咯一般为黑色粉末，难溶于一般的有机溶剂，因而不具备可加工性（成膜性）。为得到可溶性的聚吡咯，可采用大分子酸作为掺杂剂，如以十二烷基苯磺酸为掺杂剂在水相中制备的聚吡咯粉末，再在十二烷基苯磺酸存在下溶于间甲酚。相比于可溶性聚苯胺，聚吡咯的可溶性研究主要集中于聚吡咯衍生物的可溶性研究。

（2）电化学氧化法制备聚吡咯　采取电化学氧化法可直接在电极表面形成导电聚吡咯变色层薄膜，是获得聚吡咯最常用的方式。吡咯的电化学聚合体系与苯胺的电化学聚合体系相同，都由含单体的电解液、支持电解质和溶剂及电极系统组成。一个常用的电化学氧化体系可由 $0.1mol/L$ 吡咯单体溶解于 $0.2mol/L$ KCl 溶液中，以盐酸调节 pH 为 3，在 $-0.6 \sim 1.0V$（SCE）以不同速度进行循环伏安扫描，可得到聚吡咯薄膜。也可采用以乙腈、碳酸丙烯酯等为有机溶剂，以高氯酸锂、Bu_4NBF_4、TSH 等为支持电解质。在有机电解液中溶剂的给电子性对聚合过程有很重要的影响，溶剂的给电子性越低，制备出的聚吡咯膜的力学强度和电导率越高。聚吡咯在水溶液中进行电化学聚合时，溶液的 pH 值、支持电解质中阴离子的种类等对吡咯电化学聚合过程也有重要影响。在弱酸性溶液中添加表面活性剂，阴离子电解质中制备的导电聚吡咯膜的电导率较高。使用非离子型表面活性剂作为添加剂时，在水溶液中可电沉积出表面非常光滑、电导率高和力学强度高的聚吡咯膜。同时为提高聚吡咯膜的导电性，采用磺酸类掺杂剂可大幅提高其电导率，有文献报道以对甲苯磺酸钠为掺杂剂时，聚吡咯的电导率最高。

电化学氧化法制备聚吡咯的电压施加方法可选用循环伏安法、恒电位法及恒电流法。其聚合机理是吡咯单体在电场作用下，当电压达到氧化电位时，吡咯在电极表面失去电子氧化成自由基，自由基间发生偶合作用生成二聚体，二聚体进一步氧化-偶合成四聚体，最终形成聚合度较高的聚吡咯。在聚合过程中，吡咯单体上强电负性的 N 原子上存在孤对电子，它们可相互结合，为维持材料的电中性，阳离子掺杂剂会与之结合，使得最终的产物为掺杂态的聚吡咯膜。

3. 聚噻吩及其衍生物

聚噻吩与聚吡咯的结构相似，同样为五元杂环结构，只是将 N 元素换成 S 元素，其在掺杂与脱掺杂时具有良好的环境稳定性、热稳定性及结构的多样性，因而成为研究最多的电致变色材料体系。相比于聚噻吩，对其衍生物的研究更多一些，其中研究最多的衍生物是 PEDOT。它具有导电性高、成膜性好、稳定性高等优点，是目前成功商品化的导电聚合物品种。单纯聚噻吩电致变色性能的研究较少，是由于聚噻吩的电化学聚合电位较高，其次是溶剂及电解质易通过亲核攻击噻吩环使其结构破坏，减少工作寿命，因此大部分研究工作都是针对聚噻吩衍生物开展的。

由于聚噻吩与聚吡咯的分子结构十分相近，只是杂原子由 N 换成了 S，所以用于制备聚吡咯的反应体系也可应用于聚噻吩的制备中。噻吩单体除了通过化学氧化法或电化学氧化法制备聚噻吩外，采用溴代噻吩作催化剂进行催化缩聚也可得到聚噻吩。

（1）化学氧化法制备聚噻吩及其衍生物　由于噻吩的氧化电位高于吡咯，所以聚噻吩的制备条件要求更高一些。通过选用氧化电位稍高的氧化剂，噻吩在各种溶剂体系中可得到聚噻吩的粉状物，经过酸掺杂后电导率较高。常用的氧化剂有 $AlCl_3$、$FeCl_3$ 等，溶剂有 CS_2、$CHCl_3$ 等，另外也可采用 $MoCl_3$、$RuCl_3$ 作为氧化剂，采用气相聚合的方法进行制备。与其他导电聚合物相似，聚噻吩的分子结构排列紧密，是一种不溶、不熔的高分子材料。为改善聚噻吩的可加工性，通过烷基化、烷氧基化及其他方式进行取代反应可得到一系列具有可溶性的聚噻吩衍生物。

在噻吩分子的 3 位上引入烷基后可极大消除聚噻吩分子链间的相互作用，使聚噻吩可以溶于有机溶剂。随着烷基链的增长，它的溶解性能也逐渐增加，很容易溶解于二氯甲烷和四氢呋喃等溶剂中。这些经过取代的噻吩单体在 $AlCl_3$、$FeCl_3$ 等的氧化作用下很容易制备可溶性的聚合物溶液，包括聚 3-甲基噻吩、聚 3-乙基噻吩、聚 3-十二烷基噻吩、聚 3, 4-二（十二烷基）噻吩等。另一种重要的衍生物是 20 世纪 80 年代后期由德国拜耳公司制备的聚（3, 4-乙烯二氧噻吩）（PEDOT），其分子结构如图 7-4 所示。

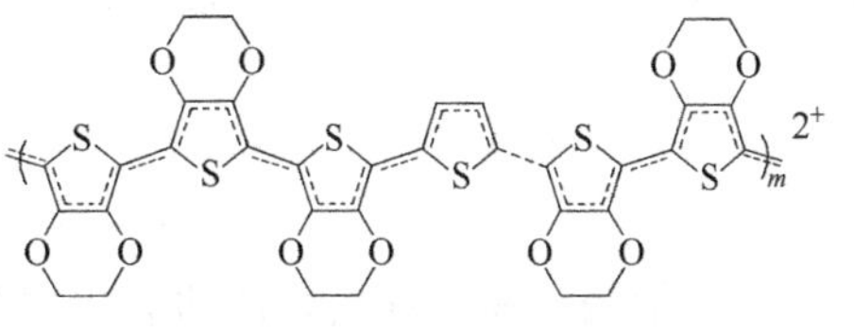

PEDOT 具有优良的环境稳定性和高导电性，

图 7-4　PEDOT 的分子结构

139

故已经在诸多方面得到商业化应用。PEDOT 也可以通过化学氧化法来进行制备，但采用常规制备法以 $FeCl_3$ 或甲苯磺酸铁聚合时，得到的也是难溶、难熔的黑色粉末，不利于应用。而采用大分子掺杂酸聚苯乙烯磺酸（PSS）为掺杂剂时，可将 EDOT 单体在 $Na_2S_2O_3$ 作为氧化剂的条件下，直接制备出 PEDTO/PSS 水溶液分散体系，该方法得到的 PEDOT 具有良好的加工性。

（2）催化聚合法制备聚噻吩　无取代聚噻吩最初是由 Yamamoto 等于 1983 年采用金属催化剂制备的。其制备方法是将金属 Mg 与 2, 5-二溴代噻吩溶于四氢呋喃中，在 Ni（bipy）Cl_2 的催化作用下形成一端带有溴原子，另一端带有溴化镁的二聚体噻吩，最终缩聚成高分子质量的聚噻吩。这种方法对于合成结构规整的聚噻吩衍生物十分有利。因为在化学氧化聚合法制备带取代基的聚噻吩过程中，原有无取代噻吩的头-尾连接方式会被头-头、尾-尾等方式取代，这种由 3 种连接方式杂乱排列的聚噻吩会由于空间位阻导致噻吩环的扭转，使其共轭程度降低，聚合物的导电性和电化学活性均会受到影响。为解决聚噻吩的有序性，McCullough 等通过催化聚合的方式得到了头-尾连接比例高达 98% 以上的聚 3-烷基噻吩。其合成路线有两条：一条是用 2-溴-3-烷基噻吩与 5-位上通过金属交换制备格利雅化合物，在 Ni（bipy）Cl_2 的催化作用下，通过交联聚合制备；另一条是用二溴-3-烷基噻吩和高反应活性金属锌反应，采用 Nickel 催化剂合成。

（3）电化学氧化法制备聚噻吩　聚噻吩是一种 N 型和 P 型均可掺杂的导电聚合物，因此既可采用阳极氧化法也可采用阴极还原法进行制备，但以阳极氧化法最方便，使用较多。其聚合机理与聚苯胺和聚吡咯相似，都是阳离子自由基聚合机理。电化学聚合过程中采用的溶剂、电解质体系及电压施加的方法均对噻吩的聚合过程有较大影响。

电解液溶剂对聚噻吩膜的结构与性质影响很大。溶剂必须具有高的介电常数以保证电解液的高离子导电性，又要具有良好的电化学阻力以免在氧化噻吩所需的高电位下发生分解。目前，聚噻吩一般在对质子呈惰性的溶剂中制备，包括乙腈、苯基胺、硝基苯和碳酸丙烯酯等。而以三氟化硼-乙醚络合物作为溶剂可大大降低噻吩的聚合电位，可由 2V 左右降低为 1.2V 左右。在电解液中添加少量强酸阴离子（ClO_4^-、PF_6^-、BF_4^- 和 AsF_6^-）和 Li^+ 或四烷基铵阳离子作为电解质，可电化学沉积出性能优良的聚噻吩。采用 HSO_4^-、SO_4^{2-} 为阴离子时材料的导电性较差。反应温度也对聚噻吩的性能有较大影响，在低温制备条件下得到的共轭链长度会更大。电压的施加方法一般采用恒电位法、恒电流法或循环伏安法，电压范围一般以稍高于噻吩的氧化电位为好，既保证了足够的沉积速度，又避免过氧化造成电化学活性的丧失。聚噻吩的衍生物也可采用同样的电化学聚合体系来进行制备，只需将氧化电位调整一下。如 EDOT 由于噻吩环上亚乙二氧基作用，而使 EDOT 比噻吩环具有更高的反应活性，其聚合电位明显低于噻吩，在较低电位下即可发生化学聚合。EDOT 常用的聚合条件如下：在 0.01mol/L EDOT 的水溶液中，以 0.1mol/L $LiClO_4$ 为支持电解质，在 1V 电压下进行恒电位聚合，很快即可在电极表面形成致密的 PEDOT 薄膜。

7.3.2　紫罗精电致变色材料

紫罗精是一种最具代表性的有机电致变色材料，全名为 1, 1′-双取代基-4, 4′-联吡啶。它有 3 种氧化还原态，其间的转化关系如图 7-5 所示。其中 A 为无色，也最稳定，为二价阳

离子形式；B 为单价阳离子；C 为中性粒子。每一步转化都
会产生不同的颜色。颜色的变化完全依赖于取代基（-R）。
分子间存在强烈的光电转移，从而使单价阳离子着色。当取
代烷基较短时，离子呈现蓝色（在较浓的溶液中呈蓝紫色）。
随着链长的增加，分子间二聚作用增加，颜色也逐渐变成深
红色。由于紫罗精的变色响应较快，一般在毫秒级别，因此
其在汽车后视镜方面的应用较为广泛。

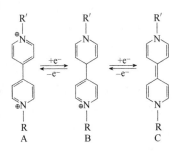

图 7-5 紫罗精 3 种氧化还原态
之间的转化关系

　　当前，紫罗精的合成不仅仅局限于单一材料的获取，为
了提高其性能，人们常常关注其成分、化学结构等方面的修
饰，以尽可能获得高性能、多功能的紫罗精材料。如 2012
年，Beneduci 等人通过水热法合成了两种含有紫罗精的配合物。研究者们以 N-(3-carboxy-
pheny)-4，4′-bipyridinium 氯化盐为功能紫罗精配体，分别采用两种不同的辅助配体和两种
不同的金属离子制备得到了镉紫罗精配合物和锌紫罗精配合物，这两种金属配合物都显现出
十分优秀的电致变色性能。2019 年，同样是该课题组，以相同的紫罗精配体，另采用两种
不同的辅助配体和金属锌，得到了两种锌紫罗精配合物。

　　除了传统紫罗精配体，有少数的研究者研究了基于扩展紫罗精配体的配合物。Li 等人
分别报道了两种基于"扩展紫罗精配体"构筑的紫罗精配合物，这两种配合物可以在紫外
光刺激下实现光诱导电子转移。

　　2020 年，Li 等人以 N，N′-4，4-bipyridiniodipropionate 为紫罗精配体合成具有变色性能
的锌紫罗精配合物，同时报道了该紫罗精配合物的电化学响应行为。该工作中将配合物粉末
样品涂覆到氟掺杂氧化锡（FTO）导电玻璃上，采用三电极体系测试了循环伏安曲线。当施
加一定的负电压时，涂覆有紫罗精配体的 FTO 导电玻璃发生颜色变化，从白色变为紫色。
该配合物的循环伏安曲线也和传统紫罗精小分子类似，显示出两个还原峰，表明此配合物可
能发生了和紫罗精小分子相似的电化学氧化还原反应。

　　2020 年，Fu 等人利用紫罗精配体和稀土铕离子，合成了一种新的紫罗精配合物。这种
配合物不仅具有光致变色和光致荧光特性，还具有电致变色和电致荧光的调控能力。在负电
压的作用下，这种配合物可以实现从黄色到紫色的颜色变化。由于金属稀土铕离子具有特征
荧光发射，该配合物还表现出一定的电致荧光调控性质。

　　Kim 等人将吲哚基团引入 4，4′-联吡啶核心部分，制备了一种新型的紫罗精电致变色材
料（V7）。由于缓慢的再氧化过程，联吡啶体系的自由基阳离子在还原时很可能形成自由基
二聚体。在此，与 4，4′联吡啶相连的大量吲哚基团增加了空间位阻，削弱自由基阳离子的
二聚化。此外，吲哚基团还为联吡啶体系提供 π 电子密度，从而加快其漂白过程（自由基
阳离子物质的再氧化）。以 V7 为电活性材料制备的电致变色器件在 0.33Hz 的频率下表现出
约 2s 左右的快速着色和漂白时间，说明这种材料具有快速变色响应动力学特征。

　　Zhao 等人最近制备了一种以羟基为取代基的紫罗精化合物（V8），用于制备具有聚合物
凝胶电解质的电致变色器件。该器件表现出低驱动电压（0.9V）和高达 82% 的高光学对比
度。同样是该课题组，后来又开发了双（二羟烷基）紫精（V9），其组装出的电致变色器
件在 10000 次循环后，光学对比度仅降低 1%。

　　除了氮位上取代基的变化外，人们还致力于修饰紫罗精以进一步微调其电致变色特性。

141

将桥接基团和杂原子引入紫罗精分子可以增强紫罗精的光电性质。Shi 等人开发了多种乙烯基紫罗精衍生物（MV1），以创建更大的 π 共轭紫罗碱系统。其在还原状态下吸收带发生红移，因而材料表现出高度可逆的无色至品红色/粉红色循环变化现象，循环稳定性超过 10000 次，着色和漂白时间都在 1s 左右，与 V7 相比，变色响应更快。

Dmitrieva 等人通过 Suzuki-Miyaura 偶联引入苯、萘、蒽和苯并噻二唑环，制备了一系列新的芳基桥接紫罗精（MV3）。由于 π 骨架的共轭程度增加，这些紫罗精衍生物被发现具有电致变色-电致荧光双重功能。由 MV3-Ph、MV3-Na 和 MV3-BDZ 组成的电致变色器件，以二茂铁为对电极，在各种波长下的透射率变化分别为 76.9%、74.1% 和 69.0%，响应时间分别在 9.5s、18.4s 和 24.0s。含有苯、萘、蒽和苯并噻二唑环的紫罗精由于其具有大共轭体系，在漂白状态下分别发出强烈的蓝色、亮蓝色、黄色和蓝色荧光。进一步制备了噻唑并噻唑桥联紫精（MV2）和噻吩紫精（MV5），也显示出强荧光和可逆电致变色现象。这种紫罗精配体设计虽然降低了变色响应速度，但强烈的电致荧光表现也为相关领域的研究人员提供了新的思路。

紫罗精基材料的多彩电致变色可以通过引入电活性基团来实现。Ma 等人通过集成 PDI 和两个紫罗精单元，开发了一种新的电致变色材料（MV4）。具有高分子量的四阳离子 MV4 可以很容易地黏附到带负电荷的聚（3，4-乙烯二氧噻吩）-聚（苯乙烯磺酸盐）（PEDOT：PSS）上，通过逐层（LBL）组装形成多层薄膜。由于 PDI 和紫罗精经电化学还原后，在可见光区均出现了部分强烈的吸收带，因此制备的多层薄膜显示出从红色到蓝色的多彩电致变色。

近年来，一些研究小组努力将杂原子与紫罗精结合以调整其电化学和光学性质。2015 年，Durben 等人报道了一系列 N-苄基化的磷酸桥联紫罗精化合物（MV7）。MV7 表现出与甲基紫罗精相似的电致变色特性。Zhidkova 等人通过将硫属元素酚掺入紫罗精中，开发了一系列接受电子的硫属元素桥联紫精（MV8）。

此外，Kamata 等人制备了双（4-氰基-1-吡啶）衍生物，随后通过阴极电聚合将其沉积在电极上，沉积的聚紫罗精薄膜具有从无色或淡黄色变为蓝紫色或红紫色的电致变色性能。2003 年，Kuo 等人报道了一种超高对比度的电致变色复合材料。通过己基紫罗精和 PEDOT：PSS 胶体的 LBL 组装而成。除了电聚合之外，通过 4，4′-联吡啶和相应的卤代烷的 Menshutkin 反应合成了多种含有溴化物的聚紫罗精。2017 年，佐藤等人报道了通过 Menschutkin 反应合成具有聚乙二醇骨架的二甲基取代的聚紫罗精，发现将甲基引入联吡啶支架可以改变材料的立体结构，并将相应阳离子自由基的颜色从紫色变为蓝色。最近，Gao 等人通过紫外线固化的方法在氧化铟锡（ITO）电极表面沉积一种丙烯酸酯官能化的聚紫罗精薄膜，这种聚合物薄膜与 ITO 玻璃之间有优异黏合性和良好的电化学稳定性。除上述聚（烷基紫罗精）外，刚性棒结构的聚紫罗精（芳香族聚吡啶鎓盐）具有良好的力学性能和成膜能力，并且它们表现出强烈的电致变色行为。Petrov 等人研究了芳族聚（三氟甲磺酸吡啶鎓）及其配合物的电致变色性能，这些配合物是通过添加非导电剂聚（N-乙烯基己内酰胺）（PVCa）和聚（苯乙烯磺酸盐）（PSS），利用聚合物相互作用（如氢键、静电相互作用和范德华力）而形成的，这使得聚（三氟甲磺酸吡啶鎓）的电致变色对比度和切换时间均发生变化。

将紫罗精吸附在具有高比表面积和结晶性良好的半导体纳米颗粒表面，可获得具有高电致变色能力的材料。例如，Cinnsealach 等人开发了一种基于紫罗精改性透明纳米结构的

TiO_2 薄膜（锐钛矿，$4.0\mu m$ 厚），其器件在 608nm 处具有高达 $170cm^2/C$ 的着色效率，1s 的快速切换时间和超过 10000 次的循环稳定性，具有巨大的商业应用潜力。2004 年，Choi 等人报道了一种有序的介孔纳米晶锐钛矿 TiO_2 电极，具有高达 $172m^2/g$ 的表面积，这使得紫罗精分子的吸附能力显著提高（比传统纳米晶 TiO_2 电极高 8.6 倍），从而增强和提高了其器件的光学对比度和氧化还原活性。"Nanochromics TM" 电致变色显示器件是基于紫精/纳米晶 TiO_2 复合电极开发的，其中 SnO_2：Sb 作为对电极。这种器件在大约 600nm 处实现高对比度和快速着色-漂白时间（10ms~3s）以及优异的循环稳定性（大于一百万次）。

近年来，将石墨烯或还原氧化石墨烯（rGO）纳米片掺入紫罗精，已被证明是生成高性能电致变色复合材料的有效方法。该材料具有显著增强的循环稳定性和较短的变色响应时间。Gadgil 及其同事通过一种简单的一步电沉积方法开发了聚紫精（PV）还原氧化石墨烯纳米复合膜，在氰吡啶（CNP）单体电聚合过程中减少了氧化石墨烯纳米片的水分散作用。由于 PV_2^+ 和 rGO 之间的强静电和 π-π^* 堆积作用，即带正电荷的阳离子与 π 共轭系统带负电的电子云沉积在 FTO 基板上，这种纳米复合膜在 0.6V 的低驱动电压下表现出高对比度（从透明到紫色）的颜色变化。与 PV/FTO 薄膜相比，PV-rGO/FTO 薄膜表现出更高的开关稳定性。

7.4 无机电致变色材料的合成与制备

无机电致变色材料主要是由过渡金属氧化物组成，可分为阴极着色氧化物和阳极着色氧化物。具有代表性的阴极电致变色材料为 WO_3 和 TiO_2，具有代表性的阳极电致变色材料为 NiO 和 Co_3O_4。此外，V_2O_5 在具有阳极电致变色性能的同时兼具阴极电致变色性能，被认为是中性电致变色氧化物。

7.4.1 WO_3 阴极电致变色薄膜的制备方法

（1）磁控溅射法 磁控溅射法是在高真空氛围中充入适量氩气，在阴极（柱状靶或平面靶）和阳极（镀膜室壁）之间施加电压，在镀膜室内产生磁控型异常辉光放电，使氩气发生电离。电离后的氩离子在电场作用下高速撞击靶材，将靶材中的原子轰击出，沉积在基板上形成薄膜。根据电源类型不同，可将磁控溅射技术分为直流磁控溅射和射频磁控溅射两种。

例如，Karuppaiah 等人采用射频磁控溅射技术在 PET 基底上制备了非晶态三氧化钨薄膜，该薄膜表现出了较优的电致变色能力。Inamdar 等人通过使用简单的射频磁控溅射制备富氧 WO_3 薄膜，利用该薄膜组装的器件具有储能和电致变色双功能，能够可视化监测储能水平。孙天皓等人使用磁控溅射技术制备了 Ag-WO_3 复合薄膜，Ag 的引入可以明显缩短器件的变色响应时间。这是由于 Ag 具有良好的导电性能，可以提高离子与电子的传输速率。

已有的研究表明，氩气压力会影响薄膜的形貌、光学和电学性能。Sun 等人研究了氩气压力对射频磁控溅射制备 WO_3 薄膜电致变色性能的影响，发现溅射压力较低时，靶原子在基体上沉积速率较高，但电致变色性能较差，而适当增加溅射压力，会提升 WO_3 薄膜的电致变色性能。Martinu 等人比较了高压（20mTorr）射频磁控溅射技术与低压（1mTorr）技术制备多孔 WO₃ 薄膜的性能特征。结果表明，与之前在更高压力下沉积性能最好的 WO₃ 薄膜相比，在低压和高偏置电压（超过 400V）下制备的薄膜表现出了极大的耐久性、相似的电致变色活性以及 5 倍的沉积速率。Semenova 等人研究了在氧-氩混合气体作用下，沉积时间和支架动态过程对氧化钨薄膜电致变色性能的影响，明确了磁控溅射沉积在固定和旋转支架上氧化钨电致变色薄膜的最佳沉积工艺。Chen 等人在氩气气氛下以 WO₃ 靶材为材料，采用射频溅射沉积工艺制备了致密的 WO$_{3-x}$ 薄膜，将薄膜分别在 300℃ 和 400℃ 进行退火，发现高的退火温度能够有效提高材料的光学透明度和宽能隙。

（2）溶胶-凝胶法　溶胶-凝胶法是将酯类金属化合物或金属醇盐溶于有机溶剂，然后加入其他组分，在一定温度下反应形成溶胶，利用浸渍提拉或旋涂工艺在玻璃、石英、蓝宝石等基板上涂膜，最后经烘干烧结处理制成产品。该方法可以很容易地控制微观结构，适当的沉积后可热处理控制结晶度。不同的加热温度可以使 WO₃ 薄膜呈现出水合态、无定形态或结晶态，即使在相当低的温度下也能在基底表面形成均匀可控的 WO₃ 电致变色层。根据合成方法，可以调整不同的参数以在固体基底上获得更好的电致变色性能。但是，塑料基底禁止在沉积过程中使用高温。否则，沉积在塑料基底上的光学透明导体不能很好地结晶，其导电性不如刚性基底的光学透明导体。

Beesière 等人以 WOCl₄/ iPrOH 溶液为前驱体，在室温下用溶胶-凝胶法在柔性基底 ITO/PET 上沉积氧化钨，将样品在 80℃ 下干燥即可获得 WO₃ 薄膜。在对其分别施加 -1.2V 和 0.3V 的电压后，薄膜在波长 630nm 处的光学透射率于 60%~77% 之间发生变化，在 80 次着色/褪色循环后的着色效率依然可保持到 36cm²/C。Leitzke 等人在 ITO/PET 柔性基底上以不同的速度提拉 WO₃ 薄膜，研究提拉速率（40~200mm/min）对薄膜电致变色性能的影响，发现相比于其他提拉速度，提拉速度为 60mm/min 沉积的薄膜具有最高的电致变色特性。Feng 等人为了解决前驱体溶胶（包括过氧钨酸和钨酸）稳定性较差的问题，开发了一种化学性质稳定的偏钨酸铵（AMT）作为前驱体的溶胶-凝胶工艺。通过改进前驱体的配方，可获得适合于长期制膜的 WO₃ 前驱溶胶。

在溶胶配制过程中，引入感光剂并通过配合反应将感光剂与目标产物前驱体有效螯合，可赋予前驱体感光能力。利用这种化学修饰后的前驱体的感光能力，经过涂膜、干燥、曝光、显影等工序，可获得具有图案结构的凝胶膜，将这种凝胶膜进行有效热处理，可以获得无机氧化物图案薄膜。这种名为"感光溶胶凝胶"技术对制备氧化物电致变色图案和微观结构改性具有很好的效果，同时可解决大面积电致变色显示图案和大面积微观结构改性的技术难题。

西安理工大学任洋课题组利用 β-二酮类紫外感光剂与氯化钨螯合，获得的含钨螯合物对 350nm 附近的紫外光具有显著的感光特性。感光后的含钨凝胶膜在有机溶剂（如乙醇）中的溶解度急剧降低，而未感光的含钨凝胶膜在乙醇中具有较强的溶解特性。利用这种反差，将区域选择性曝光后的凝胶膜在乙醇中显影，即可获得具有图案的含钨凝胶膜。由于曝光时选择的是光栅结构的掩模板，因而在凝胶膜上获得的便是具有光栅结构的微细图形（见图 7-6a）。最后将这种凝胶膜进行退火处理，获得了具有电致变色性能的图案化氧化钨薄膜，其光栅条纹宽为 160μm。而后，该课题组利用 2′2 吡啶与氯化钨螯合，同样赋予含钨前驱体紫外感光特性，利用这种特性，在玻璃基板上制备了工字形氧化钨电致变色图案薄膜。经电致变色后，工字形可在着色态显示，在褪色态消失（见图 7-6b），进而达到显示和擦写的目的。这些研究均表明，感光溶胶凝胶技术可以有效应用在图案化电致变色薄膜制备技术领域。

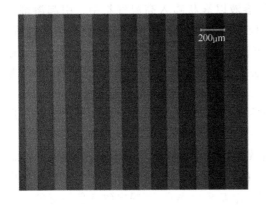

a) 微细图案

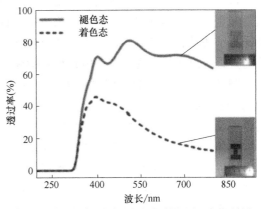

b) 工字形图案在着色和褪色态时的照片、光学透射率

图 7-6　氧化钨薄膜

（3）化学气相沉积法　化学气相沉积（CVD）法是利用气态或蒸汽态的物质在气相或气固界面上发生反应生成固态沉积物的过程，能高效地制备出致密、高纯度、大尺寸和厚度大的氧化钨。以往的研究发现，CVD 法合成的氧化钨比传统的纯钨涂层具有更高的纯度和更好的导热性。Seman 等人在 2003 年的研究表明，离子轰击对薄膜密度和电致变色性能有显著的影响。Lin 等人采用低温等离子体增强 CVD 技术制备了 $WO_xC_y/ITO/PET$ 复合材料，该材料具有优异的电致变色性能，同时发现制膜氧流量对成膜及其性能有巨大影响。

（4）水热法　水热法是合成小尺寸颗粒常用的方法，它利用高压反应釜提供高温高压的反应环境，选用水或有机溶剂，使一般情况下难溶或不溶的物质在水热条件下溶解并重结晶，通过热处理等方法得到最终产物，具有广泛的适应性、高产率和方便控制反应条件等优点。

Sun 等人使用简单的溶剂热成核方法在氧化石墨烯膜片上制备超薄氧化钨纳米线，超薄氧化钨纳米棒与还原氧化石墨烯纳米片之间的强耦合效应，使得这种新型复合材料表现出高质量的电致变色性能，如响应速度快、循环稳定性良好和高着色效率。Li 等人采用水热法（c-WO_3）和电沉积法（a-WO_3）两步法制备了 Mo 掺杂的 c/a-WO_3。在 ITO/PET 基底上沉积了核/壳型纳米线 WO_3，制作了一种以掺 Mo 的 c/a-WO_3/ITO/PET 为电极的集成电致变色超级电容器件。该器件可快速、可逆着色/褪色，具有储能功能，并且金属掺杂的核壳结构能够提高材料的电致变色性能。V. V. Kondalkar 等人采用简单的水热法合成了一种砖状的 WO_3 薄膜，首先将 WO_3 的种子层旋涂在 FTO 玻璃上，然后将长有种子层的 FTO 玻璃直接放入反应釜中，在一定的温度和时间条件下纳米颗粒最终在种子层上面进一步生长为砖状结构，这种独特的纳米结构形成了粗糙的表面，而较大的比表面积在电致变色过程中具有正向作用，实现了透射率 28%@630nm 的调制幅度，着色效率为 39.24cm^2/C。Park 等人以乙酰化过钨酸为钨源，通过简单的溶剂热法合成了欠氧的氧化钨，并借助湿法球磨来优化合成 WO_{3-x} 的纳米颗粒尺寸，通过改变后处理温度来探究缺氧氧化钨随着氧空位变化的调制性能演变，结果表明，在 350℃ 以内的退火温度下，WO_{3-x} 的组成和形貌没有明显变化；当退火

145

温度进一步升高到450℃时，WO_{3-x} 的形态和结晶度显著改变，氧空位几乎被去除，组成接近符合化学计量比的 WO_3，此时，材料已不再具备可见-近红外双波段独立调制能力。

（5）喷雾热解法　喷雾热解法是指将金属盐溶液以雾状喷入高温气氛中，引起溶剂的蒸发和金属盐的热分解，分解后的物质在热的基板表面形核、长大，完成薄膜的生长过程。喷雾热解法具有制备成本低、良好的重现性、生长速率可控、可大面积均匀沉积等优点，被认为是最有前途的大规模制备电致变色薄膜的方法之一。Li 等人利用 $W_{18}O_{49}$ 在 ITO/PET 基底上制备了电致变色膜，同时将聚（3，4-乙烯二氧噻吩）：聚苯乙烯磺酸盐（PEDOT：PSS）也涂覆在 ITO/PET 基底上，以提高基底的导电性和 $W_{18}O_{49}$ 与基底之间的附着力。所制备的复合材料具有良好的循环稳定性和光透射率。

此外，也有研究采用其他方法制备氧化钨电致变色薄膜。例如，Mandlekar 等人采用简单、经济的阳极电沉积方法分别在氟锡氧化物（FTO）导电玻璃、铟锡氧化物（ITO）导电玻璃以及不锈钢板上制备了 WO_3 薄膜，研究不同导电基板对 WO_3 薄膜电致变色性能的影响规律。通过对比发现，沉积在 FTO 导电玻璃上的 WO_3 薄膜的性能更加优异，包括更大的光学调节范围（46.61%）、更短的着色/褪色时间（1.22s/1.29s）以及更高的着色效率（191.32cm^2/C）。因此，在 FTO 衬底上制备室温无黏结剂的 WO_3 纳米结构材料适用于高效的电致变色器件。Lin 等人以不同浓度的六羰基钨和正丁醇钛为前驱体进行合成，在柔性 ITO/PET 基底上制备了柔性有机-无机杂化复合材料，并通过电化学和透射率测试，研究了等离子体聚 $WTi_xO_yC_z$/ITO/PET 的电致变色性能，发现所制备的薄膜具有显著的电致变色性能。

7.4.2　NiO 阳极电致变色薄膜的制备方法

NiO 作为典型的阳极电致变色材料，近年来吸引了许多研究者的关注。常规的真空镀膜技术也被很多研究者应用到 NiO 电致变色薄膜的制备中来。例如，张泽华等人采用直流磁控溅射法，使用纯度为 99.99% 的高纯 Ni 靶，在 FTO 薄膜上沉积了不同厚度的 NiO 薄膜。结果表明，厚度为 920nm 的薄膜着色效率最高，达到了 23.46cm^2/C，而厚度为 80nm 的试样光学调制幅度最大，着色、褪色时间最快，在波长为 550nm 处，NiO 薄膜的光学调制幅度为 40.85%，着褪色响应时间分别为 4.47s 和 2.28s。Wei 等也采用直流磁控溅射法制备了 NiO 薄膜。利用的 Ni 靶纯度为 99.9%，基底为 ITO 导电玻璃，通过控制 O_2/Ar 气体流量比和沉积时间来控制 NiO 薄膜的厚度。结果表明，O_2/Ar 气体流量比控制在 1.7/23.3，沉积时间为 75min 时，得到的厚度为 540nm 的 NiO 薄膜性能最优异，光学调制幅度大，电荷密度可达 10.22mC/cm^2。由此可见，溅射工艺、基板材料等条件不同，制备出的 NiO 薄膜性能和优化工艺存在较大差别。Zhao 等人通过磁控溅射技术调控薄膜中 Sn 含量，制备了可调的 Sn-NiO 薄膜，具有良好的电致变色性能，具有 72.3% 的光学调制和 63.5cm^2/C 的着色效率。Jung 等人使用简单且低成本的等离子体共溅射法制备了 NiO 中掺 Au 纳米颗粒的复合薄膜，发现金属 Au 颗粒能够显著提高 NiO 薄膜的导电性和赝电容特性。因此不难看出，将电致变色材料与其他有特殊性质的材料组成复合材料体系有助于提高材料的综合性能，将 NiO 的电致变色性能与其他材料的赝电容特性结合的思路对拓展材料的应用具有重要的意义。

化学法制膜技术在 NiO 薄膜制备研究中应用较多，包括溶胶-凝胶、喷雾热解、水热法、电沉积技术等。例如，Noonuruk 等人使用溶胶-凝胶法，在 FTO 衬底上制备了 Zn 掺杂的 NiO 薄膜。通过控制加入前驱体溶液中乙酸锌二水合物 Zn（$CH_3COO)_2 \cdot 2H_2O$ 的体积，得到不同掺杂比例的前驱体溶液，从而制备出不同 Zn 掺杂浓度的 NiO 薄膜。结果表明，Zn 的掺杂会降低 NiO 薄膜的结晶度，从而扩大薄膜表面活性面积，便于电荷的注入和抽出。掺杂 Zn 的浓度为 10% 时，薄膜电化学性能最优异，此时光学调制幅度最大，CV 曲线中阳极和阴极电流峰值最高，表明 Zn 掺杂的 NiO 薄膜在发生氧化还原反应过程中被注入/抽出了更多的电荷，电致变色性能更好，薄膜交换的锂离子量增多。Zhou 等人采用溶胶-凝胶法制备了 NiO、Li 掺杂 NiO、Ti 掺杂 NiO 和 Li-Ti 共掺杂 NiO 薄膜，重点研究了 Li 和 Ti 的掺杂对 NiO 薄膜微观结构和电致变色性能的影响。结果表明，Li 和 Ti 的掺杂会影响 NiO 立方相的对称性，增加晶格缺陷，达到调节薄膜中 Ni^{2+}/Ni^{3+} 的比例的目的。由于薄膜中 Ni^{2+}/Ni^{3+} 直接影响材料的光学透射率，所以通过调整掺杂水平获得的 Li-Ti 共掺杂 NiO 薄膜的光学调制幅度最大。Xie 等人以三嵌段共聚物［PEO132PEO50PEO132］（F108）作为助剂，采用溶胶-凝胶法制备了介孔 NiO 薄膜。NiO 薄膜由直径约为 10nm 的纳米粒子组成，并分布着孔径约为 6nm 的介孔，这些介孔为离子的传输提供了通道，缩短了扩散路径，使离子更容易在膜中传输。介孔 NiO 薄膜具有超快的开关响应，着色/褪色时间分别为 0.9s/3.8s，这比不使用 F108 的溶胶-凝胶法（13.6s/4.9s）和磁控溅射法（9.6s/7.5s）制备的致密性薄膜变色响应快得多。该作者还采用吡啶修饰 NiO 纳米晶体，以增强其导电性，通过旋涂得到颗粒直径约为 3nm 的 NiO 薄膜，在 550nm 的波长下，光调制率为 41.5%，着色切换时间为 1.77s，着色效率高达 $114.7cm^2/C$。这些研究证明了纳米结构的设计可以显著提高 NiO 电致变色薄膜的响应速度与着色效率，是提高薄膜电致变色性能的有效途径之一。西安理工大学的任洋课题组同样采用紫外感光与溶胶凝胶相结合的技术制备了 Sn 掺杂 NiO 电致变色图案（见图 7-7a、b）和具有亚微米阵列结构的 NiO 薄膜（见图 7-7c）。说明紫外感光溶胶凝胶技术可以有效应用在 NiO 及掺杂 NiO 薄膜图案化制备工艺中，该技术制备的图案具有与完整薄膜相同的电致变色性能，而且锡元素掺杂和表面微结构改性进一步提升了 NiO 薄膜的电致变色性能。该技术在图案化电致变色材料制备技术领域具有广阔的应用前景。

147

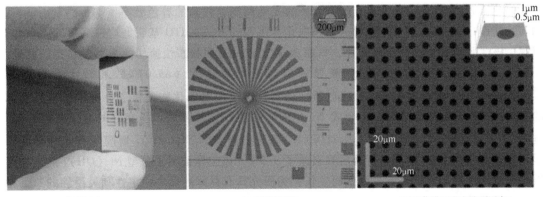

a) 薄膜图案1　　　　　　　　　b) 薄膜图案2　　　　　　c) NiO薄膜亚微米阵列图案

图 7-7　锡掺杂 NiO 薄膜

Denayer 等人采用超声喷雾热解法（Ultrasonic Spray Pyrolysis，USP）分别将掺杂锂的 NiO（LiNiO）和未掺杂的 NiO 薄膜沉积在 FTO 基底上，并通过在前驱体溶液中加入聚乙二醇（PEG），研究这种表面活性剂辅助 USP 技术对 NiO 和 LiNiO 薄膜形成的影响。结果表明，与不含表面活性剂的薄膜相比，在前驱体溶液中加入 PEG 可以改善均匀性并减少光散射，锂离子的存在会改善 NiO 薄膜的电致变色性能，因此 LiNiO-PEG 薄膜的性能最优异，光学调制范围为 43.5%，着色效率达到 $41.2cm^2/C$。Wang 等人通过静电喷涂技术成功合成 NiO 电致变色薄膜，实现了超大光学调制（83.2%）、高着色效率（$75.5cm^2/C$）和卓越的储能能力（在 2A/g 的工作电流密度下质量电容为 99.8mA·h/g）。

Cao 等人采用水热合成法制备了平均直径约为 10nm 的 NiO 薄膜。使用 $Ni(NO_3)_2$ 和六亚甲基四胺（HMT）制备出前驱体溶液，然后将其转移到不锈钢高压釜中，将 2.5cm×2.5cm 的 ITO 玻璃浸入反应溶液中，然后将高压釜密封，并在 105℃下保持 1h 后使其自然冷却至室温。反应后取出基质，用去离子水完全洗涤，并在空气中干燥。最后，将样品在 300℃下、氩气气氛中退火 1.5h，形成多孔 NiO 纳米壁阵列。与致密的 NiO 膜相比，多孔 NiO 纳米壁阵列表现出较弱的偏振、较高的色彩对比度、较好的反应性和循环性能。中孔 NiO 纳米壁阵列（纳米粒子的距离为 5～20nm）表现出优异的电致变色性能，在波长为 550nm 处，材料的光学调制幅度高达 77%，并且其着色效率可达到 $49cm^2/C$。Chen 等人通过简单的水热法制备了均匀的 NiO 纳米薄片，颜色从浅棕色变为黑色，在 632.8nm 的波长下具有 40% 的大透射率调制，$63.2cm^2/C$ 的高着色效率和出色的循环稳定性（5000 次循环后几乎相同）。这主要是因为 NiO 纳米片的强黏附力和多孔形态发挥了关键作用，有利于载流子在垂直排列的电极材料上快速转移。Cai 等人通过溶剂热法在不同的基底上合成了均匀的氧化镍纳米颗粒。得益于均匀的纳米颗粒形态和 NiO 纳米颗粒在基底上稳定的化学键，该薄膜实现较大的光学调制（550nm 时为 63.6%）、较高的着色效率（550nm 时为 $42.8cm^2/C$）和良好的循环稳定性。

此外，Patil 等人通过电沉积技术在 FTO 镀膜玻璃上制备了 NiO 薄膜，通过改变沉积参数，获得了不同微观结构、形貌、光学和电致变色性能的 NiO 薄膜，最终制备的最优化 NiO 薄膜具有 $107cm^2/C$ 的着色效率和 10000 次的循环稳定性。Yuan 等人通过自组装单层聚苯乙烯（PS）球体模板辅助电沉积法制备了高度有序的多孔 NiO 薄膜。用 PS 球模板制备的有序多孔氧化镍膜在 550nm 处呈现出高达 76% 的光学调制，较高的着色效率（$41cm^2/C$），快速的转换速度（3s 和 6s）。Djafri 等人采用电化学沉积的方法在 ITO 基底上均匀沉积 $Ni(OH)_2$ 薄膜。该薄膜具有可逆的颜色变化，只需 3s 就可以从透明状态快速切换为黑色状态。此外，在加入 H_2O_2 改良后的电沉积薄膜显示出高光学对比度（65.07%）和较大着色效率（$46.52cm^2/C$），为开发用于电致变色器件的高性能金属氢氧化物提供了一种低成本且实用的方法。Zhu 等人在不同基底上合成 $Ni(OH)_2$ 薄膜，该薄膜展示了良好的电致变色性能，具有 $72.7cm^2/C$ 的高着色效率，在 ITO/PET 基底上制备的 $Ni(OH)_2$ 薄膜具有 52.6% 的光学调制，并且在 1000 次弯曲折叠后只衰减了 3.5%。该工作证明了薄型 $Ni(OH)_2$ 纳米片可以在任意刚性和柔性基底上二维平面生长，为研究具有良好的循环稳定性和灵活性的二维材料提供了思路。

研究人员还通过制备镍基复合薄膜来优化其电致变色性能。Liu 等人以 ZnO 纳米管上的金属有机骨架为模板，得到的镍钴双金属氢氧化物（Ni/Co-LDH）便于离子和电子的传输，具有较大的光学调制范围（在 660nm 时为 63%），快的转换速度（着色 5.8s，褪色 4.7s）。Chavan 等人采用化学浴沉积制备了双金属 NiVO 薄膜。V 掺杂改善了氧化还原动力学（低电荷转移电阻），增大了比表面积，增强了离子扩散能力。NiVO 电极表现出超快的着色和褪色时间，分别为 1.52 和 4.79s，着色效率为 63.18cm^2/C，并实现了 68% 的光学调制。Lee 等人在电沉积 Ni（OH）$_2$ 过程中形成互连的 MnO$_2$ 纳米颗粒，提供了额外的成核位点。互连的 MnO$_2$ 纳米颗粒和 Ni（OH）$_2$ 结合形成杂化结构，产生协同效应，改善了电荷转移动力学，具有快速转换时间（着色 2.72s，褪色 2.66s）。此外，MnO$_2$/Ni（OH）$_2$ 电极表现出优异的储能特性，在 0.2mA/cm^2 的工作电流密度下其面电容为 26.0mF/cm^2。Zhao 等人成功制备了 NiO/Co（OH）$_2$ 异质纳米片阵列。得益于这种独特的异质结构，薄膜具有较高的光学调制（550nm 处为 78.12%）、快速离子转移动力学（褪色 1.8s，着色 3.4s）、高着色效率（49.8cm^2/C）。Lei 等人用水热法合成了多孔 NiCoO$_2$ 纳米线薄膜。相比于单金属型 NiO 材料，基于共价键结合的双金属型 NiCoO$_2$ 具有禁带宽度窄和表面反应活性高的特点，其变色速度得到有效提升。Kou 等人成功制备出均匀多孔的纳米片阵列网络结构的 NiCoO$_2$ 电致变色薄膜。得益于多孔纳米薄片阵列结构和双金属元素的协同效应，薄膜表现出较大的光学调制能力（在 550nm 波长处为 60%）、快速的转换时间和优异的循环稳定性。

为了提升 NiO 薄膜的电致变色性能，研究者也将目光放在与 NiO 相关的电致变色材料的复合，以期获得 1+1>2 的性能效果。Cai 等人采用水热法和化学水浴沉积法制备出 TiO$_2$-NiO 核壳纳米棒阵列，TiO$_2$ 纳米棒降低了光学折射率，提升了透明度，因而 TiO$_2$-NiO 核壳纳米棒阵列的光调制达到了 83%，并且由于 N 型 TiO$_2$ 核和 P 型 NiO 壳层形成了 PN 结，有利于界面电荷传输，增强了反应可逆性和电化学活性。与非复合 NiO 相比，TiO$_2$-NiO 核壳纳米棒阵列的循环寿命提升了 1 倍以上。Bo 等人采用水热和溶剂热法制备出具有穿插型复合结构的 NiO-TiO$_2$ 薄膜。TiO$_2$ 纳米棒阵列为 NiO 提供了生长框架，多孔结构 NiO 在 TiO$_2$ 纳米棒上及棒间生长，形成 NiO 与 TiO$_2$ 穿插复合结构，薄膜的着色效率达到了 147.6cm^2/C，光学调制比未复合 NiO 薄膜高 18%。Wang 等人通过水热和溶剂热法在 FTO 基底上制备出 Ni（OH）$_2$-TiO$_2$ 复合纳米棒阵列结构 EC 材料，获得高达 89% 的光学调制和 11000 次的循环稳定性。

另一类有关 NiO 的复合材料，其组分中含有一定量高电导率物质（如石墨烯、碳纳米管、ZnO 和 In$_2$O$_3$ 等），以期通过两种材料的复合来提升电荷传输速率，并利用纳米结构增大材料与电解质的接触面积。NiO-ZnO 复合薄膜是此类复合材料的一个研究热点。Wei 等人制备了纳米多孔 NiO-ZnO 阵列膜，与未复合 NiO 多孔膜相比，NiO-ZnO 复合膜的光调制、着色效率和响应速度均有显著提升，这种性能改善一方面归于复合结构给 NiO 提供了更多的生长空间，使得更多的 NiO 可以参与到变色反应过程中，另一方面多孔核壳结构也有利于电解质溶液的渗透，促进了电化学反应的进行。Tan 等人在 NiO-ZnO 复合薄膜的研究中得到比较有趣的结果，通过复合膜的设计和构筑，可以对材料的颜色进行调节。他们通过引入 ZnO 棒阵列过渡层的方式，制备出非接触型 ZnO-NiO 核壳复合棒阵列膜，得到对比鲜明的黑色与白色之间的变色，而非复合 NiO 的变色是在无色和深褐色之间，并且响应时间小于 1s，循环次数超过 12000 次。较快的响应速度得益于因 ZnO 棒阵列的引入为后续 NiO 的生长所提供的三维骨架结构，为变色反应构筑出电荷传输通道。这一结果为有关电致变色膜的调色研究提供了参考。

将 NiO 与 In_2O_3 复合也能获得较好的性能提升效果。Wang 等人采用水热和溶剂热法在 FTO 基底上制备出 $Ni(OH)_2$-In_2O_3 复合棒阵列电致变色薄膜,对复合膜的形成过程进行了研究,并以阻抗谱和莫特肖特基测试为基础,对复合膜的异质结能带结构和变色机制进行了分析。研究发现,未复合的 $Ni(OH)_2$ 与 FTO 结合很差,原因是 $Ni(OH)_2$ 与 FTO 的晶格常数错配度较大。$Ni(OH)_2$ 与 In_2O_3 复合后,$Ni(OH)_2$ 的稳定性得到显著提高,因为 In_2O_3 的晶格常数与 FTO 的有较好的匹配,同时 In_2O_3 棒的粗糙表面,为 $Ni(OH)_2$ 的形核、生长和附着提供了较好的条件,从而使 $Ni(OH)_2$ 的循环稳定性得到大幅度提高,循环 6500 次后复合膜的结构没有显著变化。另外,$Ni(OH)_2$ 与 In_2O_3 膜之间的界面以及 $Ni(OH)_2$-In_2O_3 复合膜与 FTO 基材间的界面处所形成的异质结,使界面处形成肖特基势垒和能带弯曲,对着色和消色过程的电荷传输产生积极的影响。

近年来的另一研究热点是将 NiO 材料与碳材料复合,通过石墨烯或碳纳米管良好的导电性提升复合材料的电导率,并在一定程度上改善原材料的微观结构,促进电化学反应的进行。例如,Cai 等人通过电泳沉积和化学浴沉积的结合,制备了一种多孔的 NiO/rGO 混合薄膜。rGO 片的电化学活性的加强和多孔混合薄膜中更多的开放空间,缩短了质子在 NiO 体中的扩散路径,使得电解质更容易渗透。与多孔 NiO 薄膜相比,该薄膜显示出高的变色效率($76cm^2/C$)和快的开关速度(7.2s 和 6.7s)。Liang 等人采用两步热解法制备了 NiO@C 薄膜。得益于金属有机骨架(Metal-Organic Framework,MOF)结构,薄膜呈现出分级多孔的形貌,因此具有快速的电荷转移特性和离子传输速率。该薄膜呈现快速的转换时间(着色 0.46s,褪色 0.25s)和 $113.5cm^2/C$ 的着色效率。Lang 等人合成了纳米晶 NiO-还原氧化石墨烯(rGO)复合材料,rGO 的加入扩大了 NiO 纳米晶之间的间隙,促进了离子的扩散传输和电子的传导,复合薄膜在 550nm 波长处的光学调制为 40.7%,着色响应时间为 4.3s,消色响应时间为 3.9s。Garcia-Lobato 等人将多壁碳纳米管掺入 NiO 薄膜中,降低了 NiO 薄膜的电荷转移电阻和扩散阻抗,提升了离子扩散速率和电导率,缩短了变色响应时间。

从以上典型的阴极和阳极电致变色材料的制备研究中可以看出,常规的物理法和化学技术均能实现电致变色薄膜的制备,且能获得较优的电致变色性能。但对于大面积产业化制备研究而言,目前相对成熟的阴阳两极无机氧化物薄膜制备技术为磁控溅射技术。该技术制备的薄膜可在大面积范围内保证均匀性和性能的稳定性,工艺可控。其他工艺技术暂停留在实验探索阶段,但也取得了丰硕的、很有特点和启发性的研究成果,例如掺杂改性、复合材料改性和表面微结构改性等,这些均为无机氧化物电致变色薄膜的技术发展提供了参考,有效推动了电致变色材料和器件的进步。

7.5 电致变色材料产业化现状及前景展望

电致变色材料的产业化现状是,研究、生产和市场开拓正稳步推进。比较有代表性的是波音 787 飞机舷窗和法拉利 Superamerica 敞篷跑车车顶,均采用了电致变色技术。近年来,随着智能汽车的发展,智能调光后视镜、智能光感天幕等发展迅速,市场潜力巨大。为此,国内在近十年内诞生了多家与 EC 调光玻璃相关的企业,如光弈科技、毓恬冠佳、精一科技、伟巴斯特、铁锚科技、上海本人马、览锐光电等,它们正以电致变色为核心技术快速追赶传统智能玻璃制造商,如福耀玻璃、旭硝子、板硝子和圣戈班。例如,铁锚科技为极氪

001 系列车型打造的光感天幕，正是电致变色在汽车领域实现应用的实例。而由长安汽车、华为和宁德时代联合打造的阿维塔 E12 型高端智能汽车，将电致变色技术应用于全天际智能光感变色穹顶，解决了汽车冲顶的通透美观和隔热、隐私保护之间的矛盾。

未来电致变色玻璃和薄膜的技术发展趋势将聚焦于提高性能、实现智能化集成、提高透明度和对比度、增加柔性可弯曲性，并致力于更环保的可持续发展。这些创新有望进一步拓展电致变色材料在各个领域的应用，并推动市场迎来更广阔的发展前景。以下是电致变色玻璃和薄膜未来技术发展趋势的展望。

1. 材料创新

未来的研究将集中在寻找更先进的电致变色材料，以提高性能、响应速度和稳定性。纳米技术和新型材料的应用可能会引入更广泛的颜色选择、更快的响应时间和更长的使用寿命。

2. 智能化和集成

电致变色玻璃和薄膜将更多地融入智能建筑和智能汽车系统中，实现与其他智能设备的集成。这包括与自动化系统、智能家居技术和人工智能的协同工作，以提供更智能、自适应的光学性能。

3. 更高的透明度和对比度

未来的研究可能会致力于提高电致变色玻璃在透明和不透明状态之间的对比度，并在透明状态下提供更高的透明度。这对于维持自然采光、提高显示屏质量等方面都是关键的。

4. 柔性和可弯曲性

电致变色薄膜的发展方向之一是实现更高程度的柔性和可弯曲性，以适应曲面设计和柔性电子设备的需求。这有望扩大这些技术在可穿戴设备、弯曲屏幕等领域的应用。

5. 生态友好和可持续性

对于可持续发展的关注将推动开发更环保的生产方法和更可持续的材料。降低制造过程的能源消耗，减少有害物质的使用，以及提高产品的可循环性都将成为未来研究的关键方向。

6. 更广泛的应用领域

随着技术的进步，电致变色技术将扩展到更多领域，包括医疗设备、航空航天和可穿戴技术等，这将要求更高水平的性能和适应性。

思　考　题

1. 简述电致变色材料的定义、分类和用途。
2. 常见的聚合物电致变色材料有哪些？分别可采用哪些方法进行制备？
3. 常见的无机氧化物电致变色材料有哪些？分别可采用哪些方法进行制备？
4. 从哪几个方面着手可以调控材料的电致变色性能？分别采用什么制备方法可实现性能的调控？
5. 简述电致变色材料的产业现状及未来发展趋势。

参 考 文 献

［1］ 熊善新. 导电聚合物电致变色材料与器件［M］. 北京：科学出版社，2015.
［2］ BENEDUCI A, COSPITO S, LA DEDA M, et al. Highly fluorescent thienoviologen-based polymer gels for single layer electrofluorochromic devices［J］. Advanced functional materials, 2015, 25（8）：1240-1247.

[3] ZHANG J, ZENG Y, LU H, et al. Two zinc-viologen interpenetrating frameworks with straight and offset stacking modes respectively showing different phot/thermal responsive characters [J]. Crystal growth & design, 2020, 20 (4): 2617-2622.

[4] LI P, ZHOU L J, YANG N N, et al. Metal-organic frameworks with extended viologen units: metal-dependent photochromism, photomodulable fluorescence, and sensing properties [J]. Crystal growth & design, 2018, 18 (11): 7191-7198.

[5] LI P, GUO M Y, YIN X M, et al. Interpenetration-enabled photochromism and fluorescence photomodulation in a metal-organic framework with the thiazolothiazole extended viologen fluorophore [J]. Inorganic chemistry, 2019, 58 (20): 14167-14174.

[6] LI X N, TU Z M, LI L, et al. A novel viologen-based coordination polymer with multi-stimuli responsive chromic properties: photochromism, thermochromism, chemochromism and electrochromism [J]. Dalton transactions, 2020, 49 (10): 3228-3233.

[7] FU T, WEI Y L, ZHANG C, et al. A viologen-based multifunctional Eu-MOF: photo/electro-modulated chromism and luminescence [J]. Chemical communications, 2020, 56 (86).

[8] KIM S, SHIM N, LEE H, et al. Synthesis of a perylenediimide-viologen dyad (PDI-2V) and its electrochromism in a layer-by-layer self-assembled multilayer film with PEDOT: PSS [J]. Journal of materials chemistry, 2012, 22 (27): 13558-13563.

[9] ZHAO S, HUANG W, GUAN Z, et al. A novel bis (dihydroxypropyl) viologen-based all-in-one electrochromic device with high cycling stability and coloration efficiency [J]. Electrochimica acta, 2019, 298: 533-540.

[10] SHI Y, LIU J, LI M, et al. Novel electrochromic-fluorescent bi-functional devices based on aromatic viologen derivates [J]. Electrochimica acta, 2018, 285: 415-423.

[11] DMITRIEVA E, ROSENKRANZ M, ALESANCO Y, et al. The reduction mechanism of p-cyanophenylviologen in PVA borax gel polyelectrolyte-based bicolor electrochromic devices [J]. Electrochimica acta, 2018, 292: 81-87.

[12] COSPITO S, BENEDUCI A, VELTRI L, et al. Mesomorphism and electrochemistry of thienoviologen liquid crystals [J]. Physical chemistry chemical physics, 2015, 17 (27): 17670-17678.

[13] STOLAR M, BORAU-GARCIA J, TOONEN M, et al. Synthesis and tunability of highly electron-accepting, N benzylated "phosphaviologens" [J]. Journal of the American chemical society, 2015, 137 (9): 3366-3371.

[14] MA K, TANG Q, ZHU C, et al. Novel dual-colored 1, 1′, 1″, 1‴-tetrasubstituted (4, 4′, 4″, 4‴-tetrapyridyl) cyclobutane with rapid electrochromic switching [J]. Electrochimica acta, 2018, 259: 986-993.

[15] DURBEN S, BAUMGARTNER T. 3, 7-Diazadibenzophosphole oxide: a phosphorus-bridged viologen analogue with significantly lowered reduction threshold [J]. Angewandte chemie international edition, 2011, 50 (34): 7948-7952.

[16] ZHIDKOVA M N, AYSINA K E, KOTOV V Y, et al. Synthesis and electropolymerization of bis (4-cyano-1-pyridino) alkanes: effect of co-and counter-ions [J]. Electrochimica acta, 2016, 219: 673-681.

[17] KAMATA K, SUZUKI T, KAWAI T, et al. Voltammetric anion recognition by a highly cross-linked polyviologen film [J]. Journal of electroanalytical chemistry, 1999, 473 (1-2): 145-155.

[18] KUO T H, HSU C Y, LEE K M, et al. All-solid-state electrochromic device based on poly (butyl viologen), prussian blue, and succinonitrile [J]. Solar energy materials and solar cells, 2009, 93 (10): 1755-1760.

[19] JANDA P, WEBER J, KAVAN L. Modification of glassy carbon electrodes by a new type of polymeric viologen [J]. Journal of electroanalytical chemistry and interfacial electrochemistry, 1984, 180 (1-2): 109-120.

[20] ADEOGUN M J, HAY J N. Synthesis of mesoporous amorphous silica via silica-polyviologen hybrids prepared by the Sol-Gel route [J]. Chemistry of materials, 2000, 12 (3): 767-775.

[21] DAS G, SKORJANC T, PRAKASAM T, et al. Microwave-assisted synthesis of a viologen-based covalent organic polymer with redox-tunable polarity for dye adsorption [J]. RSC advances, 2017, 7 (6): 3594-3598.

[22] ADEOGUN M J, FAIRCLOUGH J P A, HAY J N, et al. Structure control in sol-gel silica synthesis using ionene polymers—evidence from X-ray scattering [J]. Journal of Sol-Gel science and technology, 1998, 13 (1): 27-30.

[23] ADEOGUN M J, HAY J N. Structure control in sol-gel silica synthesis using ionene polymers. 2: evidence from spectroscopic analysis [J]. Journal of sol-gel science and technology, 2001, 20 (2): 119-128.

[24] SATO K, MIZUKAMI R, MIZUMA T, et al. Synthesis of dimethyl-substituted polyviologen and control of charge transport in electrodes for high-resolution electrochromic displays [J]. Polymers, 2017, 9 (3): 86.

[25] GAO L, DING G, WANG Y, et al. Preparation of UV curing crosslinked polyviologen film and its photochromic and electrochromic performances [J]. Applied surface science, 2011, 258 (3): 1184-1191.

[26] HARRIS F W, CHUANG K C, HUANG S A X, et al. Aromatic poly (pyridinium salt) s: synthesis and structure of organo-soluble, rigid-rod poly (pyridinium tetrafluoroborate) s [J]. Polymer, 1994, 35 (23): 4940-4948.

[27] HUANG S A X, CHUANG K C, CHENG S Z D, et al. Aromatic poly (pyridinium salt) s Part 2. Synthesis and properties of organo-soluble, rigid-rod poly (pyridinium triflate) s [J]. Polymer, 2000, 41 (13): 5001-5009.

[28] PETROV M M, MAKHAEVA E E, KESHTOV M L, et al. The effect of poly (N-vinylcaprolactam) on the electrochromic properties of a poly (pyridinium triflate) [J]. Electrochimica acta, 2014, 122: 159-165.

[29] GADGIL B, DAMLIN P, HEINONEN M, et al. A facile one step electrostatically driven electrocodeposition of polyviologen-reduced graphene oxide nanocomposite films for enhanced electrochromic performance [J]. Carbon, 2015, 89: 53-62.

[30] HWANG E, SEO S, BAK S, et al. An electrolyte-free flexible electrochromic device using electrostatically strong graphene quantum dot-viologen nanocomposites [J]. Advanced materials, 2014, 26 (30): 5129-5136.

[31] WANG N, LUKÁACS Z, GADGIL B, et al. Electrochemical deposition of polyviologen-reduced graphene oxide nanocomposite thin films [J]. Electrochimica acta, 2017, 231: 279-286.

[32] KARUPPAIAH M, SAKTHIVEL P, ASAITHAMBI S, et al. In-situ deposition of amorphous tungsten (Ⅵ) oxide thin-film for solid state symmetric supercapacitor [J]. Ceramics international, 2022, 48 (2): 2510-2521.

[33] INAMDAR A I, KIM J, JO Y, et al. Highly efficient electro-optically tunablesmart-supercapacitors using an oxygen-excess nanograin tungsten oxide thin film [J]. Solar energy materials and solar cells, 2017, 166: 78-85

[34] 孙天皓, 刘红均, 伏桂月, 等. WO₃ 薄膜电致变色器件的响应时间测试及其改善方案 [J]. 液晶与显示, 2021, 36 (5): 641-648.

[35] POOYODYING P, SON Y H, SUNG Y M, et al. The effect of sputtering Ar gas pressure on optical and e-

lectrical properties of flexible ECD device with WO_3 electrode deposited by RF magnetron sputtering on ITO/PET substrate [J]. Optical materials, 2022, 123: 111829.

[36] BLANCHARD F, BALOUKAS B, MARTINU L. Highly durable electrochromic tungsten oxide thin films prepared by high rate bias-enhanced sputter deposition [J]. Applied materials today, 2018, 12: 235-243.

[37] SEMENOVA A, ERUZIN A, BEZRUKOV P, et al. Improvement of parameters and conditions for magnetron sputtering of WO_3 layers to enhance their electrochromic performances [J]. Materials Today, 2020, 30: 606-610.

[38] CHEN H, CHIASERA A, VARAS S, et al. (INVITED) Tungsten oxide films by radio-frequency magnetron sputtering for near-infrared photonics [J]. Optical materials: X, 2021, 12: 100093.

[39] MANDLEKAR B K, JADHAV A L, JADHAV S L, et al. Binder-free room-temperature synthesis of a-morphous-WO_3 thin film on FTO, ITO, and stainless steel by electrodeposition for electrochromic application [J]. Optical materials, 2023, 136: 113460.

[40] BEESIÈRE A, BADOT J C, CERTIAT M C, et al. Sol-gel deposition of electrochromic WO_3 thin film on flexible ITO/PET substrate [J]. Electrochimica acta, 2001, 46 (13): 2251-2256.

[41] LEITZKE D W, CHOLANT C M, LANDARIN D M, et al. Electrochemical properties of WO_3 sol-gel thin films on indium tin oxide/poly (ethylene terephthalate) substrate [J]. Thin solid films, 2019, 683: 8-15.

[42] FENG J, ZHAO X, ZHANG B, et al. Sol-gel synthesis of highly reproducible WO_3 photoanodes for solar water oxidation [J]. Science China materials, 2020, 63 (11): 2261-2271.

[43] REN Y, GAO Y, ZHAO G Y. Facile single-step fabrications of electrochromic WO_3 micro-patterned films using the novel photosensitive sol-gel method [J], Ceramics international, 2015, 41, 403-408.

[44] HATTORI T, TAKAHASHI K, SEMAN M B, et al. Chemical and electronic structure of SiO_2/Si interfacial transition layer [J]. Applied surface science, 2003, 212-213: 547-555.

[45] LIN Y S, CHIANG Y L, LAI J Y. Effects of oxygen addition to the electrochromic properties of WO_{3-z} thin films sputtered on flexible PET/ITO substrates [J]. Solid state ionics, 2009, 180 (1): 99-105.

[46] CHANG X, SUN S, DONG L, et al. Tungsten oxide nanowires grown on graphene oxide sheets as high-performance electrochromic material [J]. Electrochimica acta, 2014, 129: 40-46.

[47] LI W, ZHANG J, ZHENG Y, et al. High performance electrochromic energy storage devices based on Mo-doped crystalline/amorphous WO_3 core-shell structures [J]. Solar energy materials and solar cells, 2022, 235: 111488.

[48] KONDALKAR V V, KHARADE R R, MALI S S, et al. Nanobrick-like WO_3 thin films: Hydrothermal synthesis and electrochromic application [J]. Superlattices and microstructures, 2014, 73: 290-295.

[49] PARK S, PARK H S, DAO T T, et al. Solvothermal synthesis of oxygen deficient tungsten oxide nano-particle for dual band electrochromic devices [J]. Solar energy materials and solar cells, 2022, 242: 111759.

[50] MOHITE S V, GANBAVLE V V, RAJPURE K Y. Solar photoelectro-catalytic activities of rhodamine-B using sprayed WO_3 photoelectrode [J]. Journal of Alloys and Compounds, 2016, 655: 106-113.

[51] LI W, SUN J, ZHANG J, et al. Facile fabrication of $W_{18}O_{49}$/PEDOT : PSS/ITO-PET flexible electrochromic films by atomizing spray deposition [J]. Results in surfaces and interfaces, 2021, 2: 10002.

[52] LIN Y S, TSAI T H, CHEN P C, et al. Flexible electrochromic tungsten/ titanium mixed oxide films synthesized onto flexible polyethylene terephthalate/indium tin oxide substrates via low temperature plasma polymerization [J]. Thin solid films, 2018, 651: 56-66.

[53] 张泽华, 赵青南, 刘翔, 等. 膜厚对直流反应磁控溅射沉积 NiO 薄膜的结构与电致变色性能的影响 [J]. 硅酸盐通报, 2018, 37 (9): 72-78.

[54] YU J H, YANG H, JUNG R H, et al. Hierarchical NiO/TiO₂ composite structures for enhanced electrochromic durability [J]. Thin solid films, 2018, 664 (31): 1-5.

[55] NOONURUK R, MEKPRASART W, PECHARAPA W. Effects of Zn-dopant on structural properties and electrochromic performance of sol-gel derived NiO thin films [J]. Physica status solidi (c), 2015, 12 (6): 560-563.

[56] ZHOU J, LUO G, WEI Y, et al. Enhanced electrochromic performances and cycle stability of NiO-based thin films via Li-Ti co-doping prepared by sol-gel method [J]. Electrochimica acta, 2015, 186: 182-191.

[57] XIE Z Q, LIU Q Q, ZHANG Q Q, et al. Fast-switching quasi solid state electrochromic full device based on mesoporous WO₃ and NiO thin films [J]. Solar energy materials and solar cells, 2019, 200: 8.

[58] REN Y, FANG T, GONG Y, et al. Enhanced electrochromic performances and patterning of Ni-Sn oxide films prepared by a photosensitive sol-gel method [J]. Journal of materials chemistry C, 2019, 7: 6964-6971.

[59] REN Y, ZHOU X, ZHANG H, et al. Preparation of a porous NiO array-patterned film and its enhanced electrochromic performance [J]. Journal of materials chemistry C, 2018, 6: 4952-4958.

[60] DENAYER J, BISTER G, SIMONIS P, et al. Surfactantassisted ultrasonic spray pyrolysis of nickel oxide and lithium-doped nickel oxide thin films, toward electrochromic applications [J]. Applied surface science, 2014, 321: 61-69.

[61] CAO F, PAN G X, XIA X H, et al. Hydrothermal-syn thesized mesoporous nickel oxide nanowall arrays with enhanced electrochromic application [J]. Electrochimica acta, 2013, 111: 86-91.

[62] SONAVANE A C, INAMDAR A I, SHINDE P S, et al. Efficient electrochromic nickel oxide thin films by electrodeposition [J]. Journal of alloys and compounds, 2010, 489 (2): 667-73.

[63] YUAN Y F, XIA X H, WU J B, et al. Enhanced electrochromic properties of ordered porous nickel oxide thin film prepared by self-assembled colloidal crystal template-assisted electrodeposition [J]. Electrochimica acta, 2011, 56 (3): 1208-1212.

[64] CHEN Y L, WANG Y, SUN P, et al. Nickel oxide nanoflakebased bifunctional glass electrodes with superior cyclic stability for energy storage and electrochromic applications [J]. Journal of materials chemistry A, 2015, 3 (41): 20614-20618.

[65] CAI G, WANG X, CUI M, et al. Electrochromo-supercapacitor based on direct growth of NiO nanoparticles [J]. Nano energy, 2015, 12: 258-67.

[66] WANG J, ZHU R, GAO Y, et al. Unveiling the multistep electrochemical desorption mechanism of cubic NiO films for transmissive-to-black electrochromic energy storage devices [J]. The journal of physical chemistry letters, 2023, 14 (9): 2284-2291.

[67] DJAFRI D E, HENNI A, ZERROUKI D. Electrochemical synthesis of highly stable and rapid switching electrochromic Ni (OH)₂ nanoflake array films as low-cost method [J]. Materials chemistry and physics, 2022, 279: 125704.

[68] CAI G, TU J, ZHANG J, et al. An efficient route to a porous NiO/reduced graphene oxide hybrid film with highly improved electrochromic properties [J]. Nanoscale, 2012, 4 (18): 5724-5730.

[69] LIANG H, LI R, LI C, et al. Regulation of carbon content in MOF-derived hierarchical-porous NiO@ C films for high-performance electrochromism [J]. Materials horizons, 2019, 6 (3): 571-579.

[70] ZHAO Y, ZHANG X, CHEN X, et al. Preparation of Sn-NiO films and all-solid-state devices with enhanced electrochromic properties by magnetron sputtering method [J]. Electrochimica acta, 2021, 367: 137457.

[71] LIU X A, WANG J, TANG D, et al. A forest geotexture-inspired ZnO@ Ni/Co layered double hydroxide-

based device with superior electrochromic and energy storage performance [J]. Journal of materials chemistry A, 2022, 10 (23): 12643-12655.

[72] CHAVAN H S, HOU B, Jo Y, et al. Optimal rule-of-thumb design of nickel-vanadium oxides as an electrochromic electrode with ultrahigh capacity and ultrafast color tunability [J]. ACS applied materials & interfaces, 2021, 13 (48): 57403-57410.

[73] LEE Y H, PARK J Y, AHN K S, et al. MnO$_2$ nanoparticles advancing electrochemical performance of Ni (OH)$_2$ films for application in electrochromic energy storage devices [J]. Journal of alloys and compounds, 2022, 923: 166446.

[74] ZHAO L, JIANG C, CHAO J, et al. Rational design of nickel oxide/cobalt hydroxide heterostructure with configuration towards high-performance electrochromic-supercapacitor [J]. Applied surface science, 2023, 609: 155279.

[75] LEI P, WANG J, ZHANG P, et al. Growth of a porous NiCoO$_2$ nanowire network for transparent-to-brownish grey electrochromic smart windows with wide-band optical modulation [J]. Journal of materials chemistry C, 2021, 9 (40): 14378-14387.

[76] KOU Z, WANG J, TONG X, et al. Multi-functional electrochromic energy storage smart window powered by CZTSSe solar cell for intelligent managing solar radiation of building [J]. Solar energy materials and solar cells, 2023, 254: 112273.

[77] CAI G F, TU J P, ZHOU D, et al. Constructed TiO$_2$/NiO core/shell nanorod array for efficient electrochromic application [J]. The journal of physical Chemistry C, 2014, 118: 6690-6696.

[78] BO G S, WANG X, WANG K, et al. Preparation and electrochromic performance of NiO/TiO$_2$ nanorod composite film [J]. Journal of Alloys Compounds, 2017, 728: 878-886.

[79] WANG X, LIU B, TANG J, et al. Preparation of Ni (OH)$_2$/TiO$_2$ porous film with novel structure and electrochromic property [J]. solar energy naterials and solar cells, 2019, 191: 108-116.

[80] WEI W, GU X Y, LIU Y Z, et al. Three-dimensional structures of nanoporous NiO/ZnO nanoarray films for enhanced electrochromic performance [J]. Chemistry, an Asian journal, 2019, 14: 431-437.

[81] TAN S J, GAO L, WANG W Q, et al. Preparation and black-white electrochromic performance of the non-contact ZnO@ NiO core-shell rod array [J]. Surfaces and interfaces, 2022, 30: 101889.

[82] LANG F P, LIU J B, WANG H, et al. NiO nanocrystalline/reduced graphene oxide composite film with enhanced electrochromic properties [J]. NANO, 2017, 12: 1750058.

[83] GARCIA-LOBATO M A, GARCIA C R, MTZ-ENRIQUEZ A I, et al. Enhanced electrochromic performance of NiO-Mwcnts thin films deposited by electrostatic spray deposition [J]. Materials research bulletin, 2019, 114: 95-100.

第8章
储氢材料

8.1 储氢材料概述

随着工业的快速发展和人们物质生活水平的提高，能源的需求和消耗也与日俱增。近几十年来，主要能源仍然来源于化石燃料，如煤、石油和天然气等，其储量有限且燃烧产物会导致生存环境恶化。因此，大力推动可再生能源替代，加快清洁能源体系的构建，已成为我国乃至全球能源绿色低碳转型的重要任务。氢气（H_2）因其丰富的储量、广泛的来源、高能量密度、绿色低碳以及可再生等优点，被认为是缓解能源危机和环境污染的理想能源载体。目前，氢能的廉价制取、安全储运以及高效应用成了氢能研究的重点，而安全、高效的氢储运则是绿色氢能产业链的关键环节之一，是连接氢能生产到应用的桥梁，也是高效利用氢能的关键基础，更是制约氢能大规模发展的重要因素。然而，氢气在常规条件下以气态形式存在，且其易燃、易爆、易扩散，这使得人们在实际应用中必须优先考虑氢储存和运输的安全、高效和无泄漏损失，这也给储存和运输带来了很大的挑战。因此，开发安全的储氢技术和设计新型高效的储氢材料具有重要的学术意义和应用价值。

8.1.1 储氢技术

根据技术形式分类，常用的储氢方法主要包括 4 类：高压气态储氢、低温液态储氢、有机液态储氢和固态储氢。根据技术原理分类，当前的储氢技术可分为 3 种：物理处理储氢（包括高压气态储氢、低温液态储氢）、物理吸附储氢（包括碳基材料储氢、无机多孔材料储氢和有机框架材料储氢等）以及化学反应储氢（包括金属化合物储氢、有机物液态储氢等）。

1) 高压气态储氢是目前应用广泛、相对成熟的储氢技术，即通过加压将氢气以高密度气态形式储存于特定容器中。该技术的优点在于充装和释放氢气的速度快，技术成熟且成本低。而其缺点在于：一是对储氢压力容器的耐高压要求较高，商用气瓶设计压力达到 20MPa，一般充压至 15MPa；二是其体积储氢密度不高，一般在 $18\sim40g/L$；三是在氢气压缩过程中能耗较大，且存在氢气泄漏和容器爆破等安全隐患问题。

2）低温液态储氢也是先将氢气压缩，在经过节流阀之前冷却至-253℃以下，经历焦耳-汤姆逊等熵膨胀后，产生液体。将液体分离后，将其储存在低温高真空的绝热容器中，气体继续进行上述循环。储氢密度可达 70.6kg/m³，体积密度为气态时的 845 倍。其优点是储氢密度高，输送效率高，体积占比小，安全系数高。但低温液态储氢也存在一系列的问题，如对储氢容器的材料要求高（须使用超低温用的特殊容器），氢气液化过程成本高、能耗高（液化1kg氢气需耗电 4~10kW·h）等，因此不适合广泛使用，但可以作为航空燃料，并且已在航空领域发挥巨大的作用。

3）有机液态储氢的理念由 O. Sultan 和 M. Shaw 在 1975 年首先提出，从此开辟了新型储氢技术的研究领域。其原理是借助某些烯烃、炔烃或芳香烃等不饱和液体有机物（如苯、甲苯、萘、苯-环己烷、甲基苯-甲基环己烷、咔唑和乙基咔唑等）和氢气的可逆反应，加氢反应实现氢气的储存（化学键合），随后可借助脱氢反应实现氢的释放。该技术储氢量大，且储氢材料为液态有机物，可以实现常温常压运输，方便安全。但是，有机液体储氢也存在一定的技术难点，其操作条件相对苛刻，加氢和脱氢反应装置较为复杂，成本较高，反应速率较低，且容易发生副反应。

4）固态储氢是以金属氢化物、化学氢化物或纳米材料等固体材料作为储氢载体，通过化学吸附或物理吸附的方式实现氢的存储。固态储氢具有储氢密度高、储氢压力低、安全性和放氢纯度高等优势，体积储氢密度也高于液态储氢，其发展前景十分广阔。虽然固态储氢有很多优点，但物理吸附储氢有常温或高温储氢性能差的缺点，其次是对温度的要求高，制约了化学吸附储氢的发展。因此，设计开发高性能的储氢材料，成为固态储氢的当务之急，也是未来储氢发展甚至整个氢能利用的关键。

8.1.2　储氢材料的定义

储氢材料，顾名思义是一种能够储存氢气的材料。实际上，该材料必须是能在适当的温度、压力下大量可逆地吸收、释放氢的材料，其作用相当于储氢容器。因此，储氢材料不仅担负氢能的储存和转换的功能，而且担负输送功能，也称为"载能体"或"载氢体"。

储氢材料的发现和应用研究始于 20 世纪 60 年代，1960 年发现镁（Mg）能形成 MgH_2，其吸氢量高达 $\omega(H) = 7.6\%$，但反应速度非常慢；1964 年，研制出 Mg_2Ni，其吸氢量为 $\omega(H) = 3.6\%$，能在室温下吸氢和放氢，250℃时放氢压力约 0.1 MPa，成为最早具有应用价值的储氢材料；同年，在研究稀土化合物时发现了 $LaNi_5$，它具有优异的吸氢特性；1974 年又发现 TiFe 储氢材料。这些金属储氢材料在室温和常压条件下能迅速吸氢并反应生成氢化物，使氢以金属氢化物的形式储存起来。在需要的时候，适当加温或减小压力能使这些储存着的氢释放出来，以供使用。

衡量储氢材料性能的主要标准有体积储氢密度（kg/m³）和重量储氢密度（%）。体积储氢密度为系统单位体积内储存氢气的质量，而重量储氢密度为系统储存氢气的质量与系统质量的比值。例如，美国能源部曾针对车载储氢系统提出的目标是重量储氢密度为 6.5%，体积储氢密度为 63kg/m³。另外，充放氢的可逆性、充放气速率及可循环使用寿命等也是衡量储氢材料性能的重要参数。

8.1.3 储氢材料应具备的条件

目前所用的储氢材料主要有金属合金、碳基材料和多孔材料等。有应用价值的储氢材料应具备以下条件：

1）易活化，单位质量、单位体积吸氢量大（电化学容量高）。

2）吸收和释放氢的速度快，氢扩散速度大，可逆性好（较好的动力学行为）。

3）吸放氢等温线较理想，平衡平台压区较平坦且较宽，平台压力在 $10kg/cm^3$ 上下（室温）。

4）吸收、分解过程中的平衡氢压差差距小，即滞后要小。

5）氢化物生成焓小。

6）寿命长，反复吸放氢后合金粉碎量要小，且衰减小，性能稳定。

7）有效导热率大，传热性能好，电催化活性高。

8）在空气中稳定，安全性能好，不易受 N_2、H_2S、O_2 以及水蒸气等气体毒害。

9）材料易得，价格低廉，环境友好。

8.2 合金储氢材料

储氢合金是指在一定的温度和压力条件下，能可逆地大量吸收、储存和释放氢气的金属间化合物，不仅具有安全可靠、储氢能耗低、单位体积储氢密度高等优点，还有将氢气纯化、压缩的功能，是目前最常用的储氢材料。

储氢合金由两部分组成，一部分为吸氢元素或与氢有很强亲和力的元素（A），其控制储氢含量，是组成储氢合金的关键元素，主要是ⅠA～ⅤB族金属，如 Ti、Zr、Ca、Mg、V、Nb、Re（稀土元素）；另一部分为吸氢量小或根本不吸氢的元素（B），其控制着吸/放氢反应的可逆性，起调节生成热与分解压力的作用，如 Fe、Co、Ni、Cr、Cu、Al 等。储氢合金的分类方式有很多种，按金属组成元素的数目划分，可分为二元系、三元系和多元系，按储氢合金材料的主要金属元素区分，可分为稀土系、镁系、钛系、钙系、钒基、锆系固溶体等，若将组成储氢合金的金属分为吸氢类（A）和不吸氢类（B），可分为 AB_5 型、AB_2 型、AB 型、A_2B 型。

8.2.1 金属材料的储氢原理

元素周期表中的多数金属都能与氢反应，形成金属氢化物。当氢与储氢合金接触时，在储氢合金表面分解为 H 原子，H 原子随后扩散进入合金内部直到与合金发生反应生成金属氢化物。在一定温度和压力下，许多金属、合金或金属间化合物与气态 H_2 反应生成金属氢化物 MH_x 的反应式可表示为

$$M(s)+\frac{x}{2}H_2(g) \Longleftrightarrow MH_x(s) \pm \Delta H \tag{8-1}$$

式中，M 为金属、合金或金属间化合物；MH_x 为金属氢化物；x 表示吸储氢量的大小；ΔH

159

为反应热。若反应向右进行，称为氢化（吸氢）反应，为放热反应；若反应向左进行，为释氢反应，属于吸热反应。正向反应为储氢，逆向反应为释氢，正逆反应构成了一个储氢/释氢的循环。通过改变体系的温度和压力，可使反应按正逆方向交替进行，从而实现金属合金材料的可逆吸收和释放氢气的功能。金属与氢之间反应的简化模型如图 8-1 所示。

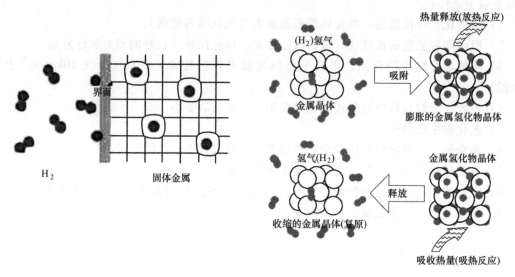

图 8-1 金属与氢之间反应的简化模型

氢在金属中的吸收和释放，取决于金属和氢的相平衡关系，而影响相平衡的因素为温度、压力和组成。根据 Gibbs 相律，温度一定时，反应有一定的平衡压力，储氢合金-氢气的相平衡图可由压力（P）-浓度（C）等温线，即 P-C-T 曲线表示，如图 8-2 所示。

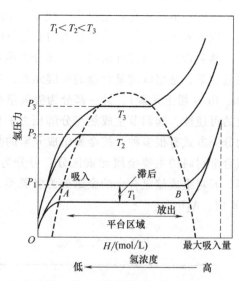

图 8-2 储氢合金的 P-C-T 曲线

OA 段为吸氢过程的第一步，当氢与储氢合金接触时，在合金表面分解为 H 原子，H 原子随后扩散进入金属晶格的间隙，形成固溶体，称为 α 相。在此段，随着氢分压的升高，氢固溶在金属中的数量增加，点 A 为氢在金属中的极限溶解度。达到 A 点时，α 相与氢继续反应，生成氢化物 β 相。当继续加氢时，系统压力不变，而氢在恒压下被金属吸收。此时，当所有 α 相都变为 β 相时，组成达到 B 点。因此，AB 段为吸氢过程的第二步，该区域为两相（α+β）互溶体系，到达 B 点时，α 相最终消失，全部金属都变成金属氢化物。这段曲线呈平直状，故称为平台区（坪区或平高线区），相应的恒定平衡压力称为平台压（坪压、分解压或平衡压）。当全部组成变成 β 相后，如再提高氢压，则 β 相组成就会逐渐接近化学计量组成，氢化物中的氢仅有少量增加。B 点以后为第三步，氢化反应结束，氢压显著增加。其中，P_1、P_2、P_3 分别代表 T_1、T_2、T_3 温度下的反应平衡压力。

160

此外，由图 8-2 可以看出，金属氢化在吸氢和释氢时，虽然在同一温度，但是压力不同，这种现象称为"滞后"。"滞后现象"导致 P-C-T 曲线不完全重合，实际的曲线偏离理想状态，呈现不同程度的倾斜。因此，P-C-T 曲线是衡量储氢材料热力学性能的重要特性曲线，通过该图可以了解金属氢化物中的含氢量和任一温度下的分解压力值。P-C-T 曲线的平台压力、平台宽度与倾斜度平台起始浓度和滞后效应，是判断储氢合金性能的重要依据。作为储氢材料，滞后应越小越好。

当氢与合金表面接触，氢分子吸附到合金表面，氢氢键离解为原子态的氢，这种活性很大的氢原子容易进入合金晶格的间隙位置。具有代表性的金属或合金晶格为面心立方（FCC）晶格、体心立方（BCC）晶格、密排六方（HCP）晶格，这些晶格都存在着八面体和四面体间隙位，而氢原子在这两个间隙位的占有情况，依赖于其金属原子的半径。例如，对于原子半径小的金属，氢原子倾向于进入八面体位置；对于原子半径大的金属，氢原子倾向于进入四面体位置。通常上述所说的位置不会被氢完全占有，进入晶格中的氢原子也不是静止，而是在间隙位周围的一定范围内不停跳跃。氢原子进入合金晶格后，会使自身和母体合金电子状态发生变化，一般有 3 种状态存在：①以中性原子（或分子）形式存在；②放出一个电子，其电子在合金中移动，氢本身变为带正电荷质子（H^+）；③获得电子变为氢阴离子（H^-）。氢原子在合金晶格中的存在状态影响着储氢材料的储氢能力以及吸氢和脱氢的难易程度。

另外，具有单位体积较高的储氢能力和安全性是金属氢化物储氢的主要特性。金属氢化物中氢的含量很高，表 8-1 列出了部分氢化物中的含氢量，表中 $w(H)$ 为质量分数。

表 8-1　氢化物中的含氢量

氢化物	MgH_2	TiH_2	VH_2	$LaNi_5H_6$	Mg_2NiH_4
$w(H)$（%）	7.65	4.04	3.81	1.38	3.62

8.2.2　镁系储氢合金

根据表 8-1，镁系储氢合金具有较高的理论储氢容量，达到 7.65wt%，而且其资源丰富、价格低廉、吸放氢平台好，应用前景十分广阔，被认为是最有前途的储氢合金材料。镁系储氢材料的制备方法会直接影响其储氢性能，主要的合成方法有高温熔炼法、机械合金化法、扩散法、电沉积法和氢化燃烧合成法等。

（1）高温熔炼法　高温熔炼法是指将一定成分配比的块体金属原料加热熔化，冷却成型而得到合金块体的方法，是制备镁系储氢合金的常用传统方法之一。1968 年，Reilly 和 Wiswall 在美国 Brookhaven 家实验室首次采用高温熔炼法制备出 Mg_2Ni 储氢合金。Nogita 等人采用高温熔炼法制备 Mg_2Ni 合金时，向合金中加入第 3 种元素 Na 或 Ca，使共晶显微结构细化，缩短了活化时间，从而提高了合金的循环稳定性；Na 或 Ca 元素的添加还会提高共晶结构的多面相孪生密度，从而改善合金吸放氢的性能。高温熔炼法主要包括 3 个步骤：原料准备、熔炼和精炼。

1）原料准备：将不同的金属合金粉末和添加的其他元素混合均匀，其原材料粉末应该具有大致相等的大小和分布，这样才能使得溶解更加均匀。此外，还需要在原料中添加一些助剂，用于调节熔化温度和防止氧化。

2）熔炼：通常采用熔融金属焊接方式。在熔融金属焊接中，需要对原材料进行预处理和特殊的喷粉加工，然后将其塞入熔融熔炉中进行熔炼。在高温下，金属粉可以熔化和相互连接，这样就形成了一个大块的高温合金。

3）精炼：精炼是合金熔炼过程中的最后一步，能够消除熔炼过程中存在的杂质和氧化物，提高金属的纯度和性能。目前主要采用真空精炼、惰性气体保护等方式进行高温合金的精炼工艺。真空精炼是通过在密闭的真空环境中将合金加热至高温，然后进行抽气、充氮气、除杂和精炼等过程，惰性气体保护是在熔池表面喷上惰性气体防止氧化。此外，还可以使用高灌注的技术，在熔融状态下加入惰性气体，应用控制技术和金属反应技术使其达到预期效果。

高温熔炼法具有放电容量较大、循环稳定性较好、合金综合储氢性能较好的优点。然而，其合金能耗较大，工艺加工过程较为复杂，制备过程中 Mg 元素的挥发对合金成分的均匀性存在一定影响。目前，镁元素的挥发可以考虑加入覆盖剂抑制 Mg 元素挥发，而如何降低工艺加工温度或提高合金的综合性能等问题仍有待研究。

（2）机械合金化法　机械合金化法又称机械球磨法，是一种固态反应方法，在球磨机中磨球的作用下，不同元素的材料互相碰撞和挤压，发生强烈的塑性变形，将不同的元素组份冷焊在一起，经过不断重复，使得不同的元素组份总是在最短尺度的原子面上互相接触，最终实现合金化。机械合金化大致可分为四个阶段：①不同组份的粉末在磨球的撞击下获得的能量导致局部的升温，冷焊的发生使局部成分均匀；②不断的冷焊和断裂的发生促使粉粒间的扩散，形成固溶体；③粉末粒度的不断减小使局部的均匀化扩展到整个体系；④粉粒发生畸变形成亚稳结构。利用该方法制备的纳米晶镁基储氢材料的低温吸/放氢性能和动力学性能较好。

机械合金化法的最大特点是合金化过程中不需要加热，可在远低于熔点的温度下制备合金，但如果能缩短球磨时间，不但能降低能耗，也为投入实际生产增加可能性。在机械合金化法中，可以在工艺过程中加入可编程逻辑控制器（PLC），使用控制技术 PLC 对球磨过程进行控制，使球磨工艺参数更精准，也可以在球磨过程中加入起催化作用的添加剂，使反应更充分。

（3）扩散法　扩散法包括置换扩散法、固相扩散法和共沉淀还原法。扩散法操作简单，对设备的要求较低，制备出的合金成分相对均匀。20 世纪 80 年代初，申泮文等人采用置换扩散法得到 Mg_2Cu。相对于高温熔炼法，此方法有效提高了吸放氢速度且实验设备简单易操作，避免了 Mg 的挥发，使合金的表面性质有所提高，但目前仍处于研究阶段。李小雷等人采用固相扩散法制备出 $Mg_2MnNi_{2-x}Co_{(x=0\sim0.2)}$ 系列合金，结果表明，该系列合金具有较高的最大放电容量和容量保持率，因为 Co 的原子半径大于 Ni 的原子半径，而 Co 部分取代 Ni 后合金体积变大，使氢的存储间隙增大，提高了合金的放电容量；且 Co 抑制了氢化物转换之间晶胞的体积变化，增强了抗粉化性能，提升了合金的循环稳定性。

（4）电沉积法　电沉积是指金属或合金从其化合物水溶液、非水溶液或熔盐中电化学沉积的过程。在电沉积过程中，可以在电解液中添加催化剂改善沉积合金的成分，以提高合金的综合储氢性能，也可以调整沉积过程中的电流密度，改善沉积层中元素的百分含量，或改变沉积层表面粗糙程度，以提高沉积出的合金的性能。电沉积法具有制取成本低、对设备要求低、能耗小、操作简单且工艺过程稳定等优点，但制备出的镁基储氢合金的综合储氢性能还有待进一步提高。

（5）氢化燃烧合成法　氢化燃烧合成法是将金属粉末在氢气气氛中直接通过高放热化学反应生成合金氢化物的过程。例如，镁镍混合粉末置于高压氢气中，通过合成-氢化一步法，在低于850K温度下直接获得氢化镁镍合金。相比其他合金制备技术，氢化燃烧合成法主要有以下几个方面的特点：①制取的合金不需要经过活化处理即可大量吸氢；②材料合成能耗小、速度快、时间短，整个过程通常在几秒钟或几分钟之间就完成，生产效率极高；③制备的合金纯度高，反应过程温度极高可蒸发掉原始坯样中的杂质元素，得到高纯度的合成产物；④制备的合金活性大，具有高的吸氢/储氢能力。由于升温及冷却速度快，易于形成高浓度缺陷和非平衡结构，从而生成高活性的亚稳态产物，也使合金的吸氢/储氢能力显著提高。目前，利用氢化燃烧合成法已成功制备出了 Mg_2CoH_5、Mg_2NiH_4 和 Mg_2FeH_6 的氢化物储氢材料。

8.2.3　稀土系储氢合金

$LaNi_5$ 是较早开发的稀土系储氢合金，具有 $CaCu_5$ 的六方结构，被公认为所有储氢合金中应用性能最好的。其优点是活化容易、分解氢压适中、吸放氢平衡压差小、动力学性能优良、不易中毒，在 373 K 下能够释放氢约 0.9%。但是 $LaNi_5$ 易粉化，储氢量小，且稀土元素 La 价格昂贵，因此为了降低成本并提高储氢量，经大量研究后，采用其他金属（Al、Mg、Fe、Co、Cu、Mn、Cr）替代部分 Ni 改善 $LaNi_5$ 的储氢性能。目前，工业生产稀土储氢材料主要有高温熔炼法、气体雾化法、化学合成法、物理气相沉积法、铸带法等。

（1）高温熔炼法　高温熔炼法采用电弧炉、真空感应炉、高频感应炉等设备，严格按照储氢合金成分配料，熔炼纯度≥99%的各种合金进行熔炼。

（2）气体雾化法　气体雾化法是指熔体流在高压高速气流的冲击下，经过片状、线状、熔滴状3个阶段逐渐分离雾化并在气流冷却下冷凝成粉末。而此方法能够明显提高储氢合金的循环寿命。

（3）化学合成法　化学合成法以镧镍混合溶液与草酸乙醇溶液反应为例，生成草酸镧镍共沉淀，经脱水处理后，再加入适量的氢化钙（CaH_2），并且在氢气（H_2）氛围中、温度为 950℃时进行反应。所得固相产物，先用蒸馏水洗去氢氧化钙和氧化钙，再用 8% 醋酸洗去残留的微量钙化合物，即制得 $LaNi_5$。

（4）物理气相沉积法　物理气相沉积法主要是通过溅射或者蒸发等方法，使金属原子和离子能够沉积或者凝聚。

（5）铸带法　铸带法制备储氢合金内应力小，显微组织为完整的柱状晶，工艺过程为：合金经过感应加热熔化后，从石英管上端通入氩气或者其他惰性保护气体，熔体在一定的压力下经石英管下端喷嘴喷到下方高速旋转的辊轮表面，熔体与辊轮表面接触瞬间快速凝固，并在辊轮转动的离心力作用下以薄带的形式抛出来，类似于甩带法制备单晶合金。

8.2.4 钛系储氢合金

常见的钛系合金储氢材料有 Ti-Fe、Ti-Ni、Ti-Mn、Ti-Cr、Ti-Zr 等，该类合金具有制备成本较低、室温下吸放氢速度较快、使用寿命较长等特点，被广泛研究。其中 Ti-Fe 合金的优点是制备简单、价格便宜及吸放氢条件温和，但是该材料活化困难、易中毒。为此，很多人研究发现用 Ni 等金属替代 Fe 制备出 Ti-Ni，以改善 Ti-Fe 的储氢性能，实现常温活化，提高实用价值。以 Ti-Ni 合金为例，其制备方法主要有机械合金化法、氢化研磨法、喷射法和真空粉末冶金烧结法等。

（1）机械合金化法 机械合金化技术是将一定配比的 Ni 粉和 Ti 粉混合均匀，放入高能球罐内，通过机械作用降低晶粒尺寸，然后固相反应得到成分和组织结构均匀的 Ti-Ni 系合金。大量实验表明，该方法容易得到非晶或微晶的 Ti-Ni 合金粉。

（2）氢化研磨法 氢化研磨法利用合金吸氢后脆化的原理，将 Ti-Ni 合金在 500℃、150×10^5 Pa 的氢压下充分吸氢，直至氢浓度达到 1.26% ~ 1.34%（原子比），此时合金具有一定脆性，可将其放在研钵中研磨破碎，将得到的氢化物粉再置于 900℃、10^{-6} Pa 真空环境下放氢，即可制得 20 ~ 70μm 的 Ti-Ni 合金粉。

（3）喷射法 喷射法采用快速凝固雾化制粉装置，在高纯氢气气氛下，将一定配比的单质钛和单质镍原料高温熔化，并采用高纯氢气作为喷射气流，将熔化的 Ti-Ni 金属液喷射雾化制成合金粉末。一般该方法得到的合金粉末颗粒非常细小，可形成非晶态或准晶态合金粉末。

（4）真空粉末冶金烧结法 真空粉末冶金烧结法是按照一定化学计量比进行配料，将一定粒度的氢化钛和金属镍粉末以机械混合方式混合 1h，然后放入耐热瓷舟中，一起放入真空烧结系统中；抽真空直至系统真空度达到 1.33×10^{-3} Pa，然后通入高纯氢气作为反应气氛，并保持体系内部为正压，最后进行高温烧结。该烧结过程须在较高温度下保持较长的时间，以达到合金粉末成相均匀的目的。

8.2.5 其他系储氢合金

除了镁、钛、稀土系合金，人们对于钒系、锆系储氢合金也有一定研究。金属钒可在室温常压下吸放氢，其氢化物储氢量最大可达 3.8wt%。钒系储氢合金主要包括 V-Ti-Fe、V-Ti-Ni 等，具有储氢密度大、平衡压适中等优点，但钒合金价格昂贵，循环稳定性比较差，限制了其广泛应用。锆系储氢合金主要包括 Zr-V、Zr-Cr 系等，典型代表为 $ZrMn_2$，储氢量范围为 1.8wt% ~ 2.4wt%。锆系储氢合金具有储氢量较高、耐氧化、循环寿命大等特点，但是 $ZrMn_2$ 氢化物生成热大，合金原材料价格较高。因此，经研究用 Ti 代替部分的 Zr，再用 Fe、Co 代替部分 Mn，形成多元合金来改善 $ZrMn_2$ 的综合性能。针对上述储氢合金的研究重点依然是采用调整合金化学组成、优化合金组织结构、表面处理改性等方法，提高合金储放氢性能。

8.3 碳基储氢材料

碳基储氢材料属于物理储氢的方法，其原理是利用碳质材料对氢气的吸附作用来达到储存氢气的目的。碳基储氢材料因具有多微孔、高比表面积及吸附势能大等特点，而受到广泛关注，其储氢性一般通过调节材料的比表面积、孔道尺寸和孔体积来提高。主要的碳基材料有活性炭（AC，高比表面积，约 $3000m^2/g$）、碳纳米管（CNT，表面可结合各种官能团，储氢性能好）、碳纳米纤维（CNF，高比表面积，较多微孔，同时吸附和脱附速率快）和石墨纳米纤维（GNF，分子级细孔，高比表面积，储氢容量很高）4 种。

8.3.1 活性炭

活性炭又称炭分子筛，是具有规整的孔道结构和固定的孔道尺寸的微孔材料，因其成本低、储氢量高、稳定性高、使用寿命长、易规模化生产而成为一种极具潜力的储氢材料。活性炭制备步骤及工艺示意图如图8-3所示。活性炭的结构特性依赖于前驱体的性质、原料的炭化、活化和化学的调整条件。选择合适的原料是影响活性炭性质的一个重要因素，活性炭原料来源非常广泛，可分为以下几大类：①有机高分子聚合物，如萨兰树脂、酚醛树脂、聚糖醇等；②植物类，主要利用植物的坚果壳或核，如核桃壳、杏核、椰壳等；③煤及煤的衍生物，如各种不同煤化度的煤及其混合物。活性炭的制备方法主要可以分为炭化法、活化法、碳沉积法、热收缩法等。

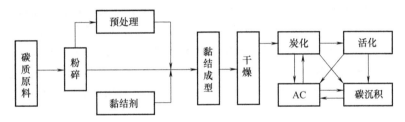

图 8-3 活性炭制备步骤及工艺示意图

（1）炭化法 炭化法是将碳质原料置于惰性气氛中，以适当的热解条件得到炭化产品的方法。其基本原理是基于加热过程中各基团、桥键、自由基和芳环等复杂的分解聚合反应，表现为炭化产物的孔隙发展、孔径的扩大和收缩。在炭化过程中，碳质原料中的热不稳定组分以挥发分形式脱出，从而在半焦上留下孔隙。该方法适用于高挥发分原料，是所有其他方法的基础。影响炭化过程的主要因素是升温速率、炭化温度与恒温时间。采用的升温速率为 $5\sim15℃/min$，炭化温度多在 $500\sim1100℃$，恒温时间为 $0.5\sim2h$。

（2）活化法 活化法是将碳质原料置于活性介质中加热平缓处理，以发展其孔径的方法。其基本原理是基于碳质原料部分碳的烧失，使封闭的孔得以打开，从而使其孔隙结构得到发展，孔径大小达到所需要的范围。常用的活化剂有空气、CO_2、水蒸气、H_3PO_4、KOH、NaOH 等。工业实践中多采用简便易得的水蒸气进行活化。该方法适用于气孔率较小且挥发分较低，或气孔率较高但孔径较小的碳质原料。例如，以天然大麻茎衍生的活性炭在 77 K 和 0.1MPa 下的吸氢量为 3.28wt%，此吸氢量是所知天然前体材料衍生活性炭中的最高吸氢量。

（3）碳沉积法 碳沉积法是指在高温下通过烃类或高分子化合物的裂解，在多孔材料的孔道内积碳，以达到堵孔、调孔的作用。然而，其工艺复杂、操作条件严格、实际生产成本较高。碳沉积通常分为气相沉积（CVD）法与液相沉积（LVD）法。对于气相沉积过程，气体在反应炉中的浓度较均一，能有效地控制孔径，但不足之处是需外加沉积气源发生装置，还需调节流量，不利于操作；液相沉积对工艺要求较低，操作较容易。

（4）热收缩法　热收缩法即热缩聚法，是指碳质材料经炭化、活化后，在 1000~1200℃的高温条件进一步热处理的过程，从而达到缩小孔径的目的。

（5）其他方法　还有其他制备活性炭的新工艺和方法，如等离子体法、卤化法、模板法、微波加热法等。实际生产活性炭的工艺过程中，为了获得性能优良的活性炭，通常将以上方法综合起来应用。

此外，研究指出活性炭材料的储氢性能与微孔体积成正比，且与温度和压力有一定的关系，温度越低，压力越大，则储氢能力越优秀。除此之外，活性炭的物质状态也会影响其储氢容量和吸放氢速率，纤维状活性炭的吸放氢速率甚至比颗粒状快十数倍。不仅如此，活性炭的表面酸度也是影响因素之一，表面酸度越高，储氢容量越大。然而，活性炭在低温、高压下才能表现出高吸氢能力，其开发潜力较差，因此不适合氢能规模化应用。

8.3.2　碳纳米管

碳纳米管（Carbon Nanotube，CNT），在结构上可以看作是由石墨烯片层卷曲而成的中空结构，具有良好的化学和热稳定性。碳纳米管的分类方式有很多种，按照石墨烯片的层数可分为单壁碳纳米管（或称单层碳纳米管）和多壁碳纳米管（或多层碳纳米管）；按照其结构特征可以分为扶手椅形纳米管、锯齿形纳米管和手形纳米管；按照其导电性质可以分为金属型碳纳米管和半导体型碳纳米管。常用的碳纳米管制备方法主要有电弧放电法、激光蒸发法、化学气相沉积法（碳氢气体热解法）、电解法、低温固体热解法、球磨法、扩散火焰法等。

（1）电弧放电法　电弧实质上是一种气体放电现象（即等离子体），是在一定条件下使两电极间的气体空间导电，使电能转化为热能和光能的过程。以石墨为电极，电压控制在12~25V，电流为 50~120A，电极间隙约 1mm，在惰性气体环境中电弧放电，消耗阳极石墨，在阴极生成碳纳米管。石墨电弧法是最早应用的碳纳米管合成方法（见图 8-4）。

（2）激光蒸发法　激光蒸发法是将由金属催化剂/石墨粉混合制成的靶材置于加热炉中的石英管反应器内。当炉温升至 1473K 时，充入惰性气体，并将一束激光聚焦于石墨靶上，如图 8-5 所示。石墨靶在激光照射下生成气态碳，其在催化剂作用下生长单壁碳纳米管。

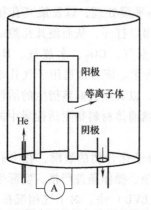

图 8-4　石墨电弧法制备碳纳米管装置图

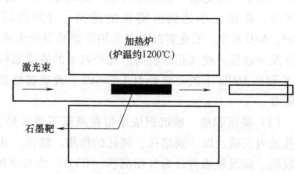

图 8-5　激光蒸发法制备碳纳米管装置图

（3）化学气相沉积法 化学气相沉积法制备碳纳米管按照催化剂供给或存在的方式又可分为基片法、担载法和浮动催化剂法。催化剂通常使用过渡金属元素 Fe、Co、Ni 或其组合，有时也添加稀土等其他元素及化合物。化学气相沉积法具有成本低、产量大、实验条件易于控制等优点，是最有希望实现大量制备高质量碳纳米管的方法，因此并被广泛采用。

基片法是将催化剂沉积在石英、硅片、蓝宝石等平整基底上，以这些催化剂颗粒做"种籽"，在高温下通入含碳气体使之分解并在催化剂颗粒上析出并生长碳纳米管。一般而言，基片法可制备出纯度较高，有序平行/垂直排列的碳纳米管，即碳纳米管阵列。相比于自由排布的碳纳米管网络，其一致的取向能更有效地发挥碳纳米管的高比表面积、大长径比等优异性能。平行排布的单壁碳纳米管阵列是延续目前硅基半导体材料摩尔定律的理想材料。目前，大面积阵列的定向生长主要是通过电场诱导、晶格诱导和气流诱导来实现的。

担载法是将催化剂颗粒担载在多孔、结构稳定的粉末基体上，一般选用浸渍干燥法。即将多孔担载体粉末浸渍在催化剂的前驱体盐溶液中，充分浸渍后，干燥去除溶剂，再在空气中高温煅烧（50℃）获得金属氧化物纳米颗粒；将担载有金属氧化物的担载体粉末置于反应炉中，先在高温（大于500℃）、还原气氛下将金属氧化物还原为金属纳米颗粒，再在适宜的化学气相沉积条件下生长碳。要实现碳纳米管的批量制备，必须解决催化剂的连续供给和催化剂与产物的纳米管及时导出问题。在封闭的移动床催化裂解反应器中，经还原处理的纳米级催化剂通过喷嘴连续、均匀地喷洒到移动床上，移动床以一定的速度移动。催化剂在恒温区的停留时间可通过控制移动床的运动速度加以调节。原料气的流向可与床层的运动方向一致也可相反，在催化剂表面裂解生成碳纳米管。当催化剂在移动床上的停留时间达到设定值时，催化剂连同在其上生成的碳纳米管从移动床上脱出进入收集器，反应尾气通过排气口排出。采用移动床催化裂解反应器可实现碳纳米管的连续制造，有望大幅度降低生产成本，为碳纳米管的工业应用提供保证。

浮动催化剂法的原理是气流携带催化剂前驱体进入反应区，在高温下原位分解为催化剂颗粒，并在浮动状态下催化生长碳纳米管，生成的碳纳米管在载气携带下进入低温区停止生长（见图8-6）。

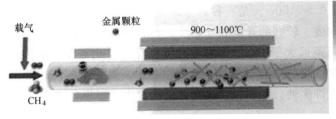
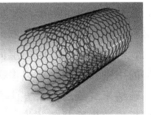

a) 流程图　　　　　　　　　　　　　　b) 单壁碳纳米管的结构示意图

图 8-6　浮动催化剂法生长单壁碳纳米管

（4）其他方法 除上述制备碳纳米管的主要方法外，科学家们还发展了多种其他制备方法，如电解法、低温固体热解法、球磨法、扩散火焰法等。电解法的原理是将石墨阴极浸于熔融的无机盐溶液中，在电流的作用下发生氧化还原反应生成碳纳米管。用石墨舟作为电解系统的阴极，阳极为高纯碳棒。将氯化锂装入舟内，并在空气或氩气气氛下加热到熔点（604℃），然后将阴极浸入熔体中，并在两电极间通入 1～30A 的电流，保持该电流至少

1min。在此过程中，浸入溶液中的阴极表面开始被腐蚀，出现小的腐蚀坑。所得产物中含碳纳米管、洋葱状结构及包覆碳层的颗粒。其中碳纳米管有两种形貌：螺旋形和卷曲形，直径为 2~20nm，由 5~20 层同轴石墨片组成。

低温固体热解法是在相对低温下，在石墨炉中热解亚稳定陶瓷前驱体（$SiN_{0.63}C_{1.13}$）而得到碳纳米管。将其纳米尺度粉末置于氮化硼瓷舟内，在氮气气氛下于 1200~1900℃ 热解得到多壁碳纳米管。其生长状况及产率与系统的温度及状态密切相关。在 1400℃ 静止的氮气气氛中，碳纳米管的产量最大，而在流动的氮气气氛下，形成碳纳米管的最佳温度为 1850℃。碳纳米管的直径为 10~25nm，长为 0.1~1m。该法的最大优点是工艺简单，但由于碳纳米管覆盖在原材料表面，因此给分离和提纯带来困难，且产品质量不高。

球磨法是将石墨粉进行球磨结合退火处理制得碳纳米管，该法较为简单，并具有工业化前景。首先将高纯石墨粉在氩气气氛下球磨 150h，然后在氮气或氩气气氛下 1200℃ 热处理 6h，产物中含有大量多壁碳纳米管。球磨法的机理尚不清楚，Y. Chen 等人认为，球磨时纳米碳成核，热处理则是碳纳米管生长的过程。对粉末进行 X 射线光电子谱的研究后发现：球磨后的石墨粉中含有铁，这些铁来自于球磨过程中使用的不锈钢小球。随着球磨时间的增长，石墨粉末中的铁含量增加。故认为，在球磨过程中，由不锈钢球脱落出的微量铁颗粒是热处理条件下碳纳米管生长的催化剂。

扩散火焰法利用茂金属（如二茂铁、二茂镍等）形成的金属纳米催化剂颗粒来降低碳纳米管形成时的表面束缚能，并可作为气相反应剂和固体碳沉积的有效界面。得到的多壁碳纳米管直径为 20~30nm，最外层由无定形碳覆盖，且碳纳米管都很短。用惰性气体稀释火焰流是合成的关键，不用惰性气体时，合成的产物中只有烟炱和包裹着金属催化剂的碳纳米颗粒，没有碳纳米管。火焰的性质也很重要，用氮气稀释的甲烷作合成气时，产物中检测不到碳纳米管，用乙炔作为原料气时合成产物中碳纳米管的量是乙烯原料气的 10 倍。

8.3.3　碳纳米纤维

碳纳米纤维（Carbon Nano-Fiber，CNF）是一种由多层石墨片卷曲而成的纤维状纳米碳材料，直径为 10~500nm，长为 0.5~100m，是一种介于纳米碳管和普通碳纤维之间的准一维碳材料，具有较高的结晶取向度、较好的导电和导热性。其表面具有分子级的微孔，比表面积大，同时碳纳米纤维的层间距远大于 H_2 分子的动力学直径，因此可以吸附大量氢气，其内部的中空管结构，可以像碳纳米管一样使得 H_2 凝结在其中，进一步提高了储氢性能。目前，碳纳米纤维的制备方法有许多种，主要包含化学气相沉积法、固相合成法、静电纺丝法、模板法、生物制备法等。

（1）化学气相沉积法　化学气相沉积法是在特定的温度（500~1000℃）下，利用价廉的烃类化合物为原料，使用铁等过渡金属作为催化剂使烃类化合物发生热分解来制得碳纳米纤维的方法。依据使用的催化剂种类和分散状态的不同，可以分为基体法、气相流动催化剂法、喷淋法和等离子化学气相沉积法。

1）基体法：将纳米级催化剂颗粒（多数为 Fe、Ni、Co 等过渡金属）均匀地散布在陶瓷或者石墨基体上，依据催化剂的催化活性选取恰当的反应温度，在高温条件下通入烃类气体热解，使其发生分解并且析出碳纳米纤维。

2）气相流动催化剂法：气相生长反应需要较高的温度，制得的纳米纤维是无规则排列的短纤维样品。与在纯 H_2 中制得的碳纳米纤维相比较，其表面形貌更为粗糙，具有更好的石墨化结构。气相流动催化剂法能够提高碳原子与催化剂发生碰撞的概率和增加接触时间，进一步提高碳源的转化率，使单位时间内的产量提升。

3）喷淋法：将纳米级催化剂颗粒以液态的形式掺入苯等有机溶剂中，通过喷嘴将其喷淋到高温反应室中，再通过催化分解有机溶剂进一步制得纳米纤维。

4）等离子化学气相沉积法：利用气体辉光放电所产生的低温等离子体（非平衡等离子体）来增强反应物的化学活性，使气体间的化学反应速度加快，从而在较低的沉积温度下形成固态薄膜。

（2）固相合成法　与以前使用单一的液态或气态碳源的合成方法有所不同，该方法是在催化剂前驱体（如 Fe、Co 等）的作用下，利用固相碳源（如炭黑、石墨等）作为原料，在高温条件下碳化碳的规则生长来制备碳纳米纤维的。

（3）静电纺丝法　静电纺丝法是一种利用静电场力将聚合物溶液或熔体转换成一维纳米材料的技术。与其他方法相比较，静电纺丝法能够简单、快速且可以连续地制备纳米纤维薄膜。静电纺丝技术广泛应用于制备纳米纤维，包括聚乙烯醇（PVA）、聚丙烯腈（PAN）、聚乙烯吡咯烷酮（PVP）和环氧乙烷（PEO）。聚合物纳米纤维可以通过调控前驱体溶液和静电纺丝参数，在惰性气体中碳化制得不同结构的碳纳米纤维。静电纺丝技术在生物医药领域、过滤领域、传感器领域、催化领域以及储能领域具有很大的应用潜力。

（4）模板法　基于模板法制备的聚合物纳米纤维已被广泛研究，基于模板法制备碳纳米纤维一般有两种合成路径：一种常用的流行路线是硬模板法，另一种是以溶液为基础，通过模板组装路线合成一维的聚合物纳米纤维，碳化后制得。

（5）生物制备法　基于生物质法制备的碳纳米纤维的主要路线是有机聚合物纳米纤维的炭化，如细菌纤维素等。细菌纤维素是一种有机化合物 $(C_6H_{10}O_5)_n$，其由细菌产生的纳米纤维网络结构组成。经过炭化后细菌纤维素形成的碳纳米纤维网络可作为电极材料应用于储能设备。

研究发现，碳纳米纤维的储氢能力强烈依赖于结构且对碳纳米纤维的预处理会在很大程度上影响其吸附氢气的能力，高度石墨化的碳纳米纤维、合适的结晶状态、表面裸露的边缘以及氧化基团的缺失都有利于氢的吸附。在室温和 10MPa 的条件下，最大吸氢量可达 4wt%。根据目前的研究来看，碳纳米纤维对氢气的吸附在低温常压条件下与总微孔体积具有良好的相关性，具体来说与材料的孔隙率有很大关系，而在室温和高压条件下的吸氢量既取决于微孔体积，也取决于微孔尺寸分布。此外，目前碳纳米纤维的制备工艺还处在实验室阶段，其生产成本高，循环使用寿命短，距离工业推广还有很长的路要走。

8.3.4　石墨纳米纤维

石墨纳米纤维（Graphite Nano-Fiber，GNF）是一种由含碳化合物经所选金属颗粒催化分解产生，其截面呈十字形，面积为 $(30 \sim 500) \times (10 \sim 20)$ m^2，长度为 $10 \sim 100 \mu m$ 的石墨材料。其具有分子级细孔，比表面积大，储氢容量很高，另外，它的质量、结构和直径都会直接影响其储氢能力。

8.4 有机多孔储氢材料

在物理储氢材料中，有机多孔储氢材料因其孔道结构可调、储氢量高、安全和储运方便等优点，受到了众多研究人员们的青睐。目前有机多孔储氢材料的研究热点主要有：金属有机骨架（MOF）材料和多孔有机聚合物（Porous Organic Polymer，POP）材料。其中，POP材料包括结晶性共价有机框架（Covalent Organic Framework，COF）材料，无定形的超交联聚合物（Hyper-Crosslinked Polymer，HCP）材料，共轭微孔聚合物（Conjugated Microporous Polymer，CMP）材料，多孔芳香族骨架（Porous Aromatic Framework，PAF）材料和固有微孔聚合物（Polymers of Intrinsic Microporosity，PIM）材料等。

8.4.1 金属有机骨架材料

金属有机骨架（MOF）材料，是由有机配体和金属离子或团簇通过配位键自组装形成的具有分子内孔隙的有机-无机杂化材料。MOF材料孔隙率高、孔结构可控、比表面积大、化学性质稳定、制备过程简单，是固态储氢材料的一个新热点。且由于金属原子裸露，氢与金属原子有较强的相互作用，从而提高了MOF材料的储氢性能。通常，MOF材料的合成方法由金属的类型、有机连接体或靶向剂的类型所决定。从相同的反应起始物开始进行合成，可能导致具有不同结构和性质的MOF材料，合成方法和条件也会影响其形态、晶体结构和孔隙率，从而进一步影响材料的功能。目前，已有多种方法可以制备出结构新颖，性能优秀的MOF材料，如水热/溶剂热合成法、超声法、微波加热法、电化学合成法以及机械化学合成法等。各类方法均有优势，在一定程度上拓宽了MOF材料的发展与应用。

（1）水热/溶剂热合成法　水热/溶剂热合成法是指密闭体系如高压釜内，以水或液态有机物为溶剂，在一定的温度和溶液的自生压力下，原始混合物进行反应的一种合成方法。通过这种方法在加热条件下就可以很容易得到MOF微晶产物，甚至可以得到适合单晶解析的单晶产物，这主要是因为通过这种高温高压的水热/溶剂热反应，可以促进反应物在反应溶剂中的溶解，进而有利于反应的发生与结晶过程的进行。该法合成的MOF材料一般具有高度的热稳定性。例如，Yaghi团队早期利用对苯二甲酸合成的MOF-5就是利用该类方法合成的，去除溶剂二乙基甲酰胺之后，所得到的MOF材料比表面积高达$2500m^2/g$，在没有水分的情况下，MOF-5可以在高达500℃的温度下保持热稳定。至此，这些独特的性质引发了一系列关于MOF材料热力学问题的研究。

（2）超声法　超声法是将原料溶于溶剂中进行不断地超声，该方法在于能使溶剂中不断地形成气泡的产生、生长和破裂，能够使材料成核均匀，缩短晶化时间，形成较小的晶体程度。但超声法也有一定的缺点，其形成的MOF材料结构具有多种性，这就使得合成的材料纯度不一。超声法合成MOF材料示意图如图8-7所示。

（3）微波加热法　微波加热法涉及电磁辐射与分子的偶极矩相互作用，该种方法制备出的MOF材料的反应速率相比传统的水热/溶剂热合成法有极大的提升，这主要是因为，与传统加热过程不同，微波加热具有内热效应，施加的高频磁场能迅速使分子产生热效应，使反应体系的温度迅速升高进而发生化学反应，在这一过程中，整个反应体系的温度都很均

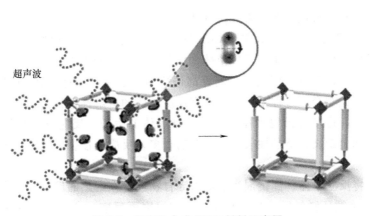

图 8-7　超声法合成 MOF 材料示意图

匀，无局部过热的情况发生。该方法制备的 MOF 材料具有很高的相纯度，而且适用于制备小尺寸的 MOF 晶体。

（4）电化学合成法　相对于以上几种合成方法，电化学合成法主要分为阳极合成法、阴极合成法、间接双极电沉积法、电位移法（电镀置换法）和电泳沉积法，具有快速合成、孔隙率好等优点，能在温和的反应条件下连续合成可控的颗粒形态并且降低溶剂需求量，但该方法产量较小并且容易出现副产物。巴斯夫在 2005 年的一项专利中首次提出利用电化学合成 MOF 材料，研究人员采用阳极合成法使用厚度为 5mm 的铜板作为阳极和阴极，在含有1，3，5-苯三甲酸的甲醇溶液的池液中，于 12～19V 电压下通电 150min，成功制备了Cu-MOF。

（5）机械化学合成法　机械化学合成法指将金属盐与有机配体通过机械研磨的方法来进行直接反应，或者使所有成分混合均匀，然后在特定温度下反应形成 MOF 材料。这种方法不仅可以减少溶剂挥发对环境的污染，并且可以节约成本，是大量合成 MOF 材料的优质选择。

目前为止，人们已经研究了近百种 MOF 材料的储氢性能，其中有 3 种 MOF 材料在液氮下的储氢能力已经得到证实：MOF-5（5.1%）、均苯三甲酸铜 MOF 材料 HKUST-1（3.6%）、MIL-53（4.3%）。经验和模拟实验都表明，MOF 材料中氢气是以分子态被吸附的，金属氧簇是其优先吸附位点，但其吸附机理还有待于进一步研究。MOF 材料的主要优点是它们的可逆和高速氢吸附过程，缺点是常温下储氢量过低，在极低的温度下才表现出良好的氢吸附能力。目前，有关 MOF 材料储氢的理论模型和计算都在不断发展中，但是仍有许多问题需要攻克，相信这些问题的解决会将 MOF 材料在工业化、实用化道路上推进一大步。

8.4.2　共价有机框架材料

共价有机框架（COF）材料是一类轻元素碳、氧和氮通过共价键连接有机构筑单元设计组装而成的，具有周期性二维（2D）或三维（3D）网状结构的多孔有机聚合物，具有高比表面积、低密度、高度有序的周期性结构和易于功能化等特点，使得其更加有利于气体的吸附。为了获得长程有序的 COF 结构，对于 COF 材料的合成一般选择热力学可逆反应，COF材料的制备方法可依据制备条件的不同分为溶剂热合成法、微波加热合成法、离子热合成法、机械研磨法、界面合成法和后合成修饰法等。

（1）溶剂热合成法　目前，大多数 COF 材料是在高温高压的条件下采用溶剂热合成法合成的，其中反应条件高度依赖于反应单体的溶解度、反应活性以及反应的可逆性。此外，反应时间、温度、溶剂条件和催化剂浓度等都是溶剂热法制备晶体多孔 COF 材料时需要考虑的重要因素。因此在合成过程中，可以根据反应单体的溶解性选择溶剂种类、溶剂比例和反应压力来调控反应进度和产物产率，从而控制晶体的生长，反应过快会导致晶体缺陷较多，框架中出现部分断裂，结晶性较差、聚合物过多，反应过慢会影响整体的反应进度，导致产量较低。

一般来说，将反应单体、催化剂和溶剂的混合物放置在耐热的反应容器中，经过超声处理、通冷冻泵-解冻循环脱气后密封，并在合适的温度下反应一段时间，反应完成后，将反应容器在室温下冷却，随后通过离心或过滤收集沉淀物，并在室温下用适当的溶剂洗涤或用索氏萃取交换高沸点溶剂或去除低聚物。残渣在 80~120℃ 的真空条件下干燥，并在氮气或氩气下黑暗保存。2005 年，Yaghi 团队以六羟基三苯基和苯基二硼酸为反应单体，通过缩合反应首次成功合成了 COF 材料，命名为 COF-1 和 COF-5，如图 8-8 所示，二者具有很高的热稳定性和高比表面积，晶体结构通过 B、C 和 O 原子之间的共价键维持，具有刚性多孔结构以及永久孔隙率，自此一种新型的高结晶性多孔材料横空出世。

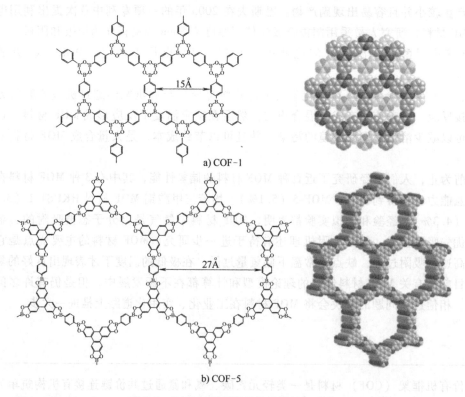

a) COF-1

b) COF-5

图 8-8　COF 材料分子结构及模拟示意图

（2）微波加热合成法　微波加热合成法是指使用微波加热的溶剂热合成法，相比于溶剂热合成法，微波加热合成法可以在分子水平上实现均匀搅拌，并且操作更为简单，反应速度更快，效率更高。通常，将单体混合物密封在氮气或真空下的微波管中，在指定温度下加热并搅拌 60min，随后收集粗产物，并通过溶剂洗涤或萃取并在真空下干燥获得产物。然而，微波加热合成法相对于溶剂热合成法并不具有普适性，许多多级孔 COF 材料的制备并不适用，因而该法具有很大的局限性。

（3）离子热合成法 离子热合成法是在高温条件下，通过采用离子液体或低共熔混合物作为介质反应合成 COF 材料的方法。相比于溶剂热合成法和微波加热合成法，离子热合成法合成高结晶度的 COF 材料的反应条件十分苛刻，需要极高温度下的金属盐熔体为溶剂，要求合成 COF 材料的单体具有良好的热稳定性，这也是限制离子热合成法应用于多级孔 COF 合成的最主要因素。

（4）机械研磨法 机械研磨法是指在无溶剂条件下通过机械研磨的方式合成 COF 材料，相比于传统溶剂热合成法，机械研磨法合成 COF 材料无须加热和溶剂，合成速度快且环境友好，但是由于合成材料的结晶性和比表面积一般，目前为止使用这种方法合成 COF 材料的报道并不常见。

（5）界面合成法 一般方法得到的 COF 材料通常是不溶且不易加工的微晶粉末，大大限制了 COF 材料的广泛应用，开发易于加工成型的 COF 材料的合成方法是比较关键的问题。近年来，许多研究团队研究报道了在固-液、液-液、气-液、气-固等界面制备 COF 材料的界面合成法，主要用于制备易于加工成型的 COF 薄膜材料，这也为多级孔 COF 材料的加工成型提供了可参考的方法。

（6）后合成修饰法 由功能化前体直接合成 COF 材料经常会面临合成难度大、功能基团不兼容及结构确定困难等难题。后合成修饰法，即先构筑结构确定的 COF，再通过适当方式将功能基团引入框架中，为其功能化构筑提供了一种迂回方案。目前，后合成修饰法是制备 COF 材料的一种重要手段。

8.4.3 无定形多孔有机聚合物材料

无定形多孔有机聚合物材料包括超交联聚合物（HCP）材料、共轭微孔聚合物（CMP）材料、多孔芳香族骨架（PAF）材料和固有微孔聚合物（PIM）材料。

超交联聚合物（HCP）是通过 Friedel-Crafts 反应合成的共聚物，可形成非常精细的孔结构，适用于储氢应用。例如，聚苯乙烯-乙烯基氯化苄（PS-VBC）的表面积约为 $2000m^2/g$，储氢容量为 5wt%（77K，80bar）（$1bar=1\times10^5Pa$）。

共轭微孔聚合物（CMP）是通过 π 共轭键连接的三维无定形多孔聚合物，其中 HCMP-186 的储氢容量为 0.95 wt%（77 K，1.13 bar）。

多孔芳香族骨架（PAF）材料是通过四面体构建块四（4-溴苯基）甲烷的交叉偶联反应合成，结合了 MOF 和 COF 材料的优点，不仅具有非常高的内表面积（约为 $5600m^2/g$），且具有非常高的热稳定性和水热稳定性。因此，在 77K 和 48bar 的条件下，PAF-1 的储氢容量高达 10.7wt%。

固有微孔聚合物（PIM）材料最初是由 McKeown 等人通过酞菁交联反应得到的，其多孔性来自于刚性非线性连接体交联过程中单体的低效填充。对 PIM-1 进行了广泛的储氢研究，结果表明其相对较高的表面积，约为 $1000m^2/g$，储氢容量为 1.7wt%（77K，10bar）。

8.5　其他储氢材料

8.5.1　络合物储氢材料

在络合金属氢化物中，氢与金属（或非金属硼）以共价键结合，形成络合物阴离子。一般的，氢化络合物可以用化学式 $A_xMe_yH_z$ 来表示，A 通常为元素周期表中第一或第二主族元素，Me 通常为 B、Al 或者过渡金属，其理论氢含量为 5.5% ~ 21%（质量分数）。目前主要的络合物储氢材料有 $NaAlH_4$、$LiAlH_4$、$NaBH_4$、$LiBH_4$、$MgBH_4$ 等，但是除了 $NaAlH_4$ 以外的其他络合金属氢化物虽具有很高的储氢容量，但由于动力学或热力学的限制，反应路径复杂，放氢过程比较困难，并且可逆性差，放氢后很难恢复到放氢前的化合物结构。目前可以通过元素替代、纳米化、构建复合体系等手段来进一步改善络合物储氢材料的性能。

8.5.2　无机物储氢材料

一些无机物（如 N_2、CO、CO）能与 H_2 反应，其产物既可以作燃料，又可分解获得 H，是一种目前正在研究的储氢新技术。例如，利用碳酸氢盐与甲酸盐之间相互转化来储氢。二者的反应以 Pd 或 PdO 为催化剂，吸湿性强的活性炭作载体，以 $KHCO_3$ 或 $NaHCO_3$ 作为储氢剂，储氢量可达 2 wt%。该方法的主要优点是便于大量地储存和运输，安全性好，但储氢量和可逆性还须进一步改善。

8.5.3　玻璃微球储氢材料

中空玻璃微球（Hollow Glass Microspheres，HGM）是一种具有流动性的白色球状粉末，其由粒径为 20 ~ 40μm 的玻璃粉末制成，直径为 10 ~ 250μm，单个球体的壁厚为 0.5 ~ 2.0μm，具有无毒、自润滑、分散性和流动性好、耐高压、热导率低、保温、耐火等优点，在航空航天、机械及国防等领域都有着非常重要的应用。早在 1977 年，Teitel 就提出了使用微米尺寸的 HGM 作为高压储氢容器，并对其做了一系列的研究，结果表明 HGM 的储氢质量密度可达到当年 USDOE 车载储氢容器所标定的目标值，是一种非常具有前景的高压储氢容器。

思　考　题

1. 目前已有多种制备储氢材料的方法，如物理吸附、化学吸附、合金化等。在选择制备方法时，应考虑哪些因素？不同方法的优缺点和适用范围是什么？

2. 在开发储氢材料时，如何在提高吸附/释放氢气效率的同时，控制制备成本和可持续性？

3. 如何解决储氢材料在高温、高压或长期使用条件下的安全性和稳定性问题？这些问题对于商业化应用的影响是什么？

4. 储氢材料如何与现有的氢气存储和输送技术集成？哪些技术挑战需要克服，以便实现储氢材料在不同规模和应用环境中的广泛应用？

参 考 文 献

[1] SEH, Z W, KIBSGAARD J, DICKENS C F, et al. Combining theory and experiment in electrocatalysis：Insights into materials design [J]. Science 2017, 355 (6321), eaad4998.

[2] 张林海, 丁学强, 张新, 等. 储氢技术研究现状及进展 [J]. 中外能源, 2024, 29 (4)：17-27.

[3] 许炜, 陶占良, 陈军. 储氢研究进展 [J]. 化学进展, 2006 (2)：200-210.

[4] POLUKEEV A V, WALLENBERG R, UHLIG J, et al. Iridium-catalyzed dehydrogenation in a continuous flow reactor for practical on-board hydrogen generation from liquid organic hydrogen carriers [J]. ChemSusChem, 2022, 15 (8)：e202200085.

[5] AHN C I, KWAK Y, KIM A R, et al. Dehydrogenation of homocyclic liquid organic hydrogen carriers (LOHCs) over Pt supported on an ordered pore structure of 3-D cubic mesoporous KIT-6 silica [J]. Applied catalysis B：environment and energy, 2022, 307：121169.

[6] 张嫒嫒, 赵静, 鲁锡兰, 等. 有机液体储氢材料的研究进展 [J]. 化工进展, 2016, 35 (9)：2869-2874.

[7] 龚金明, 刘道平, 谢应明. 储氢材料的研究概况与发展方向 [J]. 天然气化工（C1 化学与化工）, 2010, 35 (5), 71-78.

[8] 张树辰, 张娜, 张锦. 碳纳米管可控制备的过去、现在和未来 [J]. 物理化学学报, 2019, 36 (1)：1907021.

[9] LI H, EDDAOUDI M, O'KEEFFE M, et al. Design and synthesis of an exceptionally stable and highly porous metal-organic framework [J]. Nature, 1999, 402 (6759)：276-279.

[10] LEE E J, BAE J, CHOI K M, et al. Exploiting microwave chemistry for activation of metal-organic frameworks [J]. ACS applied meterial interfaces, 2019, 11 (38)：35155-35161.

[11] 边宇, 张百超, 郑红. 多级孔 COFs 材料的设计、合成及应用 [J]. 化工进展, 2022, 41 (9)：4866-4883.

[12] CÔTÉ A P, BENIN A I, OCKWIG N W, et al. Porous, crystalline, covalent organic frameworks [J]. Science, 2005, 310 (5751)：1166-1170.

[13] CHEN Z, KIRLIKOVALI K O, IDREES K B, et al. Porous materials for hydrogen storage [J]. Chem, 2022, 8 (3)：693-716.

第9章
形状记忆材料

9.1 形状记忆材料概述

自然界中的一些生物为了更好地生存，可以根据特定的环境变化调整其形状，并在环境稳定时恢复原状。例如，含羞草的叶片在受到触碰时会向内折叠，经过一段时间后其叶片恢复初始形状。与此现象类似，具有一定初始形状的材料，经过变形固定成另一种形状后，在热、电、光、力、pH 等外界条件的刺激下，能够"记忆"其原始形状，该行为被称为形状记忆效应（Shape Memory Effect，SME）。

形状记忆材料根据其化学组成和性质的不同，可大致分为形状记忆合金（Shape Memory Alloy，SMA）、形状记忆聚合物（Shape Memory Polymer，SMP）和形状记忆陶瓷（Shape Memory Ceramic，SMC），其中以形状记忆合金应用最为广泛。

形状记忆合金具备高强度、高阻尼、抗腐蚀、良好的生物相容性、独特的超弹性和形状记忆效应等优异特性。目前，90%的商业形状记忆材料为 TiNi 及其合金，广泛应用于航空航天、生物医疗、机械电子、工业自动化和智能汽车等领域，例如医学领域的牙齿矫正丝、骨固定器、血管支架，航空航天领域的人造卫星折叠式天线、合金连接紧固件、制动器、防松垫圈。其中可折叠卫星天线较为典型，如图 9-1 所示，其原理是在卫星发射之前，将冷却状态下的 TiNi 合金抛物面形状天线折叠起来装进卫星内部，当卫星抵达预定轨道后，利用太阳照射升温，使折叠天线恢复成原来抛物面的形状。相比于传统天线，形状记忆天线空间占用少、便于展开、性能可靠。

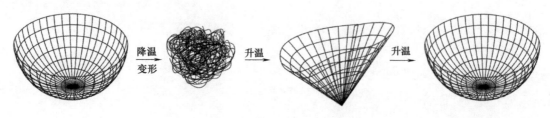

图 9-1　形状记忆合金制造的可折叠卫星天线

与形状记忆合金相比，形状记忆聚合物材料具有高弹性变形（大多数材料的应变高达200%以上）、低成本、低密度以及潜在的生物相容性和生物降解性的优点。它们还具有应用温度范围广、可定制、硬度可调、易于加工等特点。因此，形状记忆聚合物的研究和应用引起了研究人员的密切关注，其广泛应用于手术缝合线、创面敷料、自愈合材料、智能机械臂、智能骨骼、智能纤维等医疗、航天及纺织领域。图9-2所示为一种在高温下自动收紧的智能外科缝线。

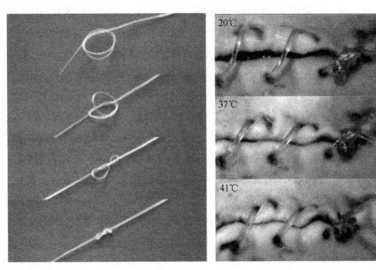

图 9-2　高温下自动收紧的智能外科缝线

与上述两者记忆材料相比，形状记忆陶瓷具有许多优点，包括更高的强度、更高的工作温度、更好的热稳定性和优异的抗氧化/耐蚀性。此外，形状记忆陶瓷比典型的形状记忆合金表现出更高的致动应力和应变，以及更宽的转变温度。比如 NiTi、NiTi-TiPd、NiTiZr 和 CuAlNi 等形状记忆合金，在高温下会因微观结构演变、蠕变和氧化而退化。在当前的形状记忆陶瓷中，氧化锆（ZrO_2）基陶瓷因其可逆马氏体相变机制而在机械热致动方面与形状记忆合金相似，受到了极大的关注，通过氧化钇（Y_2O_3）和二氧化铈（CeO_2）等化合物共混、固溶手段调控氧化锆的形状记忆性能是当前研究的热点。其他形状记忆陶瓷如多铁性钙钛矿，也可以通过可逆的马氏体相变过程（如铁酸铋 $BiFeO_3$ 中的菱形到四方转变）表现出形状记忆行为，但驱动是由外部电场和热场触发的，其本质机理来源于其铁电或压电特性。形状记忆陶瓷的应用场景包括人工关节、陀螺仪、传感器、微型步进器等领域。

9.1.1　基本原理

材料具有形状记忆效应的本质原因主要来自于热弹性马氏体相变的可逆性。本小节将对形状记忆效应、超弹性以及三类形状记忆效应的原理进行简要介绍。

1. 形状记忆效应

形状记忆材料通常能够在变形后"记住"原来高温下母相的宏观形状，这种自动恢复形状的效应叫作形状记忆效应。

形状记忆合金有两个独特性质，即形状记忆效应和超弹性，二者主要来源于马氏体相变。马氏体相变是一种非扩散相变，其过程是典型的热力学一级相变过程，相变过程中原子并不调换位置，而只变更其相对位置，其相对位移不超过原子间距。因此，在原子协同运动的过程中会伴随着新的相结构产生。形状记忆合金的相结构根据不同温度下稳定性的不同可以分为两种，在高温下稳定的为奥氏体相，低温下稳定的为马氏体相。将高温奥氏体冷却时，形状记忆合金会发生奥氏体到马氏体的相变，即马氏体相变，M_s、M_f 分别代表马氏体相变开始温度、马氏体相变结束温度。低温马氏体加热后会发生马氏体到奥氏体的相变，即逆马氏体相变，A_s、A_f 分别代表逆马氏体相变开始温度、逆马氏体相变结束温度。形状记忆合金马氏体相变的热滞后小，临界驱动力小，属于热弹性马氏体相变。

形状记忆效应中，马氏体相变只限于驱动力极小的热弹性型相变，合金中的异类原子在母相与马氏体中必须为有序结构，以及马氏体相变在晶体学上是完全可逆的。形状记忆合金在低温下呈现马氏体相，这种相态的合金具有较高的可塑性和较低的强度。当合金受到外力作用时，马氏体相可以通过去孪晶过程发生较大的塑性变形。当对发生塑性变形的形状记忆合金进行加热时，如果加热到奥氏体相变结束温度 A_f 以上，低温的马氏体相将逆变为高温的奥氏体相。奥氏体相是合金的高温稳定相，具有较高的强度和较低的塑性。在逆变为奥氏体相的过程中，合金的形状逐渐恢复至原始状态，即发生形状记忆效应。

2. 超弹性

马氏体相变也可以通过应力诱导。在 A_f 以上时，对奥氏体相施加应力诱发马氏体相变，撤掉应力后马氏体会恢复成奥氏体，这个过程产生的变形会部分或者全部恢复。该特性使得形状记忆合金的可恢复应变较其他金属材料的弹性变形更大，因此这种现象叫作超弹性（赝弹性）。简而言之，超弹性是指材料在受到外力作用后，即使发生了远超过其弹性极限的形变，也能在卸载外力时自动恢复到原始形状的现象。这意味着在某些条件下，形状记忆合金可以经历大的非弹性变形，并在去除外力后恢复到原始形状。

温度是影响形状记忆合金超弹性行为的重要因素。在不同的温度区间内，形状记忆合金可能表现出形状记忆效应或超弹性。当温度高于某一特定点时，马氏体相变得不稳定，卸载过程中会发生应力诱发马氏体相变的逆相变，从而表现出超弹性。当温度低于此点时，马氏体相是稳定的，卸载后合金将维持在变形状态，需要通过加热到特定温度以上才能恢复原始形状。

形状记忆合金的超弹性特性使其在工程、医学和航空航天等领域具有广泛的应用前景。例如，它们可以用于制造眼镜框、牙套、自修复材料、传感器和医疗植入物等。简而言之，形状记忆合金的超弹性原理源于应力诱发马氏体相变及其逆相变，通过控制温度等条件可以实现材料的自动恢复和形变。

3. 三类形状记忆效应的原理

一般有三类形状记忆效应：①单程形状记忆效应（One-Way Shape Memory Effect，OWSME），如图 9-3a 所示；②双程形状记忆效应（Two-Way Shape Memory Effect，TWSME），如图 9-3b 所示；③全程形状记忆效应（All-Way Shape Memory Effect，AWSME），如图 9-3c 所示。

（1）单程形状记忆效应 在某形状记忆合金温度高于 A_f 以上时会有一个原始形状，对该合金进行降温，期间正马氏体相变发生，在低于马氏体相变温度 M_f 时，对处于马氏体状态的该合金施加外力使其发生塑性形变，接着进行升温，直到 A_f 以上时，合金形状重新变回原态，对形状记忆合金再次进行冷却时，合金不能恢复到低温马氏体的形状。

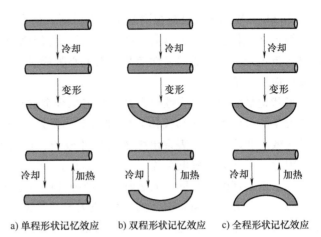

（2）双程形状记忆效应　在某形状记忆合金加热至高于 A_f 以上时将其加工成某种形状，随后降温，合金在此过程中有正马氏体相变发生，冷却到马氏体相变温度 M_f 以下时，对处于马氏体状态的该合金施加外力使其发生塑性形变，接着再将合金升温到 A_f 以上时，其形状自动恢复高温下奥氏体的状态，对合金重新进行冷却时，低于 M_f 温度后又能够恢复低温下马氏体相变形成的状态。

a) 单程形状记忆效应　b) 双程形状记忆效应　c) 全程形状记忆效应

图 9-3　形状记忆效应示意图

（3）全程形状记忆效应　对于某种形状记忆合金，在 A_f 以上温度区间对其加工，使其拥有原始形状，紧接着进行冷却，期间同样会发生正马氏体相变，直到温度小于马氏体相变温度 M_f 时，对马氏体态合金施以应力使其发生塑性形变，然后进行升温，到 A_f 以上时，合金的形状自动恢复到高温下奥氏体原始形态，再次对合金降温时，温度低于 M_f 后该合金会变成与高温下奥氏体相明显相反的形状。

9.1.2　发展现状与应用前景

随着形状记忆材料应用领域的不断拓展，以及制备技术的不断完善，形状记忆合金的制造成本显著降低，市场规模和产品质量都得到了大幅度提高，推动了形状记忆合金市场的快速增长。除了传统的医疗、航空航天、汽车等领域外，形状记忆合金在智能家居、智能机器人等新兴领域也展现出巨大的应用潜力。在产业升级和"双碳"目标的大背景下，微型化、集成化、智能化、多功能化是未来形状记忆材料发展的主要趋势和方向。随着表征手段的日益丰富，以及 4D 打印、大数据、机器学习、人工智能等新兴技术的运用，形状记忆材料的开发与应用都将得到迅猛发展。本小节将从形状记忆合金、形状记忆聚合物和形状记忆陶瓷 3 个方面简要介绍当前工业界和科研院所在形状记忆材料上的突破和研究进展。

形状记忆合金电动机，因具有尺寸小、成本低、无磁场干扰，以及无需额外传感器即可实现精度定位、控制拉力大等显著特点，广泛应用于终端设备中，例如被用于摄像模组中驱动镜头移动，实现自动对焦和光学防抖（Optical Image Stabilization，OIS）等功能。华为技术有限公司于 2019 年发布的 Mate30 手机上就率先使用了这项技术，但是可以量产这种电动机的公司较少。据悉，华为的记忆金属 OIS 电动机是与位于美国的哈钦森科技合作研发的。因此，在受到美国制裁后，华为向该"卡脖子"技术发起了攻关，最终 2024 年取得了自己的 SMA 电动机专利，且掌握了相关自动化生产技术，打破了国外对 SMA OIS 电动机的封锁和限制。

在形状记忆材料的服役寿命方面，科研人员也取得了重大进展。2015 年，美国马里兰大学 Manfred Wuttig 教授与德国基尔大学科研人员合作开发了一种由镍、钛和铜组成的新合金，该形状记忆合金重复弯曲 1000 万次后，仍能恢复到原有形状，打破了之前记忆合金的重复弯折记录。超强的柔韧性使其在人工心脏瓣膜、飞机部件、新一代固态冰箱上展现出了巨大的应用价值。

形状记忆效应和超弹性行为是形状记忆合金材料的奇异特性，其物理起源是形状记忆合金中发生的可回复的（马氏体）结构相变。但是，随着形状记忆合金器件的微型化，其形状记忆效应和超弹性会表现出强烈的尺寸效应，当尺度达到纳米尺寸时这些效应将不复存在。因此，亟须为纳机电系统（Nano-Electromechanical System，NEMS）等纳米器件的应用，开发基于新原理的具有形状记忆效应和超弹性的新型纳米材料。此背景下，西安交通大学邓俊楷博士同澳大利亚 Monash 大学的研究人员合作发表了最新的形状记忆纳米材料研究成果。团队在新型单原子层二维材料 Phosphorene（黑磷烯，即单原子层的黑磷材料）中，发现了一种"吸附原子开关（Adatom Switch）"机制，通过吸附 Li 原子，可以使黑磷烯出现两种稳定的结构相。通过电场调控，黑磷烯会在这两种结构之间发生电场致可逆结构相变。因此，类比形状记忆合金中的结构相变，二维黑磷烯材料会在电场的调控下出现形状记忆效应和超弹性行为。同时，可以为二维黑磷烯材料提供基于形状记忆效应的约 2.06% 可调控应变输出和基于超弹性行为的 6.2% 可回复应变，这为二维黑磷烯在 NEMS 等纳米器件中的应用提供了良好前景。本研究首次在类石墨烯的单原子层二维材料中发现了形状记忆效应和超弹性行为，为二维材料提供了新的功能特性，有望为设计和开发新型"二维智能材料"提供指导。

2021 年，上海交通大学密西根学院 Jaehyung Ju 教授团队报道了一种热机械触发方法，该方法可以通过智能结构设计克服 SMP 的不可逆转变，使单一材料系统产生可逆变形。通过在晶格结构和辅助相变之间进行应变-能量交换，该团队展示了具有形状锁定的晶格结构的可逆、多模态、多步、混合模态和不对称变形。转化助剂的几何结构是由相互作用的弯曲力学和反向刚度设计的，可以实现使用传统触发方法无法实现的复杂而通用的转换。

同年，美国斯坦福大学鲍哲南教授团队在人造肌肉-高能形状记忆聚合物方面实现了重大突破。该团队基于应变诱导超分子纳米结构，通过一步合成二胺封端的聚（丙二醇）（PPG）和 4,4′-亚甲基双（异氰酸苯酯）制备而成的高能量密度形状记忆聚合物（PPG-MPU），能量密度达到历史新高（19.6MJ/m^3），且具有 90% 以上的形状固定和恢复率。制备得到的 PPG-MPU 具有清晰的形状可编辑性，在进行超过 300% 的拉伸后将其加热到 70℃后能够恢复到原始长度。图 9-4 展示了该高能形状记忆聚合物在收缩、弯曲人体模型手臂上的应用。值得一提的是，该聚合物是使用简单的一锅法合成的，成本低（原料价格低于 5 美元/kg）、组分简单、溶液可溶且密度低。

2024 年 2 月，华东理工大学曲大辉教授团队以 [c2] 雏菊链结构作为聚合物网络的动态单元，通过共价交联剂四（3-巯基丙酸）季戊四醇酯单体与 [c2] 雏菊链机械互锁组装体的光诱导硫烯点击反应构筑了一种超分子形状记忆功能聚合物 DCSM，该聚合物表现出优异的形状固定率（R_f）、形状恢复率（R_r）以及形状记忆抗疲劳特性。通过控制温度可形成多种临时形状，并能够在特定的温度下完全恢复至其永久形状。该研究团队系统研究了 [c2] 雏菊链的机械互锁拓扑结构与形状记忆功能的构效关系，发现该类空间互锁结构有助于提高聚合物玻璃化转变温度，这对熵驱动形状记忆效应至关重要。同时，机械互锁拓扑结

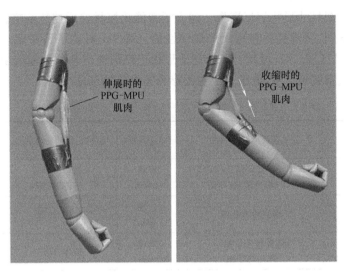

图 9-4　由拉伸形状记忆聚合物制成的人造肌肉在加热时收缩、弯曲人体模型的手臂

构极大地提高了聚合网络的力学性能，并显著增强了材料的形状恢复性能和抗疲劳特性，这一发现可为高性能动态智能材料的性能定制提供了重要依据。图 9-5 展示了不同形状下 DC-SM 聚合物的形状记忆行为。

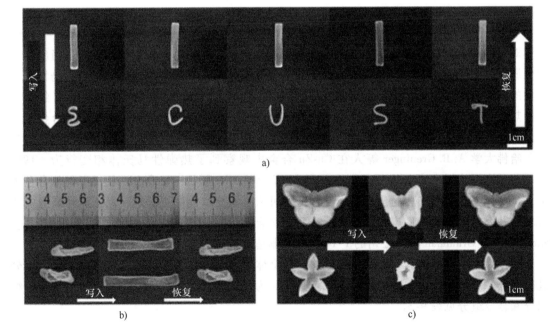

图 9-5　不同形状下 DCSM 聚合物的形状记忆行为

现有的形状记忆陶瓷研究受限于低材料普适性、低几何灵活性、小结构尺寸及低形状记忆功能灵活性。为了解决上述诸多难题，香港城市大学吕坚院士研究组于 2023 年 7 月在国际著名期刊 *Advanced Materials* 上发表了 4D 增减材复合制造形状记忆陶瓷方向的最新成果。该研究提出了 4D 增减材复合制造形状记忆陶瓷的新范式，实现了一步式变形变质 4D 打印陶瓷，兼具高 2D/3D/4D 精度、高效率及大尺寸；研发了具有初始/反向、整体/局部多模式

形状记忆功能的宏观尺寸形状记忆陶瓷，建立了智能化控材控形控性策略；提升了所打印复杂网格轻质结构 SiOC 基陶瓷材料的火焰烧蚀性能。表 9-1 对比了吕坚院士的研究工作与以往 SMC 代表成果的区别。4D 增减材复合制造形状记忆陶瓷出色的性能表明该研究有望拓展高温结构材料在航空航天、3C 电子、生物医疗和艺术等领域的应用。

表 9-1　吕坚院士的研究工作与以往 SMC 代表成果的区别

形状记忆陶瓷材料普适性	工艺及形状复杂度	结构尺度	形状记忆功能多样性	陶瓷形状记忆机制
弹性体衍生 SiOC 基陶瓷	4D 增减材复合制造（2D/3D 打印+激光雕刻/切割）	宏观（>4cm）	初始/反向整体/局部	热膨胀-收缩过程中的异质性
$(Zr/Hf)O_2(YNb)O_4$ [Nature,2021,599,416]	陶瓷粉末压制	介观（4mm）	整体/局部	马氏体相变
ZrO_2 基陶瓷 [Science,2013,341,1505]	陶瓷粉末压制+聚焦离子束	微观（6μm）	整体/局部	马氏体相变

9.2　形状记忆材料的分类

9.2.1　形状记忆合金

对于普通金属材料而言，在受到外加应力发生变形后，会首先发生弹性应变，当应力达到金属材料的屈服点后则会产生不可恢复的塑性变形，即使在应力卸载后，材料中仍然存在较大的残余应变。而形状记忆合金在发生变形后，会产生可逆的热弹性马氏体相变，经过一定的热力学过程，材料能够恢复到变形前的形状，这一类合金材料被称为形状记忆合金。

1932 年，瑞典物理学家 Ölander 等人首先在 Au-Cd 合金中发现了形状记忆效应。1938年，哈佛大学 A. B. Greninger 等人在 Cu-Zn 合金中观察到了热弹性马氏体相变行为。1963年，美国海军武器实验室的 W. J. Buehler 等人发现了 TiNi 形状记忆合金。相对于其他合金体系，TiNi 合金表现出了更为出色的力学性能和可恢复应变，能够更好地满足工业和制造业的需求，并因此受到了人们广泛的青睐。形状记忆合金的第一次成功使用是 1971 年美国 Raychem 公司为 Grumman 航空公司的 F-14 战斗机制造的液压管紧固件。

迄今为止，已发现具有形状记忆效应的合金体系达几十种之多。如果按照合金化学成分进行划分，可以将当前主要的形状记忆合金分类为 TiNi（X）系、Cu 基和 Fe 基等，其详细划分和合金组分见表 9-2。

表 9-2　根据不同化学成分分类的形状记忆合金

合金体系	合金组分
TiNi（X）系	TiNi、TiNiNb、TiNiHf、TiNiZr、TiNiCu、TiNiFe、TiNiPd 等
Fe 基	FeMnSi、FeNiC、FePt、FePd、FeNiCoTi 等
Cu 基	CuZn、CuAlNi、CuZnAl、CuAlNiMnTi、CuAlBe 等
Au 基	AuCd 等

（续）

合金体系	合金组分
Ag 基	AgCd 等
Co 基	CoAlNi、CoNiGa 等
Mg 基	MgSc、MgLi 等

TiNi 形状记忆合金具有优良的形状记忆效应和超弹性、良好的耐腐蚀性能和生物相容性以及优异的力学性能，使其在近几十年受到了来自学术界和工业界的广泛关注。特别在智能材料和机器人制造等领域，TiNi 形状记忆合金展现出了巨大的发展潜力。但是，TiNi 形状记忆合金昂贵的生产成本和产品价格严重制约了其更广泛、更深入的工业化应用。造成 TiNi 形状记忆合金生产成本较高的一个重要原因是其制备过程复杂、能耗较高。

Cu 基形状记忆合金因其良好的双向形状记忆性能、较好的焊接性能以及较为低廉的价格，而被广泛用于温敏材料、控温元件、驱动元件等领域。Fe 基形状记忆合金中的 FeMnSi 形状记忆合金具有滞后大、成本低、无须低温扩孔等优点，成为管接头紧固件材料 TiNiFe、TiNiNb 等的潜在替代品。但是 Fe 基形状记忆合金的可恢复应变仍然很低，仅为 2% ~ 3%，实际应用价值仍然较低。而 TiNi 形状记忆合金仍然是目前应用最为广泛、合金性能最为优异的形状记忆合金产品。

Mg-Sc 形状记忆合金具有从 BCC 奥氏体结构到正交马氏体结构的相变。由于 Mg-Sc 形状记忆合金密度仅有 $2g/cm^3$，其密度是 TiNi 形状记忆合金的 1/3 且远远小于其他形状记忆合金，同时具有较大超弹性应变。加之 Mg-Sc 形状记忆合金比 TiNi 形状记忆合金的超弹性性能好，且有着优秀的延展性以及耐蚀性。因此，Mg-Sc 形状记忆合金的研究在轻质形状记忆合金领域具有里程碑式意义。

9.2.2　形状记忆聚合物

关于聚合物形状记忆效应的文献最早是由 L. B. Vernon 于 1941 年在美国专利中提出的，他指出甲基丙烯酸酯树脂制成的牙科材料具有"弹性记忆"，加热后可以恢复其原始形状。但是直到 20 世纪 60 年代，共价交联聚乙烯被应用到热收缩管和热收缩膜，人们才认识到形状记忆聚合物的重要性。从 20 世纪 80 年代末开始，形状记忆聚合物得到了迅猛的发展。

形状记忆聚合物的记忆特性主要源于材料的双组成结构：固定相和可逆相（或者称为交联网点和分子开关）。其中固定相主要起记忆材料原始形状的作用，用于提供形状恢复所需熵弹性，它可以是化学交联点（热固性），也可以是物理交联点（热塑性），而可逆相在形状记忆过程中能够发生相转变并发挥固定材料暂时形状的作用，其在材料转变温度附近发生冻结或软化，导致力学性能发生转变。可逆相可以是结晶态和无定形态，因此形状记忆聚合物的开关温度 T_{trans} 既可以是熔融温度 T_m，也可以是玻璃化转变温度 T_g。

经典的聚合物形状记忆循环分为 3 个步骤：①编程过程，通常在高温时使用外力设定所需的暂时形状；②储能过程，这一阶段通过降低温度并撤去外力固定暂时形状；③回复过程，聚合物受到外界刺激回复其原始形状的阶段。图 9-6 给出了一个典型的形状记忆聚合物循环示意图。低温时，聚合物分子链处于冻结状态，聚合物通常表现为刚性的塑料；当升温

183

至转变温度 T_{trans} 以上时，分子链运动加剧，聚合物变成软质橡胶（或弹性体），再施加一定外力，聚合物宏观尺寸变化，微观分子链构象发生改变，体系熵降低。当降温到 T_{trans} 以下时，分子链活动性降低，体系被冻结，去除外力后聚合物能固定暂时形状。当温度再次升高到转变温度 T_{trans} 以上时，分子链运动加剧，体系熵增加，储存的能量被释放，分子链段回复到初始状态。

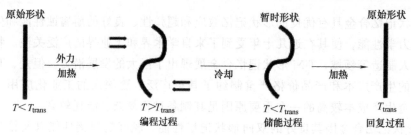

图 9-6　形状记忆聚合物循环示意图

　　根据形状记忆聚合物实现形状回复的条件不同，可将其分为热致型、光致型、电致型和 pH 敏感型等不同的种类。目前研究较多并已经得到应用的形状记忆聚合物主要是热致型的。已经开发出的热致型形状记忆聚合物有聚降冰片烯、交联聚烯烃、反式 1，4-聚异戊二烯、苯乙烯-丁二烯共聚物和聚氨酯等类别。根据固定相的结构特征形状，形状记忆聚合物可以分为两种，以化学交联结构为固定相的形状记忆聚合物（称为热固性形状记忆聚合物），和以部分结晶结构聚合物的玻璃态或聚合物高分子链之间的相互缠绕等物理交联结构为固定相的形状记忆聚合物（称为热塑性形状记忆聚合物）。

　　此外，依据升温方式的不同，形状记忆聚合物大致可分为直接加热和间接加热形状记忆聚合物。直接加热有热致形状记忆聚合物，而间接加热则包括电致形状记忆聚合物、磁致形状记忆聚合物和光致形状记忆聚合物。

1. 热致形状记忆聚合物

　　作为最基础的一种形状记忆材料，热致形状记忆聚合物的外部刺激因素是温度。当外部温度升至材料转变温度（材料玻璃化温度或者熔点）以上时，材料便开始从中间形状回复至初始形状。对于热致形状记忆聚合物其形状记忆过程可表示为

$$L \xrightarrow[\text{形变}]{T>T_g \text{ 或 } T>T_m} L+\Delta L \xrightarrow[\text{固定形变}]{T<T_g \text{ 或 } T<T_m} L+\Delta L \xrightarrow[\text{形变回复}]{T>T_g \text{ 或 } T>T_m} L$$

式中，L 为初始形状；ΔL 为形变值。

2. 电致形状记忆聚合物

　　电致形状记忆聚合物一般是向热致形状记忆聚合物中掺入导电填料获得的，它能通过电刺激来诱导材料发生形状变化。电致形状记忆材料形状回复的原理是通过电流热效应产生的焦耳热将材料升温至转变温度，进而刺激材料进行形状回复。与热致形状记忆材料直接外部加热相比，其通过控制电流来刺激材料进行形状回复的方式更加便捷。

3. 磁致形状记忆聚合物

　　通过向热致形状记忆聚合物中引入磁性材料可以获得磁致形状记忆复合材料。其通过将磁性材料置于交变磁场中产生的感应热来实现形状记忆，本质上与热致形状记忆聚合物一致。

4. 光致形状记忆聚合物

光致形状记忆聚合物按照机理可分为两种，基于光热效应和基于光化学反应的光致形状记忆材料。第一种是通过向热致形状记忆材料中掺入光热转换材料制备而成的，它利用光热转换材料的光热效应将光致形状记忆材料的温度升高至转变温度以上；第二种不需要通过温度改变来刺激材料，它利用材料中某种官能团对不同波长光产生构象可逆的光化学反应来实现形状记忆。与其他刺激源相比，光可以在没有介质的情况下传播很远的距离，能够聚焦在某个特殊区域，并且对人体组织安全。因此，光致形状记忆材料能应用在医学、自修复以及微小型工程中。

9.2.3 形状记忆陶瓷

纯 ZrO_2 在 1 个标准大气压下从液态到固态有如下的相变：

$$液态 \underset{2680℃}{\rightleftharpoons} 立方相(c) \underset{2370℃}{\rightleftharpoons} 四方相(t) \underset{1170℃}{\overset{850\sim1000℃}{\rightleftharpoons}} 单斜相(m)$$

纯 ZrO_2 的力学性能和抗热震能力都很差，并且由于四方相（t）变为单斜相（m）时会引起 3% ~ 5% 的体积膨胀，这一体积变化超过了 ZrO_2 的弹性极限，会发生开裂，因而纯 ZrO_2 不能作为结构材料。在实际应用中都加入碱土氧化物或稀土氧化物合金化，使立方相或四方相能在室温下保持稳定，常用的稳定剂为 Ce、Mg、Ca、Y 的氧化物。这一类陶瓷在应力的作用下会发生 t$\longrightarrow$m 马氏体相变，吸收部分断裂能量，呈现高的强度和韧性，成为增韧 ZrO_2 陶瓷而得到了工程界的重视。这一类陶瓷可分为 3 种：①部分稳定氧化锆（Partially Stabilized Zirconia，PSZ）陶瓷，含立方相和四方相；②四方氧化锆多晶体（Tetragonal Zirconia Polycrystalline，TZP），含单相四方细晶粒多晶体；③复合型陶瓷，在其他陶瓷基体上弥散分布增韧氧化锆，如氧化锆增韧氧化铝（Zirconia Toughed Alumina，ZTA），当含一定量的氧化物稳定剂时，氧化物陶瓷具有很高的强度和较好的断裂韧性。

对于铁酸铋、钛酸钡、钛酸铅等铁电陶瓷，其形状记忆效应源于电致应变和电致伸缩效应，相关内容第 5 章已经有所涉及，故此处不再详细展开。

9.3 形状记忆材料的制备方法

9.3.1 熔铸法

熔铸法是制备形状记忆合金最常用的方法之一。该方法主要包括原料前处理（清洗、去除氧化皮等）、称量、真空熔炼、锻造、热处理、切料等一系列制备工艺。熔铸法制备 Ti-Ni 合金构件主要步骤有：将 Ni 和 Ti 纯金属在真空感应炉中经感应、电弧、等离子体等熔炼成合金化的 TiNi 合金铸锭，后根据构件的实际服役条件需求，对构件进行机加工处理，得到满足形状性能要求的合格构件。

由于 Ti 元素的化学性质非常活泼，与空气中的 O、N 等元素的结合能力较强，因此钛及钛合金的熔炼过程必须在较高的真空条件下完成。目前，用于钛及钛合金的熔炼制备技术主要包括：真空自耗电弧熔炼（Vacuum Arc Remelting，VAR）、电渣熔炼（Electro-Slag Melting）、真空凝壳炉熔炼（Vacuum Skull Melting，VSM）、真空非自耗电弧熔炼（Vacuum Non-Consumable Arc Melting）、冷床炉熔炼（Cold-Hearth Melting）和真空感应熔炼（Vacuum Induction Melting，VIM）。而出于对实际的生产成本和生产规模的考虑，TiNi 形状记忆合金的工业化生产中普遍采用真空自耗电弧熔炼（VAR）和真空感应熔炼（VIM）两种方式。

真空自耗电弧熔炼能够有效避免钛合金熔体与容器之间的反应，生产工艺较为简单，是目前工业化生产制备 TiNi 合金最普遍应用的方法。图 9-7 所示为真空自耗电弧炉结构示意图，其中真空自耗电弧炉的正极为强制水冷铜坩埚，负极则为压制成型的自耗电极柱。在熔炼过程中，向炉体内通入惰性气氛或保持真空，并通过电弧产生高温加热，导致自耗电极柱迅速熔化，使得原材料中的杂质集中于熔池表面后并去除，从而可以获得杂质含量较低的 TiNi 合金铸锭。相比于其他熔炼技术，真空自耗电弧熔炼具有很多优势，比如熔炼速度快，操作工艺简单，可用于大型钛合金铸锭的生产制备，熔炼过程能够有效去除合金中的杂质元素等。但是真空自耗电弧熔炼也存在一定的缺陷。首先，强制冷却

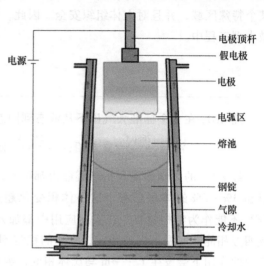

图 9-7　真空自耗电弧炉结构示意图

水系统在熔炼过程中消耗了大量的热能，使得熔炼过程所造成的能耗增加了约 70% 以上。其次，接触水冷铜坩埚而形成的金属凝壳无法被充分搅拌，从而导致获得的铸态合金的显微组织和化学成分并不均匀。因此，为了保证 TiNi 合金的化学成分均匀性，往往需要对合金铸锭进行 2~3 次反复熔炼，而这又显著提高了真空自耗电弧炉制备 TiNi 合金所需的能耗和生产成本。

真空感应熔炼炉是根据法拉第电磁感应定律和电流热效应的焦耳-楞次定律，将电能转化成为热能的熔炼设备。真空感应熔炼炉主要由真空炉体、真空系统、电源、冷却水系统、电气系统 5 部分组成。实现感应加热的基本条件包括：①在熔炼过程中必须使用交流电；②被加热的物体必须是金属材料或具有良好的导电性。图 9-8 所示为真空感应熔炼的原理示意图。在熔炼过程中，当交变电流通过坩埚外侧的水冷感应线圈（Induction Coil）时，产生了一个极性和强度随电流的频率而变化的磁场。一部分磁力线穿过坩埚内的金属材料，当磁力线的极性和强度产生周期性交替变化时，磁力线相当于被金属材料切割，产生的感应电流在金属材料的闭合环路中流通，并克服金属材料本身的电阻发热，从而实现了将电能转化成为磁场能，再由磁场能转化为

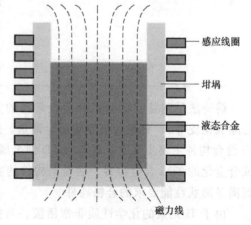

图 9-8　真空感应熔炼的原理示意图

电能，最后由电能转化为热能的过程，完成了对金属材料的加热。

相对于真空自耗电弧炉熔炼，真空感应熔炼在合金化学成分均匀性和能耗方面具有非常明显的优势。由于真空感应熔炼过程中没有强制冷却水的干扰，合金熔体能够获得较高的过热度和流动性，更适用于浇铸成型和离心铸造等工艺，并且合金熔体在磁场的搅拌下能够得到更为充分的混合，从而获得了更为均匀的化学成分。没有强制水冷系统则意味着真空感应熔炼的能耗更小，生产成本也相应降低。

现以 TiNi 合金和 Co-Ni-Ga 合金熔铸法的制备工艺为例，对制备过程加以分析。

1. 熔炼原料的准备

本实验以纯度大于 99.8wt% 的海绵钛和纯度大于 99.8wt% 的电解镍板作为熔炼原料。其中海绵钛通过热压法，制成尺寸为 $120mm \times 350mm^2$ 的海绵钛电极柱，以减少海绵钛所占体积，增加感应熔炼过程中的加热效率。将电解镍板切割成 $30mm \times 30mm \times 10mm$ 和 $300mm \times 30mm \times 10mm$ 两种规格。配料前，在通风橱下用王水浸泡并洗刷电解镍板表面，以去除氧化物和沉积物。随后先以蒸馏水清洗镍板表面，并用酒精冲洗，在马弗炉中 150℃烘烤 1~2h。本实验采用高精度电子秤称量原料重量，以严格控制合金成分。在熔炼前，将称量完毕的海绵钛电极柱放置在马弗炉中，在 150℃进行 2h 烘烤，以去除海绵钛多孔结构中残留的水分，以减少熔炼过程中金属液滴的飞溅。

2. TiNi 合金的真空感应熔炼

为使熔炼实验最大程度接近 TiNi 合金的工业化制备过程，本实验采用钛合金工业中广泛使用的中频真空感应熔炼炉（6000Hz）作为熔炼平台，以 $BaZrO_3$ 坩埚作为熔炼容器，利用海绵钛电极柱和电解镍板作为原料，以高纯氩气（99.99wt%）作为熔炼的保护气氛，以石墨作为浇注成型的铸模材料，制备 Ti-Ni 二元形状记忆合金铸锭，用于进一步的轧制处理。熔炼实验的具体流程和工艺控制中要着重关注真空度、残留空气与杂质元素的去除、感应电流功率、精炼时间的控制。如果精炼时间过短则会造成铸态合金化学成分不均匀，进而导致其相变温度出现偏离。因此，对于合金精炼时间的控制需要根据合金中的杂质元素含量和化学成分的均匀性进行调整。随后在精炼完成后，将 TiNi 合金熔体浇入预先加热的石墨铸模内部，并将真空炉体重新抽至高真空，等 TiNi 合金铸锭完全炉冷至室温后取出。

3. TiNi 合金的轧制工艺

对真空感应熔炼制备的铸态 TiNi 合金进行大形变量的轧制和真空退火处理，细化 TiNi 合金的显微组织、优化织构类型和强度，以获得稳定的力学性能和形状记忆效应。轧制过程主要流程包括：均匀化热处理、锻造、热轧开坯、热轧、冷轧以及真空退火。最终获得不同厚度的 TiNi 形状记忆合金板材。

4. Co-Ni-Ga 合金的微丝工艺

TiNi 合金熔铸制备法中的锻造轧制有助于改善微观组织和力学性能，但是对于本征脆性高的 Co-Ni-Ga 合金就非常不利。在施加外应力的情况下，Co-Ni-Ga 合金的多晶块体样品非常容易发生脆性断裂，严重限制了合金性能。因此，利用形状记忆合金微丝工艺优化铸锭微观结构得到了较多关注。2009 年，Chen 等人首次制备出了 Cu-Al-Ni 合金微丝，有效改善了该合金的力学性能，获得了优异的功能特性。SMA 微丝将对智能传感、驱动等器件的微型化起到重要推动作用。

目前，比较普遍的制备 SMA 微丝的方法有两种，一是熔体抽拉法，二是 Taylor-Ulitovsky

法，也就是玻璃包覆拉丝法。Taylor-Ulitovsky 工艺制备合金微丝的装置示意图如图 9-9 所示。其工作机制是：将一定尺寸和质量的合金圆棒放置于玻璃管的底部，利用螺旋锥形感应铜线圈加热，使得玻璃管中的金属熔化，待其末端软化后，从底部拉引出玻璃毛细管，熔融的合金会被包裹在玻璃毛细管中，在继续下拉过程中通过冷却水快速冷却，使得毛细管中的熔融合金迅速凝固，最终拉出连续的有玻璃包覆的合金微丝。该方法的主要特点是：①制备流程短、操作简易、成本低；②通过调整相关工艺参数（如下拉速度、加热电流大小等），可以控制微丝的尺寸（包括微丝的直径以及包覆层玻璃的厚度）和微观组织，获得具有纳米晶、非晶、少晶甚至单晶等不同组织的微丝；③制备出的材料种类丰富。

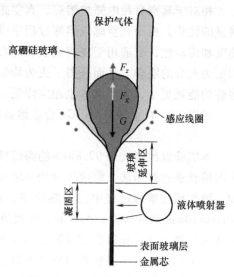

图 9-9　Taylor-Ulitovsky 工艺制备
合金微丝的装置示意图

　　此外，该工艺能够制备出长几十厘米至几米的连续丝材。同时，制备得到的微丝表面更加光滑，直径更均匀，形状更规则。更引人注目的是，Taylor-Ulitovsky 法制得的相关 SMA 微丝，比如 Ni-Mn 基的 Heusler 合金微丝，通常由竹节状晶粒组成，单个晶粒可以跨过整个横截面，这种结构能够明显减小马氏体相变过程中出现的应变不相容，从而在受限较小的情况下发生变形，这有益于抑制晶间脆断和改善 Ni-Mn 基 SMA 的力学性能。为满足后续测试要求，通常还需去除玻璃包覆层。通常可采用加入缓蚀剂的氢氟酸溶液侵蚀玻璃层，或者通过加热、冷却、反复拉伸、砂纸打磨等工艺除掉合金上包覆的玻璃层。

　　相对于 Taylor-Ulitovsky 法，形状记忆合金微丝（纤维）的熔体抽拉法成本更低廉，方法更为简单易行。如图 9-10 所示，制备过程中，先在充满惰性气体（通常为氩气）的工作间中，将铸态合金用电感线圈加热至熔融状态，熔融态金属在与高速运转的铜轮相接触时会成丝。以 Ni-Mn-Ga-Fe 纤维的制备为例，共有 3 个过程：①在真空磁控钨极电弧熔炼炉进行母合金的熔炼；②在高真空精密熔体抽拉设备中制备微丝；③利用步进式热处理工艺进行化学有序化调制，使得快速凝固过程中扩散不完全的原子进一步扩散，从而占据正确的点阵位置，提高晶体结构有序度。另外，有序化热处理中的去应力退火，可使快速凝固导致的内应力和缺陷能够得到释放。该热处理工艺有利于提高磁性能和居里温度，增强成分均匀性。此种方法制备的纤维不具有玻璃层，表面未遭到破坏，连续性好，因而被广泛采用。

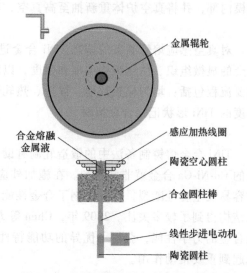

图 9-10　熔体抽拉法制备金属纤维示意图

9.3.2　粉末冶金法

粉末冶金法是以金属粉末为母材，经过压制和烧结等步骤，制备金属材料构件的方法。粉末冶金法主要包括自蔓延高温合成（Self-propagating High Temperature Synthesis，SHS）法、预合金粉末烧结法、热等静压（Hot Isostatic Pressing，HIP）法等。

（1）自蔓延高温合成法　自蔓延高温合成（SHS）法又叫燃烧合成法。它是在一定的温度环境下，通过局部点燃粉末原料发生化学反应，利用化学反应热使周围粉末被加热相继发生化学反应，热量以波的形式由已反应区向未反应区传播，直到所有粉末燃烧完毕反应结束。该方法具有节能、省时、工艺简单、纯度高和性能好等优点。

（2）预合金粉末烧结法　预合金粉末烧结法多用于制备多孔 TiNi 合金构件。该成型工艺主要由两部分构成，分别为粉末制备和坯料烧结，其中粉末质量对合金构件的最终性能有着重要的影响。目前，常用的预合金粉末制备方法有氢化脱氢法、机械合金化、锌媒剂法等。通过上述方法获得合金粉末后，将粉末压制成坯，然后对坯料进行烧结，成型出满足性能要求的合金构件。

（3）热等静压法　热等静压（HIP）法的工作原理是以惰性气体为压力介质，将待压制材料置于适当的温度和压力环境下，材料被气体加压的同时也被升温烧结。借助高温和高压的共同作用，促进材料致密化，提高构件强度。

粉末冶金法相比较于熔铸法具备较多优势。利用该方法制备 TiNi 合金时，由于 Ni、Ti 粉末颗粒小，烧结成型构件组织成分分布均匀，无成分偏析且晶粒组织细小。同时，粉末冶金法通过使用模具可以获得几何形状简单、无需后处理的最终构件。但粉末冶金法也存在一定的弊病，比如难以获得致密度高、结构形状复杂的多孔构件。

9.3.3　增材制造与 4D 打印

增材制造技术也被称为 3D 打印技术，是一种通过离散-堆积的原理逐层沉积材料，实现零件数字化智能制造的技术，在医疗器械、航空航天、汽车工业、石油化工等行业具有举足轻重的作用。

4D 打印技术是在 3D 打印的基础上增加了一个时间维度，使打印出的物体能够在外界激励下发生形状或结构的改变。4D 打印使用的材料通常是具有记忆功能的智能材料，如形状记忆材料、水凝胶等。这些材料可以在特定的刺激（如温度、湿度、pH 值等）下发生可逆的形状变化。4D 打印成型构件具有自组装、自适应和多功能等特点，其研究和发展应用将对未来航空、航天、军事等领域产生深远影响。

金属增材制造技术主要分为定向能量沉积（Direct Energy Deposition，DED）技术和粉末床熔融（Powder Bed Fusion，PBF）技术两类。从热源种类来看，可以分为 3 类：激光、电子束和等离子束。目前常见的金属增材制造方式具体如下。

1. 激光选区熔化

激光选区熔化（SLM）选用激光束作为能量源，按照 3D 数据模型中规划好的路径在金属粉末床层进行逐层扫描，扫描过的金属粉末通过熔化、凝固从而达到冶金结合的效果，最终获得金属零件。SLM 技术在实现复杂结构的快速加工方面具有明显的优势，是目前主流的增材制造技术之一。

该技术将激光增材技术与计算机技术相结合，可在无模具和辅助工具作用下，成型出具备一定优良性能的复杂结构 TiNi 合金构件。其工作原理为：①利用三维 CAD 软件建立零件三维模型，并导出 STL 格式文件以供后期切片软件有效识别；②利用专业软件对 3D 模型进行分层切片处理，得到零件的 2D 轮廓模型图，对 2D 模型图进行激光扫描路径规划，后将其导入 SLM 设备；③激光束根据已规划好的激光扫描路径，逐点逐线熔化金属粉末；④激光束每完成一层金属粉末的加工，基板便向下移动一个粉层厚度，激光束根据新的二维轮廓路径规划图进行选区熔化，如此往复扫描直到成型出最终构件。

SLM 技术中激光功率、扫描速度、扫描间隔、粉末层厚、能量密度、致密度是影响最终打印效果的关键因素。SLM 技术相比于熔铸法和粉末冶金法具有较多优势：①工艺简单，成形设备易操作，节省人工成本；②零件周期短，激光按照 3D 分层切片扫描路径逐点、逐线、逐层直接熔化金属粉末成型构件，无需模具和机械加工，成型周期短；③力学性能优良，熔池冷却速度很高，易形成均匀细小晶粒，构件力学性能良好；④可用于加工精细复杂结构件，激光光斑直径小，功率可控，成型构件的表面光滑，尺寸精度高，在制造拓扑、网格状等复杂结构方面优势明显，并且通过一次打印就可以实现近净成形，后处理工序简单。

2. 激光近净成形

激光近净成形（Laser Engineered Net Shaping，LENS）技术是使用激光束作为热源，金属粉末作为原料，一般通过同轴送粉的方式填充原料，激光束在计算机的控制下沿着预定轨迹运动，金属粉末在高能激光束的作用下熔化、凝固达到冶金结合，逐层沉积最后实现 3D 零件的打印。

3. 电子束选区熔化

电子束选区熔化（Electron Beam Selective Melting，EBSM）技术使用的是电子束作为热源，利用高能高速的电子束选择性熔化金属粉末，从而使得金属粉末熔化凝固的增材制造技术，成型方式与 SLM 类似，不同之处在于能量束的种类，但是 SEBM 技术对成型空间要求较高，需要成型舱室保持较高的真空度。

4. 电子束熔丝沉积成形技术

电子束熔丝沉积成形技术又称为电子束自由成形制造（Electron Beam Freeform Fabrication，EBF）技术。在真空环境中，电子束将金属丝材熔化形成熔池，电子束按照三维模型切片规划路径运动，金属材料逐层沉积达到冶金结合，从而实现最终零件打印，相比于 EBSM 技术，EBF 技术的打印精度有所下降，但是成型效率更高。

5. 电弧增材制造技术

电弧增材制造（Wire and Arc Additive Manufacturing，WAAM）技术是以电弧作为热源将丝材熔化，按照 3D 数据模型切片路径逐层沉积，最后形成所需的零件，WAAM 技术具有加工成本低、成型效率高的优势，但是打印精度低是其发展的瓶颈，WAAM 技术一般基于传统的焊接技术实现电弧增材制造，如钨极氩弧焊、熔化极气体保护焊和等离子弧焊等技术。

本小节以旁路送丝方式的层流等离子体增材制造 TiNi 形状记忆合金为例，对增材制造技术加以说明。该层流等离子体增材制造系统主要由 4 个系统组成，分别为机床系统、送丝系统、层流等离子束系统和真空系统。送丝系统的送丝嘴和层流等离子体发生器被固定在机床系统上，通过机床运动来控制发生器和送丝头运动，送丝嘴与发生器相对静止。送丝系统、发生器系统和机床控制系统通过控制柜集成在一起，然后通过软件来同时控制 3 个系统协同工作。图 9-11 所示为层流等离子体增材制造原理图，采用旁路送丝的方式填充丝材。打印时，将 solidworks 建立的 3D 模型导入系统软件，写入切片参数，软件会自动规划相应的路径，生成控制三轴机床运动的 G 代码。机床按照 G 代码运动，并带动送丝嘴和发生器运动。在机床移动时，送丝系统以一定的速率送丝，同时层流等离子体发生器产生等离子束将合金丝熔化，金属液滴沉积到基板上，最终形成 3D 零件。真空系统独立于其他 3 个系统之外，由于机床和送丝器所采用的不是真空电机，所以在进行抽真空后，还需充入保护气体（通常为氩气）才能够工作。

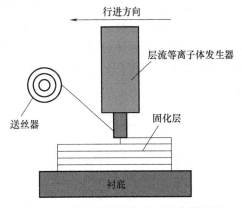

图 9-11　层流等离子体增材制造原理图

　　近年来，增材制造技术和 4D 打印技术在形状记忆聚合物材料制造上也逐渐崭露头角。针对不同形态的聚合物，研究人员开发了相应的工艺和打印技术，例如基于粉末层熔合工艺的激光选区烧结（SLS）技术、基于光聚合工艺的立体光刻（SL）技术和基于材料挤出工艺的熔丝沉积成形（FDM）技术。

　　FDM 打印机因其构造简单、价格低廉以及操作简便，被广泛用于学校、家庭和企业，是应用最广泛的打印技术之一。如图 9-12 所示，在打印过程中，尺寸均匀的线材被送丝机构推动经过喉管、加热块最终到达喷头。在设定的打印温度下，喷头内的材料熔化变软，而喷嘴以上未完全熔化变软的线材随即在送丝机构的推动下挤出喷头内熔融的材料。同时喷头在设定程序的控制下移动，按照每层切片的形状进行材料的挤出填充。在打印完一层后，热床下降一个层厚高度，如此往复进行材料的挤出沉积，直至打印完所需模型。相较于其他 3D 打印技术而言，FDM 打印的优点在于其操作便捷、成本低廉、可用材料多以及允许多色打印。

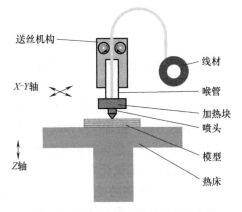

图 9-12　FDM 技术打印机结构示意图

9.3.4　定向凝固技术

　　定向凝固技术是在高温合金的研究中发展起来的。传统方法铸造的涡轮叶片中存在很多横向晶界，使得高温蠕变韧性变差。通过定向凝固技术，得到了具有各向异性的柱状晶结构，显著提高了叶片高应力方向的抗蠕变性能。根据凝固方式不同，可以分为 Bridgman 法、Chalmers 法、Czochralski 法、区域熔炼法和冷硬铸造法。Bridgman 法和 Chalmers 法都是采用炉体不动、以固定的速度抽拉坩埚的方式制备样品，其中籽晶被放置在坩埚的冷端。不同的是 Bridgman 法采用垂直凝固的方式，而 Chalmers 法是水平凝固方式，分别如图 9-13a 和图

191

9-13b 所示。与 Bridgman 法相比，Chalmers 法中对流和凝固前沿的相关扰动更难控制。图 9-13c 所示为 Czochralski 法，是实际应用中最重要的技术，由一个籽晶从上面下降到熔体中然后缓慢地旋转上升。该技术的优点是晶体与坩埚没有接触，避免了污染，同时熔融金属池可以供应大量合金液。区域熔炼法使用电阻、感应炉、电子或激光束等对样品进行局部加热，热源相对于圆柱体的轴线移动，如图 9-13d 所示。相比于其他方法，冷硬铸造法比较简单，液体直接浇铸在一个冷却板上即可，对温度梯度和凝固速度的控制较少，如图 9-13e 所示。

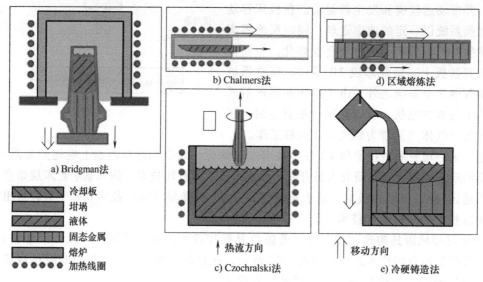

图 9-13 不同定向凝固方法示意图

对于 Ni-Mn 基合金来说，由于晶界的结合强度较弱，故通常以晶间断裂的形式发生破坏，特别是在垂直于单轴应力的横向晶界处。定向凝固技术可以在不改变化学成分的情况下调整微观结构，制备出单一择优取向的柱状晶，消除横向晶界。获得的这种结构还可以增强晶界之间的相容性，降低应力集中和三角晶界处的裂纹萌生，为降低 Ni-Mn 基合金的脆性提供了一种有效的方法。微观结构和晶界的优化可以有效地增强形状记忆弹热材料的整体性能。

同熔铸法类似，定向凝固法制备 Ni-Mn 基形状记忆合金前也需要进行清洗、去除氧化皮、抽真空、Ar 气体洗气、熔炼制备合金铸锭等步骤。特别的是，电解锰在表面具有一些杂质和氧化物，因此在配料前应先对 Mn 进行单独清洗和熔炼来保证原料纯度。将反复熔炼 3 次的 Mn 铸锭打磨去除表面的杂质和氧化皮，并切开检查断口确保无明显的氧化和杂质存在。同时由于 Mn 在电弧熔炼中容易挥发，为了补偿挥发带来的损失，在配料过程中额外多加合金总质量 0.5%~1% 的 Mn。定向凝固过程以图 9-14 为例，在高纯 Ar 气环境中，在熔炼温度将样品完全融化，设置固定的拉伸速率，匀速下拉到液态金属 Ga-In-Sn 合金中。以熔炼温度 1473 K 为例，Ga-In-Sn 合金与熔融金属间产生了大约 260K/cm 的巨大温度梯度，从而形成了固定的散热方向，而合金以相反方向

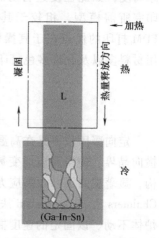

图 9-14 定向凝固示意图

192

逐渐凝固制备出具有高取向度的合金。等设备逐渐冷却到室温时，开腔取出定向凝固样品。

凝固冷却速度较大，往往会导致样品成分偏析、杂相形成和内应力存在，因此需要对样品进行高温均匀化退火。首先，将干燥的样品放于石英管中，对管内抽真空反复洗气几次，确保低氧。然后，反充高纯 Ar 气至 0.05MPa，并用乙炔加热密封石英管。将封好的石英管放入箱式电阻炉中，设定升温速率和保温温度。以 Ni-Mn-Sn 合金为例，退火温度为 1173K，退火时间为 24h。将退火完的样品迅速取出，淬火至冰水混合物中。

9.3.5 聚合法、混炼法和一步/两步法

1. 聚合法

形状记忆聚合物（SMP）的合成方法中，聚合法是一种常见且重要的技术。聚合法是通过聚合反应合成形状记忆聚合物的一种方法。它可以根据所需特性选择不同的单体和反应条件，从而制备出具有特定性能的形状记忆聚合物。聚合法的具体步骤如下。

（1）单体选择　根据目标形状记忆聚合物的性能要求，选择合适的单体。这些单体可以是具有特定官能团的化合物，它们能够在聚合反应中相互连接形成高分子链。

（2）聚合反应　在一定的反应条件（如温度、压力、催化剂等）下，使单体发生聚合反应。聚合反应可以是加成聚合、缩聚聚合等类型，具体取决于所选单体的性质和反应条件。

（3）聚合度控制　通过控制聚合反应的条件（如反应时间、温度、单体浓度等），可以调节聚合物的聚合度。聚合度的大小对形状记忆聚合物的性能有重要影响，因此需要根据具体需求进行精确控制。

（4）后处理　对聚合产物进行后处理，如提纯、干燥、切割等，以去除杂质、提高纯度和稳定性。

聚合法具有以下几个特点和优势。

1）灵活性。聚合法可以根据需要选择不同的单体和反应条件，制备出具有不同性能的形状记忆聚合物。

2）可控性。通过精确控制聚合反应条件，实现对形状记忆聚合物性能的精确调控。

3）可扩展性。聚合法可以适应大规模生产的需求，制备出大量具有相同性能的形状记忆聚合物。

2. 混炼法

混炼法是指将形状记忆聚合物（SMP）与其他材料（如纳米材料、填料等）通过物理混合的方式进行复合，从而得到具有更好性能的新材料。这种方法简单易行，能够有效地改善形状记忆聚合物的某些性能，如力学性能、热稳定性等。混炼法的基础制备流程是基于聚合法，具体的步骤如下。

（1）材料准备　选择合适的形状记忆聚合物作为基体材料。选择与基体材料相容性好的纳米材料、填料等作为增强材料。

（2）混炼过程　将基体材料和增强材料按照一定比例进行混合。在一定的温度、压力和搅拌速度下，对混合物进行充分搅拌和混炼，使增强材料均匀分散在基体材料中。

（3）加工成型　将混炼后的材料通过压制、注塑、挤出等方法加工成所需的形状和

尺寸。

3. 一步法和两步法

形状记忆聚氨酯（Shape Memory Polyurethane，SMPU）的制备类似于传统的聚氨酯，通常是在一定的催化剂和添加剂的作用下，由异氰酸酯、聚酯或聚醚多元醇和低分子二醇或二胺（作为扩链剂）3种合成。其合成方法可分为一步法和两步法（即预聚物法）。

一步法是将多元醇、异氰酸酯、扩链剂和催化剂等同时加入反应装置中进行反应，合成步骤如图 9-15 所示。该方法操作简单，反应时间较短，可以在多元醇和异氰酸酯的反应速率相当的情况下发挥最佳优势，并且产物具有更高的结晶度。但是该方法不易控制，反应机理也比较复杂，很难按照要求生成软硬链段分布规则的聚合物。此外，该方法对原料和配方的选择要求较为严格，比如异氰酸酯基团的反应活性、扩链剂的类型以及添加量等因素都可能影响分子链中硬段的分布，进而影响产品的性能。

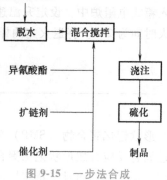

图 9-15　一步法合成 SMPU 流程图

目前用于合成 SMPU 的最常用方法是预聚物法，合成工艺流程如图 9-16 所示。第一步，一般先将聚合多元醇与过量的二异氰酸酯反应，生成低相对分子质量的端异氰酸酯预聚物；第二步，预聚物在催化剂作用下与扩链剂反应，生成高相对分子质量聚氨酯或聚氨酯-脲嵌段共聚物。该方法与一步法相比，反应速度更容易控制，副反应少且毒性小，生成的 SMPU 具有更典型的硬-软-硬-软序列，同时物理性能更好。

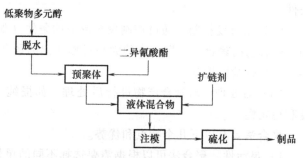

图 9-16　预聚物法合成 SMPU 工艺流程图

9.3.6 固相反应法

对于形状记忆陶瓷，例如氧化锆、钛酸钡、钛酸铅等陶瓷，制备方法多采用固相烧结法。固相烧结法是在高温下使混合的样品扩散反应，陶瓷晶粒长大并致密化的过程。该过程主要由元素扩散、晶界扩散、晶界迁移、晶粒重排等烧结机制组成。固相烧结法工艺简单、成本低廉，在形状记忆陶瓷、介电陶瓷制备中应用非常广泛。通过调整球磨时间、烧结气氛、烧结温度和烧结时间等工艺能有效地调控陶瓷的晶粒尺寸、致密度、缺陷类型等微观结构特性，对于改善陶瓷的形状记忆特性和铁电性能十分有益。形状记忆陶瓷的固相烧结法制备流程如图 9-17 所示。

制备过程中不同基质组分的陶瓷工艺略有差异，但基本步骤均同图 9-17。以钛酸钡基陶瓷为例，详细的制备步骤如下。

1) 将原料粉末置于干燥箱中 100℃烘干 12h 去除粉体中多余的水合物，然后按照化学

图 9-17 形状记忆陶瓷的固相烧结法制备流程图

计量比称量粉体，以无水乙醇为介质，将粉末和锆球混合均匀，在球磨机上高速球磨 24h。

2）将球磨后的粉体烘干，然后研磨均匀并过筛。再置于氧化铝坩埚里预烧，烧结的粉体不要压实，以免结块。

3）预烧后的粉体再次球磨，并烘干过筛。紧接着在部分粉体加入适量聚乙烯醇（PVA）造粒以增加粉体的黏结度和均匀度，从而避免压片过程中的分层和裂纹，有利于提高陶瓷的烧结质量和微观结构。

4）将造粒后的粉体过筛并装入模具中，在电动粉末压片机上以 1MPa 的压力将粉体压成圆片，圆片的直径和厚度根据模具大小可自由选择。制备过程中尽量使模具中的粉体平整夯实以减少破裂分层。再将上述圆片置于冷等静压机中以 200MPa 的压力进一步压实。

5）将压制好的圆片置于马弗炉中 600℃保温 10h 去除黏结剂 PVA。然后将陶瓷片置于坩埚中高温烧结以促进晶粒生长和致密化，其中烧结时将陶瓷埋入相同成分的粉体中以减少元素挥发。

6）利用砂纸和单盘金相研磨抛光机将烧结后的样品打磨减薄至不同厚度，以进行电学和力学性能测试。

与上述固相反应法类似，喷雾干燥法制备 ZrO_2 基形状记忆陶瓷也具有一定的优势。以制备成分为 16 mol% $Ce-ZrO_2$ 的形状记忆陶瓷颗粒为例。首先，将分子量约为 35000 的聚乙烯醇黏合剂溶解在 90℃蒸馏水中，随后冷却备用。依次加入商业分散剂 Darvan C-N、陶瓷粉末 ZrO_2 和 CeO_2（陶瓷粒径<100nm），然后通过高能球磨将水性浆料混合 24h，得到由 2wt% 的 PVA、2wt% 的 Darvan C-N 和 30wt% 的陶瓷粉末前驱体。紧接着利用加压的热氮气喷雾干燥陶瓷浆料。喷雾干燥器是 Büchi Mini 喷雾干燥器 B-290，喷嘴尖端直径为 0.7mm，压缩氮气压力为 100lbf/in^2（1lbf/in^2 = 6894.76Pa）。入口温度保持在 135℃，浆料进料速率约为 30mL/h。最后，将陶瓷粉末在 1500℃下退火 2h，颗粒的平均晶粒尺寸约为 1.7mm。

思 考 题

1. 形状记忆合金、聚合物、陶瓷三者的形状记忆效应机理的异同点是什么？

2. TiNi、FeMnSi、CuZnAl、MgLi 4 种形状记忆合金中，哪种更适合用在月球车上？为什么？

3. 真空熔铸法往往需要实现高真空环境，然后充入惰性保护气体，上述工艺对形状记忆合金的性能有哪些影响？

4. 形状记忆合金和形状记忆聚合物的后处理方法有哪些？目的是什么？

参 考 文 献

［1］ 由伟. 智能材料：科技改变未来［M］. 北京：化学工业出版社，2020.

［2］ 马景灵. 材料合成与制备［M］. 北京：化学工业出版社，2017.

［3］ 孙兰. 功能材料及应用［M］. 成都：四川大学出版社，2015.

［4］ LENG J, DU S. Shape-memory polymers and multifunctional composites ［M］. London：Taylor and Francis：CRC Press, 2010.

［5］ SUN Q, MATSUI R, TAKEDA Kohei, et al. Advances in shape memory materials ［M］. Cham：Springer Cham, 2017.

［6］ 席嫚嫚. 4D 打印 NiTi 形状记忆合金的成形及服役过程数学建模研究 ［D］. 武汉：华中科技大学, 2021.

［7］ 胡桢, 张春华, 梁岩. 新型高分子合成与制备工艺 ［M］. 哈尔滨：哈尔滨工业大学出版社, 2014.

［8］ LIU C, QIN H, MATHER P. Review of progress in shape-memory polymers ［J］. Journal of materials chemistry, 2007, 17 (16)：1543-1558.

［9］ ZAEEM M, ZHANG N, MAMIVAND M. A review of computational modeling techniques in study and design of shape memory ceramics ［J］. Computational materials science, 2019, 160 (12)：120-136.

［10］ DU Z, ZENG X LIU Q, et al. Superelasticity in micro-scale shape memory ceramic particles ［J］. Acta materialia, 2017, 123：255-263.

［11］ ANDREAS L, ROBERT L. Biodegradable, elastic shape-memory polymers for potential biomedical applications ［J］. Science, 2002, 296 (5573)：1673-1676.

［12］ ZHOU S, ZHOU D, GU R, et al. Mechanically interlocked ［c2］ daisy chain backbone enabling advanced shape-memory polymeric materials ［J］. Nature communications, 2024 (15)：1690.

［13］ 高鹏越. BaZrO$_3$ 坩埚真空感应熔炼 TiNi 形状记忆合金制备工艺及其组织性能的研究 ［D］. 上海：上海大学, 2021.

［14］ 张玉龙, 金学军, 徐祖耀, 等. Ce-Y-TZP 陶瓷中的马氏体相变与形状记忆效应 ［J］. 上海交通大学学报, 2001, 35 (3)：385-388.

［15］ ZOU B, LIANG Z, ZHONG D, et al. Magneto-thermomechanically reprogrammable mechanical metamaterials ［J］. Advanced materials, 2023 (35)：2207349.

［16］ COOPER C, NIKZAD S, YAN H, et al. High energy density shape memory polymers using strain-induced supramolecular nanostructures ［J］. ACS central science, 2021, 7 (10)：1657-1667.

［17］ DENG J, CHANG Z, ZHAO T, et al. Electric field induced reversible phase transition in Li doped phosphorene：shape memory effect and superelasticity ［J］. Journal of the american chemical society, 2016, 138 (14)：4772-4778.

［18］ 张翔宇. Co-Ni-Ga 形状记忆合金的相变行为及功能特性研究 ［D］. 北京：北京科技大学, 2023.

［19］ LIU G, ZHANG X, LU X, et al. 4D additive-subtractive manufacturing of shape memory ceramics ［J］. Advanced materials, 2023 (39)：2302108.

［20］ SHENG L, ZHANG G, YI X, et al. Successively loading stress induced martensite transformation and reorientation in Ti-V-Al based quaternary shape memory alloy ［J］. Journal of alloys and compounds, 2024998：174998.

［21］ 贾文静, 何博, 兰亮, 等. NiTi 基形状记忆合金增材制造技术研究进展 ［J］. 热处理, 2023, 38 (2)：1-7.

［22］ 杨超, 卢海洲, 马宏伟, 等. 选区激光熔化 NiTi 形状记忆合金研究进展 ［J］. 金属学报, 2023, 59 (1)：55-74.

［23］ 杨欣, 谢昕. 聚氨酯形状记忆聚合物的应用研究 ［J］. 新材料产业, 2022 (1)：25-28.

［24］ 张鹤鹤. Cu-Al-Ni 和 Cu-Zn-Al 多孔形状记忆合金的制备及性能研究 ［D］. 哈尔滨：哈尔滨工业大学, 2014.

［25］ 雷波. CuAlNi 形状记忆合金复合材料制备及性能研究 ［D］. 延安：延安大学, 2023.

［26］ 赵文彬. Mg-Sc 基轻质形状记忆合金马氏体相变机理及性能的理论研究 ［D］. 哈尔滨：哈尔滨理工

大学，2022.

[27] 涂德銮，崔立山，王燕华，等. $Ni_{25}Ti_{50}Cu_{25}$ 形状记忆合金的激光熔覆研究 [J]. 航空工程与维修，1999 (2)：45-46.

[28] 党明珠，向泓澔，蔡超，等. 4D 打印形状记忆合金研究进展与展望 [J]. 航空科学技术，2022, 33 (9)：94-108.

[29] 陈一哲，杨雨卓，彭文鹏，等. 形状记忆合金的应用及其特性研究进展 [J]. 功能材料，2022, 53 (5)：5026-5038.

[30] 刘艳芬. $Ni_{50}Mn_{25}Ga_{25-x}Fe_x$ 形状记忆合金纤维的相变行为及性能研究 [D]. 哈尔滨：哈尔滨工业大学，2015.

[31] 姜沐池，宫继双，杨兴远，等. $Ti_{30}Ni_{50}Hf_{20}$ 高温形状记忆合金的热变形行为 [J]. 金属学报，2024 (6)：1-17.

[32] 陈海洋. Ni-Fe-Ga-Co 与 Co-Ni-Ga 形状记忆合金的结构转变与超弹性机制研究 [D]. 北京：北京科技大学，2022.

[33] 郑烨昆，赵睿东，于超. Ni_4Ti_3 沉淀相对 NiTi 形状记忆合金相变行为的影响 [J]. 原子与分子物理学报，2024, 41 (6)：129-137.

[34] 沈毅. Ni-Mn 基磁性形状记忆合金的定向凝固组织与弹热效应研究 [D]. 宁波：中国科学院宁波材料技术与工程研究所，2020.

[35] 张纪雯，白永康，陈鑫. 光致形状记忆聚合物的研究进展 [J]. 中国科学：技术科学，2020, 50 (12)：1546-1562.

[36] 杨质. Ni-Mn 基和 Ti-Ni-Cu-Co 形状记忆合金弹热性能研究 [D]. 北京：北京科技大学，2021.

[37] 李森. NiTi 形状记忆合金的层流等离子增材制造工艺、组织与性能研究 [D]. 南京：东南大学，2020.

[38] 杨超，廖雨欣，卢海洲，等. NiTi 形状记忆合金的功能特性及其应用发展 [J]. 材料工程，2024, 52 (2)：60-77.

[39] 周靖祥. PLA 基热/电致响应形状记忆 FDM 线材制备与性能研究 [D]. 南昌：南昌大学，2023.

[40] 曹琪. 超支化聚氨酯储能和形状记忆材料的研究 [D]. 湘潭：湘潭大学，2006.

[41] 焦红倩，酒红芳，常建霞，等. 电热双敏型形状记忆石墨烯/聚氨酯/环氧树脂复合材料的制备及其性能 [J]. 过程工程学报，2016, 16 (1)：164-169.

[42] 高战蛟，李芝华，杨煜，等. 基于形状记忆聚合物复合材料的双向形状记忆行为 [J]. 宇航材料工艺，2023, 53 (1)：80-84.

[43] 王美庆，应三九，王倡春. 化学响应型形状记忆材料的研究进展 [J]. 中国材料进展，2018, 37 (5)：379-386.

[44] 卢唱唱，陈良哲，王冠楠，等. 形状记忆聚氨酯及其在智能包装中的应用展望 [J]. 包装学报，2019, 11 (1)：54-62.

第 10 章
其他功能材料

10.1　生物医用功能材料

10.1.1　生物医用功能材料概述

生物医用材料，是用于与生命系统接触和发生相互作用的，并能对其细胞、组织和器官进行诊断治疗、替换修复或诱导再生的一类天然或人工合成的特殊功能材料，又称生物材料。

生物医用材料在"十三五"和"十四五"国家重大科技计划中均有重要布局。我国生物医用材料产品市场份额占医疗器械万亿规模的 46%。作为高技术重要组成部分的生物医用材料已进入一个快速发展的新阶段，其市场销售额正以每年 16% 的速度递增，预计 20 年内，生物医用材料所占的份额将赶上药物市场，成为一个支柱产业。

迄今为止，被详细研究过的生物材料已有一千多种，医学临床上广泛使用的也有几十种，涉及材料学的各个领域。生物医用材料得以迅猛发展的主要动力来自人口老龄化、中青年创伤的增多、疑难疾病患者的增加和高新技术的发展。人口老龄化进程的加速和人类对健康与长寿的追求，激发了对生物医用材料的需求。目前生物医用材料研究的重点是在保证安全性的前提下寻找组织相容性更好、可降解、耐腐蚀、持久、多用途的生物医用材料。生物医用材料的应用如图 10-1 所示。

生物医用材料按用途可分为骨、牙、关节、肌腱等骨骼-肌肉系统修复材料，皮肤、乳房、食道、呼吸道、膀胱等软组织材料，人工心脏瓣膜、血管、心血管内插管等心血管系统材料，血液净化膜和分离膜、气体选择性透过膜、角膜接触镜等医用膜材料，组织黏合剂和缝线材料，药物释放载体材料，临床诊断及生物传感器材料，齿科材料等。

典型的生物医用材料如生物芯片，既要求生物兼容性好、可降解或可诱导再生的人体软、硬组织替换材料，同时又要求具有分子识别和特异免疫功能的血液净化材料和装置。骨科生物医用材料的特定要求包括生物相容性、特定的力学强度、可靠性、抗磨损性等，与骨

a) 3D打印人工器官

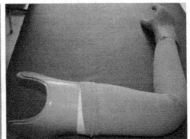
b) 纤维增强树脂假肢

c) PEEK材质人工关节

d) 复合材料应用于口腔医学

图 10-1　生物医用材料的应用

组织的结合包括形态结合、生物学结合、生物活性结合、骨性结合等。因而，生物材料的基本要求总结如下。

1. 生物相容性

生物相容性指材料在特定的应用范围内（如机体的特定部位）表现出的恰当的宿主反应。适当的宿主反应指的是生物材料在与组织和体液接触时表现出良好或和谐的行为。

根据医疗器械是否与血液或组织接触，生物相容性又可分为以下两种。

（1）血液相容性　血液（血浆蛋白、血细胞、血管内皮细胞）对外源性物质或材料产生符合要求的反应。

（2）组织相容性　材料与生物活体组织及体液接触后，不引起细胞、组织的功能下降，组织不发生炎症、癌变以及排异反应等。

新生物相容性内容的研究对材料的生物学评价提出新的要求，除了目前的 ISO 10993 标准外，新的评价方法将从以下几个方面展开：①生物医用材料对人体免疫系统的影响；②生物医用材料对各种细胞因子的影响；③生物医用材料对细胞生长、凋亡的影响；④降解控释材料对人体代谢过程的影响；⑤智能材料对人体信息传递和功能调控的影响；⑥药物控释材料、净化功能材料、组织工程材料的生物相容性评价。

2. 毒理学测试（低毒）

（1）体外实验（In Vitro，基于拉丁语，意思是在玻璃上）　用于评估生物材料在试管或受控人工环境中的生物功能性和生物相容性，即生物体外的受控环境。

（2）体内实验（In Vivo，基于拉丁语，意思是活着的）　生物材料的生物功能和生物相容性实验将在整个生物体的活组织中完成。

3. 生物材料的功能高度依赖于材料的某些特殊性能

如聚（α-羟基酸）可以被用作可控药物递送载体，原因是：①可以负载足量的药物；

②药物在基体中均匀分布；③药物和基体之间具有足够的结合能力；④药物释放可控；⑤在机体温度下可以长时间保持药物的完整结构和活性。

为了达到生物材料所需的功能和性能，需要考虑材料的各种性质——化学、物理和力学性能，降解性，稳定性，可加工性，可灭菌性等。

当代生物材料的发展不仅强调材料自身理化性能和生物安全性、可靠性的改善，而且更强调赋予其生物结构和生物功能，以使其在体内调动并发挥机体自我修复和完善的能力，重建或康复受损的人体组织或器官。生物活性陶瓷具有良好的生物相容性和生物活性，可用于骨科植入物、人工关节等领域，促进骨组织生长和修复。生物降解高分子材料具有生物降解性，可以在人体内逐渐降解，不需要二次手术取出，常用于缝合线、支架等领域，是医用高分子材料的重要方向。医用复合生物材料的研究重点包括强韧化生物复合材料和功能性生物复合材料；强韧化生物复合材料具有良好的力学性能和生物相容性，可用于组织修复和再生；功能性生物复合材料则具有特定的生物活性成分，具有治疗功能。带有治疗功能的羟基磷灰石（HA）生物复合材料研究重点是将 HA 等生物陶瓷与具有治疗功能的生物活性物质结合，用于骨科植入物等领域，旨在促进骨组织生长和修复的同时具有治疗效果。

以上研究都是为了开发具有优良的生物相容性、良好的力学性能和特定的生物学功能的材料，以满足生物医学领域中不同的临床需求，为医疗诊疗、组织工程和药物传递等领域提供新的解决方案。

10.1.2　生物活性陶瓷

活性生物医用材料是一类能在材料界面上引发特殊生物反应的材料，这种反应导致组织和材料之间形成化学键合。该概念是 1969 年美国人 L. Hench 在研究生物玻璃时发现并提出的，进而在生物陶瓷领域引入了生物活性概念，开创了新的研究领域。经过 50 多年来的发展，生物活性的概念在生物医用材料领域已建立了牢固的基础。

陶瓷生物医用材料包括陶瓷、玻璃、碳素等无机非金属材料。此类材料化学性能稳定，具有良好的生物相容性；根据生理环境中所发生的生物化学反应，生物陶瓷可分为 2 种类型，即生物惰性陶瓷和生物活性陶瓷，生物陶瓷种类和材料组成见表 10-1。其中，生物活性陶瓷已成为医用生物陶瓷的主要方向。

表 10-1　生物陶瓷种类和材料组成

种类		材料
生物惰性陶瓷		氧化铝（Al_2O_3），氧化锆（ZrO_2），碳素（C），氧化钛（TiO_2），氮化硅（Si_3N_4），碳化硅（SiC），硅铝酸盐（$Na_2O \cdot Al_2O_3 \cdot SiO_2$），钙铝系（$CaO \cdot Al_2O_3$）
生物活性陶瓷	表面生物活性陶瓷	高结晶度羟基磷灰石（$Ca_{10}(PO_4)_6(OH)_2$） 生物玻璃陶瓷（$SiO_2 \cdot CaO \cdot Na_2O \cdot P_2O_5$）
	生物吸收性陶瓷	磷酸三钙（$Ca_3(PO_4)_2$） 可溶性钙铝系（$CaO \cdot Al_2O_3$） 低结晶度羟基磷灰石（$Ca_{10}(PO_4)_6(OH)_2$） 掺杂型羟基磷灰石（$Ca_{10-n}Sr_n(PO_4)_6(OH)_2$）

生物活性陶瓷又叫生物降解陶瓷，包括表面生物活性陶瓷和生物吸收性陶瓷。表面生物活性陶瓷通常含有羟基，还可做成多孔性，生物组织可长入并同其表面发生牢固的键合。典型的生物活性陶瓷材料如下。

（1）磷酸盐类生物活性材料　以羟基磷灰石、磷酸三钙等为代表的磷酸盐类材料，由于与人体骨组成具有相似性，被广泛研究应用。

1）羟基磷灰石。羟基磷灰石 $[Ca_{10}(PO_4)_6(OH)_2]$ 是自然骨骼和牙齿的主要矿物组成部分，植入体内不仅能传导成骨，而且能与新骨形成骨键合，在肌肉、韧带或皮下种植时，能与组织密合，无炎症或刺激反应。钙/磷摩尔比为1.67，晶体为六方晶系，结构为六角柱体，单位晶胞中含有10个 Ca^{2+}、6个 PO_4^{3-} 和2个 OH^-，这些离子之间通过配位形成的网络结构，具有良好的稳定性。羟基磷灰石主要用于牙槽骨缺损、脑外科手术的修补填充、制造耳听骨链、整形手术、治疗骨结核等。

优点：有良好的生物相容性，安全无毒；具有优良的生物活性，能够引导新骨的生长。

缺点：力学强度较差，特别是断裂韧性较低；机械可加工性差；材料的降解性差，在磷酸盐类生物陶瓷材料中降解最慢。

2）磷酸三钙。磷酸三钙 $[Ca_3(PO_4)_2]$ 的钙/磷原子摩尔比是1.5，有 α-TCP 和 β-TCP 两种晶相。目前作为生物活性陶瓷广泛应用的是 β-TCP，属于三方晶系。常规的制备方法主要有固相反应法、液相反应法、醇化合物法、前驱体法等。β-TCP 的生物相容性良好，植入体内后能够与骨直接结合，且不会引起局部的炎症反应，在体内可被降解吸收并为新生组织代替，具有诱出特殊生物反应的作用，可以作为人体硬组织缺损修复和替代材料。材料钙磷比对其在体内溶解性和吸收有重要影响。磷酸三钙在体内的溶解度为羟基磷灰石的10~20倍，具体的降解速度可以通过调节磷酸三钙的孔隙率、晶粒尺寸、结晶度、掺杂元素等方式进行优化。

3）磷酸盐类骨水泥。

特点：自固化骨修复材料，具有低温固化和可塑形性。它能在体内形成蜂窝状结构，使组织长入，与骨形成牢固的生物性键合，可作为非承重的修复体使用。

优点：生物相容性好；具有一定强度；操作简便，可注射，可任意成形；固化过程放热小。

缺点：只能用于非承重骨缺损的修复；体内降解速率过慢。

（2）生物活性玻璃

1）45S5 生物活性玻璃。

主要成分（摩尔分数）：46.1%二氧化硅，24.4%氧化钠、26.9%氧化钙和2.6%五氧化二磷。

特点和应用：植入体内后，能够与人体骨之间形成强烈的化学键合，且不会引起排异、炎症、组织坏死等反应；界面结合能力达到12MPa；生物活性玻璃的成骨速度较快，一般一个月后骨矿物代谢就能进入高峰期。其常用于修复耳小骨、制备骨组织工程支架等。

2）溶胶-凝胶法生物活性玻璃。

优点：与熔融法相比，操作工艺简单，对设备要求低；化学组成为丰富结构多孔、低密度、高比表面；生物活性高。

应用：溶胶-凝胶法制备的生物活性玻璃中，氧化硅的含量可高达90%，钠、镁、锌、铝、硼、氟等元素都可以被添加到玻璃中，能诱导矿物的沉积，活化骨细胞的基因表达，加快骨细胞的增殖。它已被用于牙齿、颌面骨、椎间盘等临床治疗。

3）介孔生物活性玻璃。介孔是介于微孔和大孔之间，尺寸大小在 2~50nm 之间的孔。

应用：可应用于吸附装载生物大分子和各种药物，用于递送抗生素类的药物以应对植入部位可能的炎症感染等不良反应；可用于负载促进骨骼、血管新生的生长因子增强材料的生物学性能；若进一步借助聚合物模板、3D 打印等方法，可以得到用于骨组织工程的多功能支架。

10.1.3　生物降解高分子材料

真正的生物降解高分子是在水存在的环境下，能被酶或微生物水解降解，从而高分子主链断裂，分子量逐渐变小，以致最终成为单体或代谢成二氧化碳和水。

可降解高分子材料（包括天然高分子材料）的一般要求：①材料进入机体后，不会引起免疫反应和毒性反应；②材料的降解时间需要与材料在体内发挥作用的时间相匹配，最终代谢出体外；③材料的降解产物也需无毒、无免疫原性；④材料可加工性能良好。

易降解高分子结构通常为直链、橡胶态玻璃态、脂肪族高分子，而且具有低相对分子量和良好的亲水性（含有羟基、羧基的生物降解性高分子，不仅因为其较强的亲水性，而且由于其本身的自催化作用，所以比较容易降解）。此外，粗糙表面也可以促进材料的降解。难降解高分子则为交联的、结晶态、芳香族高分子，具有较高的相对分子量（由于低分子量聚合物的溶解或溶胀性能优于高分子量聚合物，因此对于同种高分子材料，分子量越大，降解速度越慢）和疏水性（在主链或侧链含有疏水长链烷基或芳基的高分子，降解性能往往较差），表面光滑。

影响材料生物降解性能的因素有环境因素和材料的结构。环境因素是指水、温度、pH值和氧浓度。水是微生物生成的基本条件，只有在一定湿度下微生物才能侵蚀材料。每一种微生物都有其适合生长的最佳温度。并且一般来说，真菌宜生长在酸性环境中，而细菌适合生长在碱性条件下。虽然很多环境因素会影响材料的降解性能，但是材料的结构是决定其是否能够生物降解的根本因素。

1）聚乳酸（Polytrimethylene carbonate，PLA）：对人体有高度安全性并可被组织吸收，加上其优良的物理力学性能，可应用在生物医药领域，如一次性输液工具、免拆型手术缝合线、药物缓解包装剂、人造骨折内固定材料、组织修复材料、人造皮肤等。

2）聚己内酯（Polycaprolactone，PCL）：具有良好的生物降解性、生物相容性和生物吸收性。因此，PCL 常被作为手术缝合线、骨科内固定器件、伤口敷料、微纳米药物递送系统、避孕药具和牙科材料。

3）聚乳酸-羟基乙酸共聚物（Poly lactic-co-glycolic acid，PLGA）：由两种单体——乳酸和羟基乙酸随机聚合而成，是一种可降解的功能高分子有机化合物。PLGA 有良好的生物相容性和生物降解性能且降解速度可控，在生物医学工程领域有广泛的用途，目前已被制作为完全可降解塑料手术缝合线、人工导管、药物缓释载体、组织工程支架材料等。

4）聚氨基酸（Polyamino Acid）：是一类由氨基酸单体构成的医用高分子，单体之间一般是由 α-氨基和羧基缩合的肽键连接。聚氨基酸具有与天然蛋白/多肽类似的二级结构，其降解产物是氨基酸单体，生物相容性良好。聚氨基酸由于其侧基可功能化的特点，目前常被用作药物和基因传输的载体。

5）聚乙醇酸（Polyglycolic Acid，PGA）：是一种具有良好生物降解性和生物相容性的合成高分子材料，体内逐渐降解为无害的水和二氧化碳。聚乙醇酸的生物医学应用主要表现在医用缝合线、药物控释载体、骨折固定材料、组织工程支架等。

6）聚磷腈（Polyphosphazenes）：主链由磷和氮原子交替组成，属于有机金属聚合物。通常是采用六氯环三磷腈开环聚合形成一个活泼的中间体聚二氯磷腈，然后与含胺基、烷氧基、羟基的化合物进行置换反应，得到稳定的高分子量聚合物。从材料的最终用途来分，聚磷腈主要包括药物控制释放载体和组织工程材料。

10.1.4　医用复合生物材料

医用复合材料又称为生物医用复合材料，它是由两种或两种以上不同材料复合而成的生物医学材料。制备此类材料的目的是进一步提高或改善某一种生物材料的性能，此类材料的特点包括轻质、高强度、生物相容性好、抗腐蚀、可塑性强等，使其主要用于修复及替换人体组织、器官或增进其功能，在人工关节、骨修复、牙科材料、心脏起搏器、医用成像器材等领域有广泛应用，正逐渐成为解决众多医学挑战的关键工具之一，引领着医疗器械、组织工程和药物递送等领域的技术革新。相比于传统的陶瓷、高分子和金属材料，复合材料可融合多组分的优点，实现功能的多样性和可选择性。

根据不同的基材，医用复合材料可以分为有机无机复合材料和聚合物基复合材料两大类。它们既可以作为生物复合材料的基材，又可作为增强体或填料，它们之间的相互搭配或组合形成了大量性质各异的生物医学复合材料。

有机无机复合材料主要包括生物玻璃和生物陶瓷。生物玻璃具有良好的生物相容性和力学性能，常被用于制造人工关节和牙科修复材料。生物陶瓷则常应用于骨修复领域，例如人工骨头植入。

聚合物基复合材料包括聚合物基纳米复合材料和纤维增强复合材料。聚合物基纳米复合材料在医疗领域中被广泛应用，如药物输送系统和生物成像。具体而言，通过将药物载体与纳米粒子结合，可以实现药物的定向释放，提高治疗效果。纤维增强复合材料常用于制造轻量、高强度的医疗设备，比如轻便且坚固的手术器械。

医用复合材料技术发展方面，当前的研究重点包括纳米技术在复合材料中的应用、生物活性物质的引入、多功能复合材料的设计等。

（1）纳米技术的应用　医用复合材料领域正在充分利用纳米技术，通过引入纳米级颗粒和结构来改善材料的性能。例如，纳米颗粒可以用于改变复合材料的力学性能、生物相容性和药物释放动力学。

（2）生物活性物质引入　研究人员致力于将生物活性物质引入医用复合材料中，以促进更有效的治疗和更好的植入物生物相容性。这可能包括将生长因子、药物或其他生物活性物质嵌入复合材料中，以实现更精准的医疗效果。

（3）多功能复合材料的设计　为了满足不同的医疗需求，研究人员正在设计多功能医用复合材料，具有多种性能。例如，一种复合材料可能同时具有药物释放、成像和生物传感功能，从而提高医疗设备的综合性能。

总体而言，医用复合材料领域正朝着更加智能、定制和功能多样的方向发展，以满足医学领域对高性能、个性化和创新性材料的不断需求。这些技术的发展有望进一步推动医用复合材料在医疗应用中的创新和广泛应用。

10.1.5 生物材料的功能化制备

几乎所有生物材料的应用都涉及其表面与生物环境的相互作用。材料的表面特性会影响生物材料的整体生物相容性和功能性。表面与环境之间相互作用的类型和强度反过来又决定了生物材料表面的设计策略。

表面修饰是指利用物理、化学或生物技术对活性微生物材料表面进行涂层或改性，以引入与其原始性能不同的其他目标功能。

生物材料表面研究的重点之一是蛋白质（蛋白质本身就属于生物大分子）与表面的相互作用。蛋白质吸附以及后续的细胞黏附是生物材料与人体组织接触时发生的初始事件。这些初始事件是生物材料发挥功能的关键，也可能是引发不良反应（如血栓、感染、炎症）导致生物材料应用失败的触发因素。另一方面，大分子表面改性技术被广泛研究应用于生物材料表面，用于增强生物材料的功能性，减少不良反应的发生。研究大分子-生物材料表面相互作用的一个经典案例来自血液接触材料。当材料与人体血液接触时，首先在表面发生快速的非特异性蛋白质吸附，随后这些蛋白质中的一部分会诱导血小板吸附和血栓形成。常采用的策略：①构建一个"惰性表面"来防止蛋白质吸附，即消除不必要的蛋白质吸附是抑制血液接触材料表面发生不良反应的关键，如在材料表面构建亲水聚合物层，该层屏蔽暴露的基材表面并形成水合外壳以防止蛋白质的吸附，在这方面，聚乙二醇（PEG）和聚（甲基丙烯酸羟乙酯）（PHEMA）以及电中性的两性离子表面是研究的重点；②基于仿生原理构建结合特定蛋白质并抵抗非特异性蛋白质吸附的"生物活性表面"，例如肝素表面研究最为深入并实现了商业化，被应用于人工血管、支架、ECMO等血液接触类器械。"活性表面"的另一个有趣设计来自对人体纤维蛋白溶解系统的模仿。此外，大分子改性的挑战还来自修饰策略的实用性。例如通过经典的表面引发聚合获得的亲水聚合物刷通常非常薄。这种聚合物刷在平面材料的修饰和测试（通常在石英表面上制备）中表现出非凡的润滑性能，但在实际摩擦中通常缺乏耐磨性。这是因为实际的摩擦界面是凹凸不平的，施加足够大的压力会导致聚合物刷润滑性能的丧失，甚至破坏聚合物刷与基材之间的共价连接。因此，市售的亲水性润滑涂层优选在材料表面制备吸水聚合物薄层。这种亲水聚合物层不是完全交联的，而是通过光或热将亲水性大分子，如聚乙烯吡咯烷酮和聚丙烯酰胺等，适度交联于基材表面。这一策略在确保聚合物层良好吸水性和牢固度的同时赋予聚合物链一定程度的自由运动性，从而使其具有出色的润滑性（见图10-2）。

10.1.6 生物材料的3D打印

3D打印技术（又称快速成型技术）正以前所未有的速度迅猛发展，已成为制造各种医疗领域产品的多功能且有利的平台。3D打印技术发展过程中，制约其发展的主要因素有打

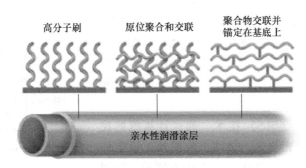

图 10-2　亲水性润滑涂层从实验室到产品转化中所采用的制备原理

印材料和打印工艺。经过多年的发展，3D 打印生物材料已广泛应用于临床医疗实践。临床常见的 3D 打印生物材料主要有金属、工程塑料、光敏树脂、生物塑料、高分子凝胶等。

（1）3D 喷印技术　3D 喷印技术是根据电流体动力学原理，使用特定的喷头、喷印流态材料，直接形成模型器件的技术。打印材料是液态，并且通过液滴的形式从喷头喷射出来。常用生物材料有羟基磷灰石、α-TCP、β-TCP、PVA、PEG 和 PEG 水凝胶等。医学应用范围为蛋白质、核酸等生物分子的打印，如图 10-3 所示。

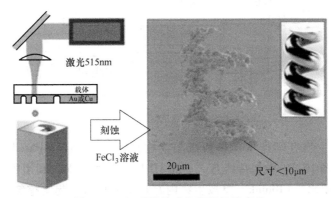

图 10-3　3D 喷印技术打印螺旋形产品

（2）光固化成型技术　光固化成型技术原理和喷墨打印相类似，以液态光敏树脂为原料，通过紫外光扫描液态光敏树脂使其固化，层层叠加，形成所需的模型，如图 10-4 所示。常用生物材料为光敏树脂。医学应用范围为医疗模型的构建。

（3）熔丝沉积成型（FDM）技术　基本原理是在计算机的控制下，将在喷头里已经加

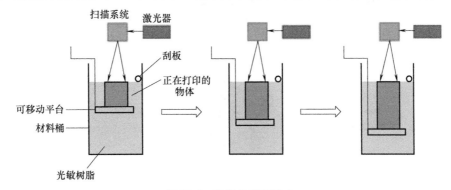

图 10-4　光固化成型技术

热熔化的丝线状或粒状材料形成的熔体均匀喷洒出来，迅速冷切成型，塑形做成已经设计好的模型，如图 10-5 所示。常用生物材料有尼龙、PVA、聚碳酸酯等。医学应用范围为软骨组织、骨组织的再生、抗生素的递送和假肢等。

（4）激光选区烧结（SLS）技术　通过计算机的控制，对粉末材料进行激光加热、烧结，按照预先设定好的程序逐层累积形成所需的模型，如图 10-6 所示。常用生物材料有陶瓷、金属和聚酰胺等。医学应用范围为药物输送和组织工程。

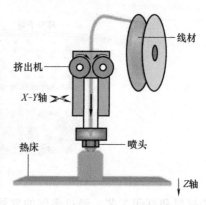

图 10-5　熔丝沉积成型技术

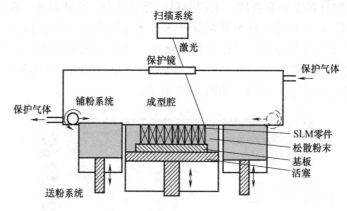

图 10-6　激光选区烧结技术

（5）挤压成型生物打印技术　挤压成型生物打印（Extrusion-Based Bioprinting，EBB）技术的工作原理（图 10-7）类似传统意义上的 3D 打印技术 FDM，利用机动或气动的方式产生压强，将生物"墨水"（Bioink，模拟生物内在环境的材料，起支撑细胞的作用）从针头

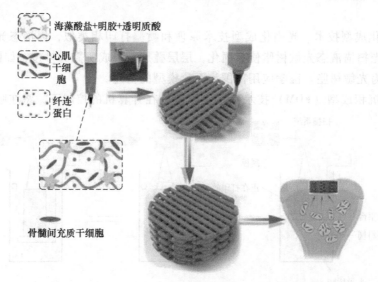

图 10-7　挤压成型生物打印技术

挤出来。常用生物材料有胶原蛋白、透明质酸、海藻酸盐、PEG、明胶和壳聚糖等。医学应用范围为主动脉瓣、神经组织、肌肉组织、骨头和植入物等。

临床上用于3D打印的生物材料有以下几种。

1. 天然聚合物

常用的天然聚合物是藻酸盐、明胶、胶原蛋白、壳聚糖和透明质酸等。天然聚合物具有良好的生物相容性，可以容纳液体，并且可以轻松溶解在不同的溶剂中，例如磷酸盐缓冲液和细胞培养溶液，从而使它们对组织更加友好。由于这些特性，可以以逐层的方式打印它，生成一个模型，如果放置在稳定的环境中，该模型将模仿自然器官。除此之外，当提供受控环境（例如常温、充足的水和适当的生长培养基）时，它们可以模仿细胞或组织，经历增殖、成熟和分化，并与周围组织结构相适应。

2. 金属和合金

用于3D打印的金属粉末材料主要有不锈钢、钛合金、钴铬合金、钼钛合金、钴铬钼合金等，较成熟的3D金属打印技术主要有激光选区熔化、电子束选区熔化和激光近净成形等。金属多用于人体植入物、抗感染、癌症治疗、医学成像、药物输送、骨组织工程和生物传感器等方面，在满足人体安全性的前提下，还需满足抗腐蚀性、力学性能、生物功能性、生物相容性等要求，在生物医学领域具有广泛的发展前景。

3. 光敏树脂

光敏树脂主要利用SLA技术合成，目前还存在很多问题。光敏树脂由光引、预聚物、单体及少量添加剂等组成，具有耐腐蚀、光洁度高、打印精度高、成型速度快、尺寸可调等优点，目前主要用于医学模型的铸造，便于临床手术和教学等。

4. 生物塑料

3D打印生物塑料主要有聚乳酸、聚（乙二醇）二丙烯酸酯和聚己内酯等。生物材料具有良好的生物可降解性、生物相容性，普遍用来打印生物工程支架，如心脏支架、骨支架等。

5. 高分子凝胶

纤维素、蛋白胨、海藻酸钠、聚丙烯酸等都是高分子凝胶。高分子凝胶具有更好的生物相容性以及与人体软组织相仿的力学性能，用于生物工程支架时，能促进细胞黏附和生长，生物降解性好，也可用于药物的可控释放。

6. 生物陶瓷材料

羟基磷灰石（HA）和磷酸钙（CaPs）、氧化锆和氧化铝均为生物陶瓷材料。3D打印多孔陶瓷有利于满足患者对轻量化、多功能材料的需求。其中，HA与骨骼和牙齿的无机成分相似，具有良好的生物相容性、骨传导、骨诱导、可降解性，常用于骨缺损修复，是应用最广泛的人工骨替代材料。

10.2　催化功能材料

10.2.1　催化材料概述

催化剂是一种能够改变一个化学反应的反应速度，却不改变化学反应热力学平衡位置，本身在化学反应中不被明显地消耗的化学物质。通过提供活性位点、调控反应物的构型或促进分子间相互作用等方式，降低化学反应的能垒，加速反应速率。它们不直接参与反应，而是在反应过程中提供一个更有利的反应路径。催化剂的概念于 1836 年由 Berzelius 提出，1894 年 Ostwald 首次给出科学定义，20 世纪才取得巨大的发展。目前，催化材料在化学工业、能源领域、环境保护、医药和食品工业等方面有广泛应用，如在石油加工中用作裂化剂，在汽车尾气处理中用作催化转化剂，在药物合成中用作合成催化剂等。当前催化材料的研究方向包括设计新型高效的催化剂、提高催化活性和选择性、探索催化反应的机理、开发环境友好型催化剂等。随着科学技术的发展，催化材料的研究和应用前景将继续拓展和深化。

10.2.2　催化材料的分类

催化材料通常可以按照不同的分类方式进行归类。根据其催化机理、工作原理进行分类，主要包括光催化材料、电催化材料以及生物催化剂等。

（1）光催化材料　光催化材料是指在光照条件下能够促进化学反应的材料。它们通常是半导体材料或光敏剂，吸收光能后产生电子-空穴对，从而促进化学反应的进行。光催化材料广泛应用于水处理、环境净化、光催化水解产氢等领域。

（2）电催化材料　电催化材料是指在电化学条件下能够促进化学反应的材料。它们通常是电极材料，能够在电极表面提供活性位点，促进氧化还原反应的进行。电催化材料在燃料电池、电解水制氢、电化学传感器等领域具有重要应用。

（3）生物催化剂　生物催化剂是一种以生物体内的酶为基础而制成的催化剂，具有绿色环保、高效益等特点，适用于食品、医药、化学工业等各个领域中的生化反应。

此外，根据催化材料的物理状态和化学性质，可以将其分为均相催化剂和异相催化剂。均相催化剂与反应物处于同一相，通常是气体或液体；异相催化剂则存在于反应物之外，常见的是固体催化剂。

催化材料根据化学组成，常见类型包括金属催化剂、金属氧化物、酶、分子筛、离子交换树脂等。例如酸碱催化剂是一种通用的催化剂材料，包括铝、硅、钛、锆等酸性催化剂和纳米二氧化钛、氢氧化锌等碱性催化剂，在不同的反应中具有不同的催化活性和选择性，广泛应用于如油田化学、生化工程、气相色谱分析、环境保护等领域。

以上是一些常见的催化材料分类，每种类型的催化材料都有其特定的催化机理和应用领域，可以根据具体的研究或应用需求进行催化剂的合理设计，进而提高催化反应的效率和选择性。

10.2.3　光催化的基本原理

光催化是利用光能进行物质转化的一种方式，是物质在光和催化剂共同作用下所进行的化学反应。经过几十年的发展，光催化在污染物降解、重金属离子还原、空气净化、CO_2 还原、太阳能电池、抗菌、自清洁等方面得到广泛应用，是国际上热门的研究领域之一。

光催化技术的原理如图 10-8 所示，当含有足够能量的光入射至半导体表面（入射光光

子能量 $h\nu$ 大于带隙能量 E_g）时，半导体能带受光能激发，电子从价带跃迁至导带，进而产生具有氧化能力和还原能力的光生空穴（h^+）和光生电子（e^-）。h^+ 和 e^- 统称为光生载流子，这些光生载流子可以在电场作用和扩散作用下在半导体内运动。其中一部分光生电子和光生空穴之间会发生复合，复合时产生的能量将以光能或者热能的方式散发出去。在催化材料内部发生的复合称为体内复合，在催化材料表面发生的复合称为表面复合。而另一部分迁移到表面的光生电子和空穴会与催化材料表面吸附的物质分别发生还原和氧化反应。通常，价带上产生的光生空穴具有很强的氧化能力，可将表面吸附的有机大分子直接氧化

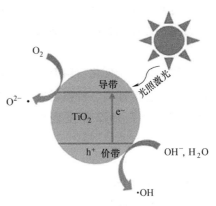

图 10-8　光催化技术的原理图

为小分子甚至二氧化碳和水。同时光生空穴能将催化材料表面的水（H_2O）氧化成羟基自由基（·OH），产生的·OH 再对催化材料表面吸附的有机物进行氧化。而导带上产生的光生电子则具有很强的还原能力，同光生空穴的作用类似，它不仅能够直接还原有机大分子，而且能够与催化材料表面的吸附氧（O_2）反应产生超氧自由基（·O_2^-），同样可以实现有机大分子的氧化分解。

半导体一般由填满电子的低能价带（Valence Band，VB）和空的高能导带（Conduction Band，CB）构成，价带和导带之间存在禁带。当用能量等于或大于带隙能 E_g 的光照射半导体时，半导体吸收光子能量，价带上的电子被激发跃迁至导带，在价带上产生相应的空穴，从而产生 e^-–h^+ 对，电子和空穴要么迁移到表面，进一步参与氧化还原反应，要么发生再复合，这些电子、空穴往往只有纳秒级的寿命。

光催化过程可能会涉及的化学反应式如下：

$$\text{光催化剂} + h\nu \longrightarrow e^- + h^+ \tag{10-1}$$

$$H_2O \longrightarrow H^+ + OH^- \tag{10-2}$$

$$h^+ + H_2O \longrightarrow H^+ + \cdot OH \tag{10-3}$$

$$h^+ + OH^- \longrightarrow \cdot OH \tag{10-4}$$

$$e^- + O_2 \longrightarrow \cdot O_2^- \tag{10-5}$$

$$\cdot O_2^- + H^+ \longrightarrow H_2O\cdot \tag{10-6}$$

$$2H_2O\cdot \longrightarrow O_2 + H_2O_2 \tag{10-7}$$

$$H_2O\cdot + H_2O + e^- \longrightarrow OH^- + H_2O_2 \tag{10-8}$$

$$H_2O_2 + e^- \longrightarrow \cdot OH + OH^- \tag{10-9}$$

理想的光催化材料应该满足以下特点：

1）具有合适的带隙宽度，使之能够较好的吸收光能。

2）具有合适的能带位置，确保光催化材料能够发生氧化还原反应。

3）具有良好的稳定性，避免催化材料的光腐蚀。

4）制备简单、对环境友好、价格相对低廉。

因此，增强光催化作用的机制可归结为 3 种：优化半导体受激发电子的收集者和传递途

径、拓宽半导体的光吸收范围、增强吸附反应物的能力。

常见的光催化材料有下面几种。

1. 金属氧化物

金属氧化物光催化材料有 TiO_2、Fe_2O_3、WO_3、ZnO、Cu_2O、SnO_2 等。TiO_2 因其化学性质稳定、催化活性高、价格低廉、无毒无污染等优点而备受人们的青睐，是当今研究最多的光催化剂，除了 1972 年发表在 *Nature* 上的开山之作，更有 3 篇关于 TiO_2 的文章发表在 *Science* 上。

2. g-C_3N_4

2009 年，研究人员首次发现石墨相氮化碳（g-C_3N_4）材料的光催化产氢效果显著，使得其在光催化领域的研究引起了轰动。g-C_3N_4 作为一种非金属半导体光催化剂，具有合适的禁带宽度，能在可见光下响应，其化学稳定性、热稳定性良好，可用于光催化有机合成、光催化降解有机污染物和光催化分解水制氢等。

3. 金属硫化物

CdS、ZnS 和 MoS_2 是硫化物在光催化领域应用中的代表性材料，具有能带可调的特点，当其由多层变为单层时，其禁带宽度变宽，光学和电学性能也会发生改变。单纯这些半导体材料的光催化性能不高，主要是和其他的光催化剂如 TiO_2、SnO_2、ZnO 等进行复合，得到性能更好的复合半导体光催化剂。

4. 铋基光催化剂

铋基光催化剂具有良好的可见光利用率，稳定的化学性质以及适中的导带和价带位置，成为光催化研究的热点之一。铋基催化剂中，卤氧化铋 BiOX（X = Cl、Br、I）材料具有独特的层状结构，有助于提高其光催化活性。$BiVO_4$、Bi_2WO_6、Bi_2MoO_6 等也因其可见光催化性能而受到广泛研究。

5. 其他光催化材料

金属有机骨架（MOF）材料、共价有机框架（COF）材料、二维材料 MXene 等新型纳米材料在光催化领域也有所运用。金属离子掺杂 MOF 材料，可用于 H_2O 分解、CO_2 还原和有机转化。MXene 由于具有良好的电子传导性、结构稳定性以及较大的比表面积，可作为助催化剂提升光催化性能。目前，MXene 已经被用于光催化降解环境污染物、产氢、CO_2 还原等方面的研究。

10.2.4 电催化及电催化反应

电催化是一种利用外部电场或电流来促进化学反应进行的催化过程。在电催化中，电流通过催化剂表面或反应溶液中的电极，改变催化剂的电子状态或表面活性，进而影响化学反应的进行。电催化通常涉及电化学反应，其中电子转移和化学反应紧密耦合。

电催化反应主要包括电解水中的析氢反应（Hydrogen Evolution Reaction，HER）、析氧反应（Oxygen Evolution Reaction，OER），燃料电池中重要的半反应——氧还原反应（Oxygen Reduction Reaction，ORR）以及电催化二氧化碳还原反应。无论应用的领域是哪种电催化反应，催化剂均是核心，电催化研究的首要任务就是设计并制备出对特定反应具有高活性、高选择性和长寿命的电催化剂。经过多年发展，目前常用的电催化剂主要分为贵金属、过渡金属和非金属催化剂。

贵金属催化剂主要包括 Pt、Ir、Pd、Ru 和 Rh 等。Pt 单质表现出优异的析氢性能，Pt 的氢吸附中间体的自由能基本上接近理想数值零，因此催化活性最高，工业电解水多以 Pt/C 为析氢催化剂，很多研究的 HER 催化剂也和 Pt/C 的性能进行对比。IrO_2 和 RuO_2 是商业应用的 OER 催化剂，也是众多研究中比对的基准。虽然贵金属催化剂有很多优点，但是在应用时也发现了一些问题，如价格昂贵、制备成本高。此外，贵金属容易聚集而失去活性，且聚集的颗粒不能暴露活性位点，导致催化活性和稳定性降低。为了解决这些问题，目前主要通过减少贵金属催化剂的负载量以降低催化剂成本，同时引入其他基质，提高贵金属催化剂的分散性。

过渡金属催化剂包括过渡金属氢氧化物、氧化物、硫化物、磷化物以及合金。钼是一种用于氮还原反应（Nitrogen Reduction Reaction，NRR）的过渡金属，一些基于钼的分子配合物已被开发用于电催化合成氨，如氧化钼、氮化钼、碳化钼和硫化钼都可用于 NRR，其中 MoS_2 研究最为广泛。

非金属催化剂主要包括碳基催化剂以及一些硼基和磷基催化剂。通常，碳基催化剂具有多孔结构和较大的表面积，有利于暴露更多的活性位点，并为质子和电子的传递提供了丰富的通道。氧化石墨烯表面和边缘的各类含氧官能团以及一些缺陷，使其具有不同的电学性质和催化活性，研究人员利用各类化学改性及化学成键的方式把其他有益的成分修饰在氧化石墨烯的表面官能团上，制备出新型电催化剂。

在以上 3 类电催化剂中，二维超薄纳米片结构材料在催化领域的应用极其广泛，高比表面积、大量暴露的活性位点、无堆叠的结构特点使其具有天然的催化优势，以二维材料为基底的单原子催化剂也已经成为电催化的研究热点。

研究人员以石墨炔为基底，进行单个硼、氮原子掺杂后发现其可以将 CO_2 还原为乙烯。少层黑磷纳米片由于具有较多活性位点和较弱的 HER，使其对 NRR 具有较好的活性和选择性。

MoS_2 的边缘是电催化反应的活性位点，可用于电催化 NRR。此外，MXenes 材料具有良好的力学性能和大的比表面积，其导电性和基面上丰富的活性位点在电催化发展方面发挥着重要作用。MXene 材料已被证明可以用于电催化 HER/OER/ORR。

10.2.5　常用的催化剂制备方法

（1）气相法　气相法包括物理气相沉积（PVD）、化学气相沉积（CVD）、液相外延生长（Liquid Phase Epitaxy Growth，LCG）、分子束外延（MBE）和溅射法等。它们具有许多优点，包括原子级混合和相互作用、控制晶粒尺寸、形貌和取向、精确控制化学计量以及物理化学均相性。然而，这些气相方法也有一些缺点，包括复杂和昂贵的设备和工艺要求，真空条件的必要性以及样品尺寸和形状（通常是薄膜）的限制。

（2）液相法　液相法包括溶胶-凝胶法、微乳液法、水热处理法、醇盐水解法和液相沉淀法等。这些方法具有一系列的优点，除了上述气相法的优点外，还使得样品具有更大的灵活性，可以制备成粉末、薄膜和泡沫等形态，同时液相法的基础设施和工艺选项还具有简单和便宜的优点。在研究暴露面对单个单晶晶粒的影响时，样品形式灵活性的重要性变得明显，不同的晶面表现出不同的光催化活性。不同液相法的优缺点具体见表 10-2。

表 10-2　不同液相法的优缺点

制备方法	优点	缺点
溶胶-凝胶法	粒径小，分布窄，晶型为锐钛矿型，纯度高，热稳定性好	利用有机溶剂控制水解速度，成本较高
醇盐水解法	常温进行，设备简单，能耗少，纯度高	成本较高，需要大量的有机溶剂来控制水解的速度
微乳液法	可有效控制二氧化钛颗粒的尺寸	易团聚
液相沉淀法	颗粒完整，粒径小，分布均匀，对原料要求不高，成本相对较低	工艺流程长，废液多，产物损失较大，纯度低
水热处理法	粒径小，原料便宜易得	反应条件为高温、高压，对材质要求高

（3）其他方法　其他方法包括机械化学、电子旋转和电化学方法。利用机械化学方法制备复合金属氧化物光催化剂。球磨是最常用的机械化学方法，因为它简单，适合大批量生产。Venkatesan 等人通过球磨 Bi_2O_3 和 V_2O_5 制备晶粒尺寸小于 50nm 的单斜晶系 $BiVO_4$。Hu 等人通过研磨 $SrCO_3$ 和 TiO_2 合成了平均晶粒尺寸为 27nm 的立方钙钛矿 $SrTiO_3$，但由于载体和介质的磨损，会引入杂质，从而影响光催化性能。

10.3　新能源材料

日益增长的能源需求和不可再生能源的消耗已成为当今社会的主要矛盾，利用和开发更加环保、可再生、高效的各种能源成为一个迫切需要解决的问题。新能源又称非常规能源，指传统能源之外的各种能源形式，主要包括开始开发利用或正在积极研究、有待推广的能源，如太阳能、地热能、风能、海洋能、生物质能和核聚变能等。相对于传统能源，新能源普遍具有污染少、储量大的特点，这对于解决当今世界严重的环境污染问题和资源（特别是化石能源）枯竭问题具有重要意义。在现代科技和工业发展中，3 类重要的新能源材料如固体氧化物燃料电池（Solid Oxide Fuel Cell，SOFC）材料、太阳能电池材料以及其他新能源材料扮演着关键角色。

10.3.1　固体氧化物燃料电池材料

固体氧化物燃料电池（SOFC）属于第三代燃料电池，是一种在中高温下直接将储存在燃料和氧化剂中的化学能高效、环境友好地转化成电能的全固态化学发电装置，是几种燃料电池中理论能量密度最高的一种，被普遍认为是在未来会与质子交换膜燃料电池（Proton Exchange Membrane Fuel Cell，PEMFC）一样得到广泛普及应用的一种燃料电池。

SOFC 工作时，以重整气（氢气和 CO 的混合物）为燃料，在电池内部发生以下反应。在阴极，氧分子得到电子被还原为阳离子，即

$$O_2 + 4e^- \rightarrow 2O^{2-}$$

(10-10)

氧离子在电解质隔膜两侧电位差与浓差驱动力的作用下，通过电解质隔膜中的氧空位，

定向跃迁到阳极侧并与燃料进行氧化反应，即

$$H_2 + O^{2-} \rightarrow H_2O + 2e^- \qquad (10\text{-}11)$$

$$CO + O^{2-} \rightarrow CO_2 + 2e^- \qquad (10\text{-}12)$$

总反应为

$$H_2 + CO + O_2 \rightarrow CO_2 + H_2O \qquad (10\text{-}13)$$

固体氧化物燃料电池在 600~1000℃ 条件下工作，不但电催化剂无须采用贵金属，而且还可以直接采用天然气、气化煤气和碳氢化合物作燃料，简化了电池系统。

固体氧化物燃料电池的研究关键是电池材料，如固体电解质薄膜和电池阴极材料，还有质子交换膜型燃料电池用的有机质子交换膜等。

（1）电解质材料　最常用的 SOFC 电解质材料是氧化钇稳定氧化锆（YSZ）。YSZ 具有良好的氧离子导电性和化学稳定性，但其高工作温度（800~1000℃）限制了其应用。为降低工作温度，研究者们开发了掺杂钇的氧化镧（LSGM）等新型电解质材料，这些材料在中温范围（600~800℃）具有较高的离子导电性。

（2）电极材料　SOFC 的阳极通常由镍与 YSZ 的复合材料制成，具有高导电性和催化活性。阴极材料则多采用掺钙的氧化钙钴（LSC）或掺锶的氧化镧镧（LSCF）等，这些材料在降低极化损失方面表现优异。

未来，SOFC 材料的研究将集中于开发低温高导电性的电解质材料和高稳定性的电极材料，以提升整体效率并降低成本。

10.3.2　太阳能电池材料

太阳能电池是将太阳能直接转化为电能的装置，主要分为硅基太阳能电池、薄膜太阳能电池和新型太阳能电池材料。

光伏材料中可做太阳电池的材料有单晶硅、多晶硅、非晶硅、GaAs、GaAlAs、InP、CdS、CdTe 等，用于空间的有单晶硅、GaAs、InP，用于地面已批量生产的有单晶硅、多晶硅、非晶硅，其他尚处于开发阶段。目前致力于降低材料成本和提高转换效率，使太阳能电池的电力价格与火力发电的电力价格竞争，从而为更广泛更大规模的应用创造条件。几种常见的太阳能电池如下。

（1）敏化太阳能电池　敏化太阳能电池的原理为：当太阳光照射到电池表面时，会穿过电池的导电玻璃，紧贴着导电玻璃的是半导体电极，吸附于半导体电极表面的燃料分子受激发，由基态跃迁到激发态，然后将一个电子注入半导体电极的导带中，并在负极逐渐积聚；电解液中的给体夺取对电极上的电子，带上负电，染料分子失去电子之后就会夺取电解液中给体的电子，使自身恢复；失去电子的给体扩散至对电极，重新夺取对电极上的电子，使对电极上的正电荷不断积聚，如果此时有一负载连接起负电极和对电极（即正电极），电子就会从负电极向对电极定向移动，形成电流。具体过程如图 10-9 所示。

图 10-9 中，S 表示基态染料分子，S^* 表示激发态染料分子，S^+ 表示带一个单位正电荷的染料分子，e^- 表示电子，A 表示电解液中的给体，A^- 表示带一个单位负电荷的给体，$h\nu$ 表示光子能量。

敏化太阳能电池具有成本低、无污染、生产工艺简单和使用寿命长等优点，是一种相当

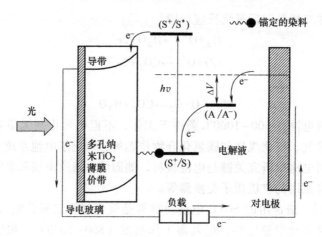

图 10-9　敏化太阳能电池的原理

有潜力的光伏产品。但因为其转化效率还是低于硅晶体太阳能电池的转化效率，因此其使用不如硅晶体太阳能电池广泛。

（2）塑料太阳能电池　塑料太阳能电池的工作原理与半导体太阳能电池类似，即在一块塑料上将一部分掺杂成 N 型，一部分掺杂成 P 型，制成 PN 结。PN 结在光子作用下产生激子，通过内建电场使激子分离成正电荷和负电荷，然后在 PN 结两端不断积聚正电荷和负电荷，实现光电转换。

目前常见的塑料太阳能电池材料有聚苯撑乙炔、聚噻吩衍生物等。

1977 年，东京工业大学的科学家白川英树在一次学术会议上用一张聚乙炔薄膜作为导线接通了一个小灯泡，震惊了全场。虽然很早人们就发现有些聚合物可以作为导体，但也只有在电子工业蓬勃发展的时期，人们才能认识到这项发现的意义。白川英树也因在导电高分子材料方面的贡献获得了 2000 年的诺贝尔化学奖。目前，用塑料做成的电子器件已经有一小部分投入了商业化。

塑料作为太阳能材料具有十分显著的优势：首先，塑料的价格便宜，合成工艺也不复杂，太阳能电池的成本可以显著地降下来；其次，加工性能好，塑料可以很方便地加工成膜或者片，便于大面积推广；最后，电池的性质易于改变，通过掺入杂质可以很方便地将其加工成 N 型或者 P 型。而塑料太阳能电池目前存在的最大问题是效率过低，这一主要缺点使塑料太阳能电池的推广还有很长的路要走。

（3）无机太阳能电池　硅基太阳能电池是最常见的无机太阳能电池，具有高转换效率和长期稳定性。单晶硅和多晶硅是其主要材料，前者具有较高的光电转换效率，但成本较高；后者成本较低，但效率略差。

硅太阳能电池虽然以其成本优势成为光伏材料中的翘楚，但其缺点也异常明显。首先，晶体硅是间接带隙半导体，对于间接带隙半导体来说，如果要将一个价带顶的电子激发到导带底，只有同时激发一个声子，才能保证能量守恒，而激发声子的过程是一个二级过程，相比于电子在同一个 k 点的跃迁，其发生的概率要小很多。其次，晶体硅的带隙大小大约为 1.1eV，这与太阳能电池的最优带隙 1.45eV 还是存在差距的。

克服以上缺点，一个办法是对硅进行掺杂，以便得到能带结构比较理想的材料；另一个办法则是通过能带结构逆向设计方法，试图找到其他相结构的硅。

当然，科学家的眼光不仅仅局限于硅，在单晶硅太阳能电池被发现后，人们又陆续发现了其他的一些半导体也可以作为很理想的太阳能电池材料，例如 GaAs、InP、CdTe 和 $CuInS_2$ 等。这些材料的成本显然无法和硅相比，但是到目前为止，许多已经实现了一定的产业化。$CuInS_2$ 的能带结构已接近光伏材料的最佳标准（直接带隙半导体，带隙大小约为 1.5eV），黄铜矿的产地遍布全球，这就保证了黄铜矿作为光伏材料所具有的极大的成本优势，黄铜矿可能在未来的能源革命中大有作为。

10.3.3　其他新能源材料

其他新能源发电主要是风力发电、地热能发电和生物质能发电等。以下是几种主要的新能源发电技术及其所需的关键材料。

（1）风力发电　风力发电是一种利用风力驱动风力发电机转动，将风能转化为电能的可再生能源发电方式。它是当前发展最快、最具潜力的新能源技术之一。风力发电机叶片是风力发电机中最基础和最关键的部件，在风力发电机中，叶片的设计直接影响风能的转换效率和年发电量，是风能利用的重要一环。恶劣的环境和长期不停地运转，对叶片的要求有：①密度轻且具有最佳的疲劳强度和力学性能，能经受暴风等极端恶劣条件和随机负载的考验；②叶片的弹性、旋转时的惯性及其振动频率特性曲线都正常，传递给整个发电系统的负载稳定性好，不得在失控（飞车）的情况和离心力的作用下拉断并飞出，不得在风压的作用下折断，也不得在飞车转速以下范围内产生引起整个风力发电机组的强烈共振；③叶片的材料必须保证表面光滑以减小风阻，粗糙的表面也会被风"撕裂"；④不得产生强烈的电磁波干扰和光反射；⑤不允许产生过大噪声；⑥耐腐蚀、紫外线照射和雷击性能好；⑦成本较低，维护费用低。

常用的叶片材料包括玻璃纤维增强塑料和碳纤维增强塑料。玻璃纤维增强塑料（Glass Fiber Rein_x001F_forced Plastics，GFRP）由玻璃纤维和树脂基体组成，具有强度高、耐腐蚀、成本较低等优势，适合用于中小型风力发电机叶片的制造。碳纤维增强塑料由碳纤维和树脂基体组成，具有重量轻、高强度高刚性、疲劳性能优异的特点，适用于大型风力发电机叶片的制造，尽管成本较高，但在高效发电和寿命方面具有显著优势。

（2）地热能发电　人类很早以前就开始利用地热能，例如利用温泉沐浴、医疗，利用地下热水取暖、建造农作物温室、水产养殖及烘干谷物等。但真正认识地热资源，并进行较大规模的开发利用却是始于 20 世纪中叶。

地热能发电是利用地球内部的热能来发电的技术。地热能是一种可再生能源，具有稳定、高效和环境友好的特点。地热能发电的关键在于将地下高温热能转化为电能，主要依赖于地壳内的高温热源，如热水、蒸汽和干热岩等。常见的地热能发电方式包括 3 种：①干蒸汽发电，利用从地下直接提取的高温蒸汽推动汽轮机发电，技术成熟、效率高，但对资源要求较高，仅适用于蒸汽温度和压力足够高的地热资源；②闪蒸发电，将高温地热流体引入地面，减压后部分流体快速蒸发形成蒸汽，推动汽轮机发电，适用于温度较高但压力不足以直接驱动汽轮机的地热资源；③双循环发电，利用地热流体的热量加热另一种低沸点的工质，蒸发后的工质蒸汽推动汽轮机发电，适用于中低温地热资源，热效率较高且对环境影响小。

地热能发电系统需要耐高温、耐腐蚀、耐磨损的材料，以保证设备的长寿命和高效运行，主要材料包括耐高温合金、防腐蚀材料、高强度陶瓷等。

（3）生物质能发电　生物质能是指将生物质材料（如植物、农作物、木材和有机废弃物）转化为能量的一种可再生能源。生物质能材料是指那些能够通过化学、热化学或生物化学过程转化为能量的有机材料。它们不仅能够减少对化石燃料的依赖，还能有效地利用废弃物，具有可持续和环保的优势。

生物质能材料的分类包括：①木质生物质，将木材、树枝、树叶、锯末等直接燃烧用于热能和电能生产，通过热化学转换制成木炭、木醋液等；②农作物残留物，将稻壳、麦秸、玉米秸秆等农作物的剩余部分，通过热解或汽化工艺制成燃气或生物油，也可用于制备生物炭肥；③能量作物，特定种植的高产能量植物，如甘蔗、玉米、高粱、象草等用以制备乙醇、生物柴油和其他生物燃料；④有机废弃物，食品废料、动物粪便、城市垃圾等通过厌氧消化产生沼气、堆肥生产有机肥料、热解处理制备生物油。

生物质能材料作为一种重要的可再生能源，具有广泛的应用前景。通过不断的技术创新和政策支持，生物质能材料将在推动能源转型、实现可持续发展和环境保护方面发挥越来越重要的作用。

思　考　题

1. 为什么生物相容性是生物医用功能材料选择和设计的关键因素？举例说明不合适的材料可能带来的后果。

2. 生物医用功能材料的生产和使用对环境有什么潜在影响？如何在设计和制造过程中减轻这些影响？

3. 请讨论 3D 打印和智能材料在定制化医疗器械和植入物中的应用前景。

4. 可持续发展理念如何影响生物医用功能材料的研究？有哪些可再生或可降解材料正在被开发用于医疗领域？

5. 催化剂有哪些主要类型？请举例说明每种类型的代表性催化材料及其应用。

6. 查阅资料了解催化材料在环境污染治理中的应用有哪些，如何利用催化剂来处理汽车尾气或工业废气中的有害物质。

7. 如何设计一种多功能材料，使其同时具备抗菌、促愈合和降解性能？请描述可能的材料成分和结构。

参 考 文 献

［1］DENG Y, CHEN B, ZHU K, et al. Activation of upper critical solution temperature behaviors of zwitterionic poly（l-methionine-g-poly（sulfobetaine methacrylate）$_m$）with a bottlebrush structure ［J］. Macromolecules, 2024, 57（1）：191-200.

［2］CHEN Q, ZHANG X, ZHANG D, et al. Universal and one-step modification to render diverse materials bioactivation ［J］. Journal of the american chemical society, 2023, 145（32）：18084-18093.

［3］FENG J, WANG J, WANG H, et al. Multistage anticoagulant surfaces：a synergistic combination of protein resistance, fibrinolysis, and endothelialization ［J］. ACS applied materials & interfaces, 2023, 15（30）：35860-35871.

［4］WANG J, CHEN H. Macromolecular modification strategies for biomaterial surface：challenges in fundamental research and aApplications ［J］. Macromolecules, 2023, 56（10）：3465-3473.

［5］AKIRA F, HONDA K. Electrochemical photolysis of water at a semiconductor electrode ［J］. Nature, 1972, 238：37-38.

［6］ CHENG H, HUANG B, DAI Y. Engineering BiOX（X＝Cl, Br, I）nanostructures for highly efficient pho-
tocatalytic applications ［J］. Nanoscale, 2014, 6（4）: 2009-2026.

［7］ JIANG J, ZHAO K, XIAO X, et al. Synthesis and facet-dependent photoreactivity of BiOCl single-crystal-
line nanosheets ［J］. Journal of the American chemical society, 2012, 134（10）: 4473-4476.

［8］ WANG D, GAO G, ZHANG Y, et al. Nanosheet-constructed porous BiOCl with dominant ｛001｝ facets for
superior photosensitized degradation ［J］. Nanoscale, 2012, 4（24）: 7780-7785.

［9］ WENG S, CHEN B, XIE L, et al. Facile in situ synthesis of a Bi/BiOCl nanocomposite with high photocat-
alytic activity ［J］. Journal of materials chemistry A, 2013, 1（9）: 3068-3075.

［10］ YE L, ZAN L, TIAN L, et al. The ｛001｝ facets-dependent high photoactivity of BiOCl nanosheets ［J］.
Chemical communications, 2011, 47（24）: 6951-6953.

［11］ 周毅, 周艳霞, 赵地. 染料敏化太阳能电池研究进展 ［J］. 能源研究与信息, 2018, 34（1）: 1-4.

［12］ O'REGAN B, GRATZEL M. A low-cost, highly-efficient solar cells based on the dye-sensitized colloidal
TiO$_2$ films ［J］. Nature, 1991, 335: 737-740.

［13］ 张正华, 李陵岚, 叶楚平, 等. 有机太阳电池与塑料太阳电池 ［M］. 北京: 化学工业出版
社, 2006.

［14］ 赵云, 郭晓阳, 谢志元. 塑料太阳能电池研究进展 ［J］. 分子科学学报, 2007, 23（1）: 1-7.

［15］ NELSON J. 太阳能电池物理 ［M］. 高扬, 译. 2版. 上海: 上海交通大学出版社, 2018.

［16］ XIANG H J, HUANG B, KAN E, et al. Towards direct-gap silicon phased by the inverse band structure
designapproach ［J］. Physical review letters, 2013, 110: 118702.